JN213689

MBD Lab Series

自動車業界 MBDエンジニアのための Simulink入門 第2版

4週間で学ぶSimulink実践トレーニング

久保 孝行 著

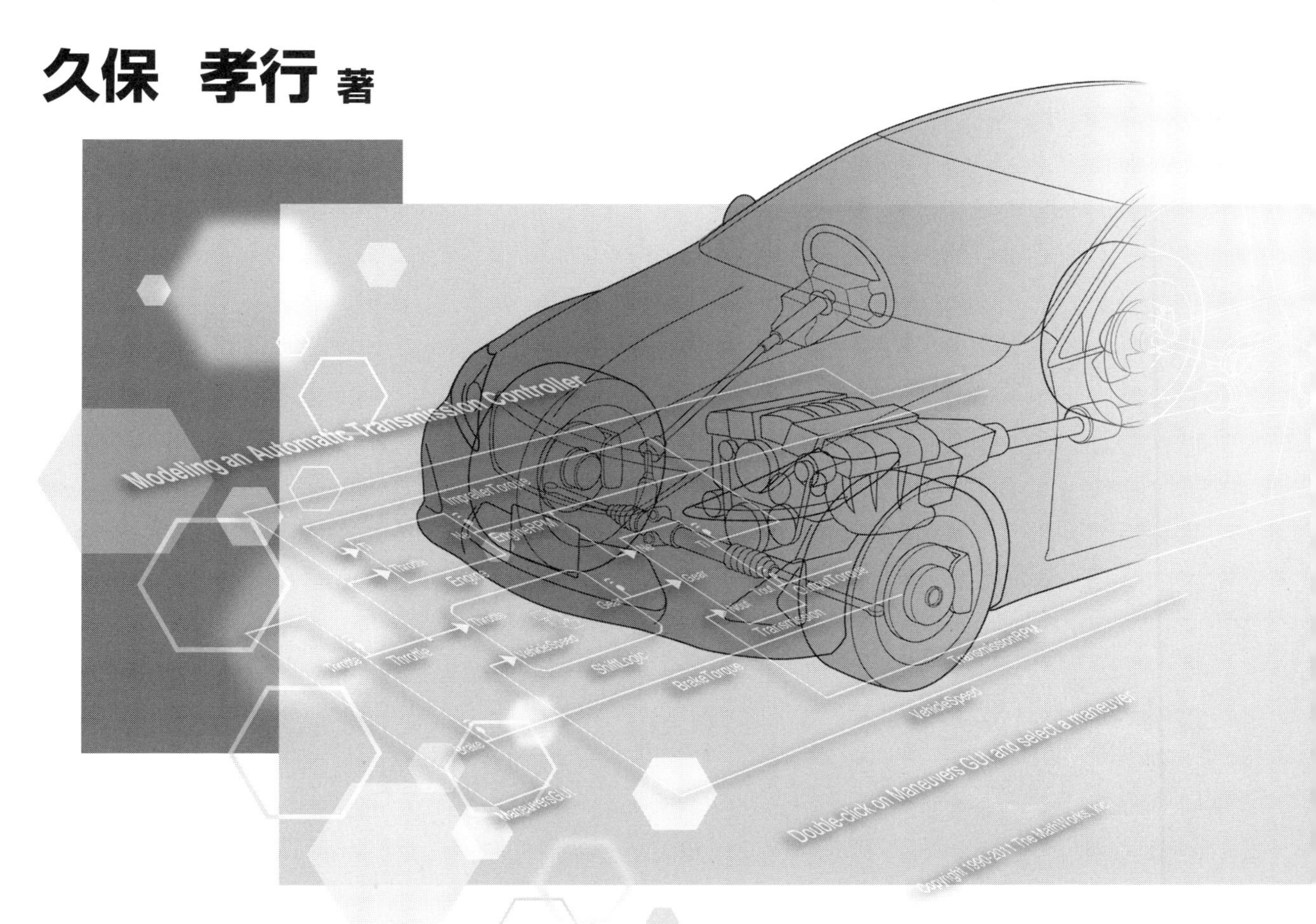

はじめに

■本書を使って、スキルを習得する方法について

本書は、Simulinkを触ったことのないエンジニアが、4週間でSimulinkを使って業務ができるエンジニアになることを目標にして作成しました。残念ながら、読むだけで4週間後にそのスキルが身に付いている訳ではありません。一般的な書籍は、主に知識習得を目的にした本が多いと思いますが、本書では、知識習得の項目に加えたくさんの演習課題を入れました。4週間のほぼ80%は演習課題を解くことに使われます。演習課題には、問題だけでなく、設計するためのヒントもたくさん載せています。

最終的に300ブロック程度の車両モデルと300ブロック程度のクルーズコントロールモデルを完成させることによって、スキルを身につけてもらいます。本書の演習課題をクリアすれば、ある程度の規模であれば、自分の作りたい機能を自由に作れるようになるでしょう。その先の製品向けのCコード生成可能なモデルを作るには、更に知識と経験が必要です。ここではヒントにとどめ、機会があれば別の書籍で説明したいと思います。

勉強する環境についてですが、まずはMATLABのインストールが必要です。本書で使われるMATLABは、R2018bのMATLABとSimulinkです。読者が所属する組織で使えるMATLABがあれば、それをインストールしてください。(サンプルモデルは、R2012b、R2015aも対応しています)

■前提となる基礎知識について

本書を読み進めていくための前提となる基礎知識は

- エクセル、ワードなどのウィンドウズアプリケーションの経験があること。
- 自由落下と回転系の物理現象を理解していること。

の2つです。制御理論に関する知識はなくても大丈夫です。

Simulinkは制御理論とセットで教えられることが非常に多いです。実際MathWorks社を含め様々なトレーニングコースで制御理論とSimulinkがセットで教育されています。しかし、多くのエンジニアは、残念ながら制御理論を理解できません。そのため、高度な制御理論と一緒に教育を受けても、制御理論が難しく、その内容が理解できず、Simulink＝制御理論の方程式が頭の中に定着します。結果的に、教育後もSimulinkが難しいと感じ、その後の伸びも良くない結果になります。

本書では、そういった誤解を減らすために、制御理論の教育とは切り離した内容になっています。制

御理論は全く出てきません。扱う物理式は可能な限り簡単な現象を扱うようにしました。その簡単な物理式も、遥か昔に習ったもので、忘れている人もいると思います。そのような状態で、本書の演習に挑戦しても、途中の数式でつまずいてしまい、期待する習熟効果が得られません。

そのため、3章の「基礎力のチェック」に物理式の復習を入れました。必ず、物理式の基礎を復習してから本編に入ってください。3章の「基礎力のチェック」問題は、記入しやすいよう解答用紙がTechShareのホームページ（http://techshare.co.jp/mbdbooks/）でダウンロードできます。また各例題のSimulinkモデルも同様にダウンロードできます。本書を活用しトレーニング受けた方々がまとめた終了報告書もあります。是非、活用してください。

□本書を用いたトレーニング日程の例

内　容	学生または新入社員	若手実務経験者
□事前準備 MATLABインストール及び１章、２章、３章を自習。	１日	0.5～１日
□ Simulink レベル１講習 ４章、５章：各例題を作りながら進める講座形式	１日	0.5～１日
□車両モデルの作成演習 ６章：グループで仕様やテストケースを討議しながら例題モデル作成	６日	２～３日
□ Simulink レベル２講習 ７章：例題を作りながら進める講座形式	１日	１日
□制御モデルの作成演習 ８章：グループで仕様やテストケースを討議しながら例題モデル作成	７日	３～４日
□復習及び報告書作成 １章、２章、９章を自習、最終報告の作成	３日	０～２日
□発表準備及び発表	１日	
合　計	20日間	７～12日間

□本書の体験者感想

Aさんの感想（業務経験、Simulink経験なし　学生）

要求を分析せずにモデルを作り始めても何も作り上げることができないことを知りました。次に要求分析にトライしたが、作った図は理解が不十分で何処まで分析すれば良いのか解りませんでした。その状態でモデルを作り始め、グループでレビューして要求の理解ができていないことに気づき図や表に戻る。分析とレビューを繰り返し、ようやく要求を理解するために必要な図や表を自主的に描けるようになって来ました。全ては要求分析できまり、それを怠ったモデルでは、動作の確認すらできませんでした。しっかりと要求分析してからモデルを設計すると、最小化されたモデルが作れ、追加演習で作った機能も収まるべきところにすっきり収まることが解りました。トレーニング最後の頃は、いつのまにか作りたいモデルが作れるようになっていました。

B さんの感想（業務経験、Simulink 経験なし　学生）

最初に全体を読んだだけの時は、なんとなく理解した気にはなっていました。その後、実際に手を動かし始めた頃に最初の理解は勘違いであったことを感じはじめ、3 週間後には本の内容が細かく理解できるようになってきました。正直、これは、読み物として売られている一般の本とは違います。手を動かし演習する、そして何度も本を読み返すことが必要でした。

C さんの感想（業務経験 10 年、Simulink 経験 5 年　社会人　教育担当者）

実際には手を動かす演習を行わず読んだだけですが、自分に不足している部分が認識できました。できれば少しでも時間が空け、演習にチャレンジしたいと思いました。また新人に対してどのように教育すれば良いのか非常に参考になりました。今後、新人教育トレーニングに活用したいと思いました。

■制御の必要性について

本書は、モデルベース開発を勉強するための本です。賢明な読者の皆様は「なぜ制御が必要か？」を既に知っているからモデルベース開発に取り組むのだと思いますが、あえて「なぜ制御が必要なのか？」からお話しておきます。

制御の代表格と言えば PID 制御です。誤差を 0 にするためのフィードバック制御として必ず勉強する項目でしょう。PID 制御は簡単な電気回路で実現できます。しかし、近年、マイクロコンピュータが搭載され、ソフトウェアによって制御されています。なぜでしょうか？例えば、PID の入力信号にノイズが入る、あるいはセンサーが故障したらどうなるでしょうか？電気回路で組まれた PID 回路に故障、あるいはノイズが発生した場合どうなるでしょうか？機械的に短絡・ショートしたなら、電気機械で保護装置を入れることもできます。電気回路だけの保護は、非常に難しく、すべての故障について動作保障することができません。過去、フィードバックループの暴走は、幾度となく起きています。そこで、そのような暴走を防止するために、近年マイクロコンピュータを使ったソフトウェアでの制御実装に変わり始めたのです。

例えば、入力信号の突発的な差分が生じた、あるいは、PID の積分値が一定値以上になった振動を検出した場合など、即座に故障を検出するようにソフトウェアを設計します。これによってフィードバックの暴走という不具合が激減しました。これが近年の複雑化した制御ソフトウェアであり、制御が必要とされる理由の一つです。

次に制御がなぜ複雑になってきたかを説明します。現在の組み込み製品のソフトウェアは半分以上が、故障に関する安全のためのロジックです。実際に、制御ソフトウェアを使って、故障を検出し、安全に停止させる特許はたくさん出願されています。近年の制御ソフトウェアが肥大化している理由は、このような故障診断・故障検出の機能です。そして、故障という現象は、すべてのケースを事前に洗い出すことができません。どうしても現物を実際に動作させて評価しなければ解らない部分があります。現在、生じる不具合のほとんどは初期の想定では故障しないとされたものです。しかし、想定外として除外した部分にも実際には故障するモードがあることが解り、その対策の仕様が追加されていきます。

その他にも、近年の車両は制御によって燃費が向上しています。性能向上にも制御が活躍しています。制御開発は、安全性向上、性能向上に不可欠な存在です。それによって製品の商品価値を高める製品開発にとって、最も重要な要素の一つとなっています。安全性向上や性能向上により制御の重要性が高まると共に、複雑化してきました。そして、旧来の開発手法では限界が見えつつあり、新たな開発手法であるMBDへの期待が高まってきています。読者の方は、本書でMBDを習得し、安全性・性能をさらに向上させた製品開発へ応用してください。

目　次

第１章　モデルベース開発とは

この章で、まずはモデルベース開発について説明します。次の第２章では、本書を勉強することで習得できるスキル項目が記載されています。この第１章、第２章は、よく理解できないところがあっても読み飛ばして進んで構いません。最初に読んだ時には、解らないところがたくさんあると思います。それでも問題ありません。最後まで読み終えた後に、もう一度読み返してもらえると、内容が深く理解できると思います。

1.1　モデルとは何か？

モデルベース開発の重要なキーワードとしてモデル（Model）と呼ばれる言葉があります。モデルは、ファッションモデル、パーツモデル、ヘアモデル、プラスチックモデル、データモデル、FEM モデルなど、多岐にわたり便利に使われる言葉で、各分野で示す意味も少しずつ変わっています。モデルを国語辞典で調べると、「手本、見本、模型、原型」と言う言葉が出てきます。ソフトウェア設計に使われる様々なモデルは、広義の定義では、自然言語で書かれた主語・述語・動詞などで成り立つ文章以外の数式・図・表を用いて抽象的に表現したそれら全てがモデルです。

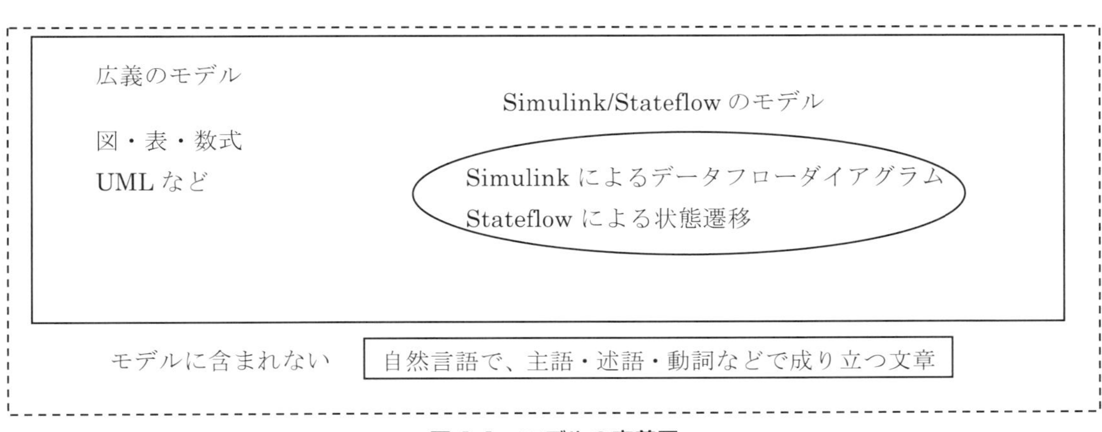

図 1.1　モデルの定義図

モデルそのものの説明は非常に難しいので、モデル化という作業からモデルの説明を行います。

■1.1.1　モデル化と抽象化

抽象化とは本質的でないものを捨てるということです。一般的に物体は、別の側面から切り出すと切り口は全く違って見えます。モデル化とは、事象に対してどのような切り口にするかを考え、切り出す工程のことです。つまり、抽象化することがモデル化になります。

例えば、物理対象をモデル化する場合、FEMモデルでは、メッシュ化という技法で物体から構造を抽出します。同じ物理対象をモデル化する場合でも、例えば回転変化や前後移動など物理的な動特性を制御する場合は、**どのように物体の運動が変化するか**という視点で抜き出した**数式を導出する行為**を**モデル化**と呼びます。動特性の数式モデルと構造を抽象化したFEMモデルでは大きく異なります。このように、目的ごとに全く別の視点から必要な要素だけを抜き出す行為をモデル化と呼び、それによって作った成果物をモデルと呼びます。

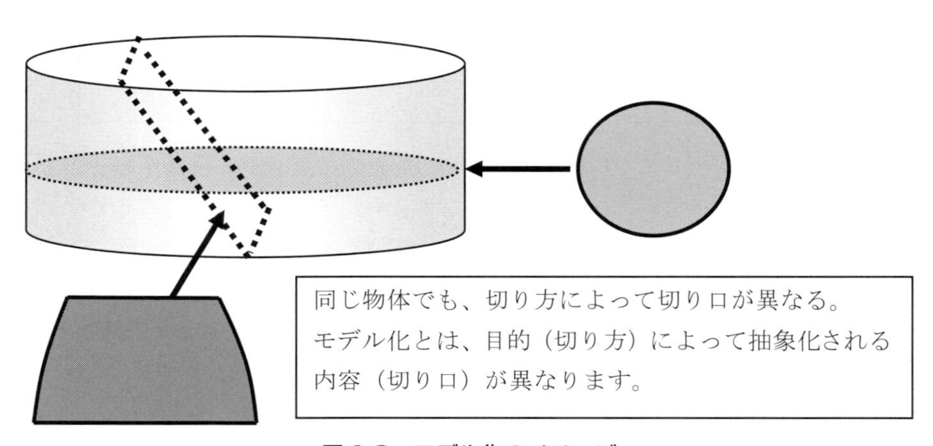

図1.2　モデル化のイメージ

本書では、シミュレーション可能なSimulinkで表現したデータフローダイアグラム、Stateflowを使ったフローチャート、状態遷移図をモデルと呼びます。Simulinkで表現したデータフローダイアグラムは、対象を数式で抽象的に表現したものです。つまり、物体が示す特徴を数式群で表現したものになります。例えば、ギヤをモデルで表現すると下記の2つの式で表されます。

出力トルク＝入力トルク×ギヤ比　(1.1)
出力回転数＝入力回転数／ギヤ比　(1.2)

このある特徴だけに限定して数式化する行為をモデル化と呼び、モデル化によって求められた数式群をモデルと呼びます。制御システムの開発では、モデルは制御モデルと制御対象モデルの2種類に分けられます。

■ 1.1.2 制御モデルとは

制御モデルは、古典制御、現代制御などの制御理論の内容だけではなく、単純なマップや条件分岐などを用いて機能を表現したものも含まれます。組み込み系の制御では、非線形の制御対象を制御するために、線形補間で答えを求めるマップ形式がよく使われ、条件によってマップを切り替える手法がよく使われています。

近年は、組み込み用のマイコンでも複雑な計算ができるようになり、H ∞制御に代表される現代制御から、ニューロ、ファジーと言った制御手法も使われています。これらを制御モデルと呼びます。また、最近は状態遷移図を使った制御が使われています。制御が複雑化してきたので状態と言われる概念を用いて制御内容を切り替えると言う手法が使われます。状態遷移については、「組込みエンジニアのための状態遷移設計手法」の書籍で詳しく紹介したいと思います。

■ 1.1.3 制御対象モデルとは

制御対象モデルは、その名のとおり制御対象をモデル化したものです。具体的には車両やエンジン、オートマチックトランスミッションなどをモデル化します。制御を評価するために制御規模や内容によってハードウェアのモデルの詳細度が変わります。制御対象モデルは、プラントモデルあるいは物理モデルと呼ばれます。かつては、同定と言われる解析を行い、解析結果を用いて物理対象を表現する手法が主流でしたが、物理対象の寸法、重量を実測し、数式で表現する方法も使われています。近年は制御対象モデル専用のGUIを持つツールがリリースされ、ギヤやイナーシャ体などを専用ブロックで結合するだけでモデル化できるツールがあり、制御対象のモデリング時間がかなり削減されるようになりました。読者がもしそれらのツールを使って制御対象のモデリングを行うエンジニアを目指すなら、それらのツールも習得してください。

1.2 MATLAB/Simulinkとは

■ 1.2.1 MATLABとは

MATLABという名前は、Matrix Laboratoryを略したもので、行列（Matrix）操作を得意とするツールです。MATLABはコマンドを打ち込んで動作するツールで、Windowsという最新の環境になれたユーザーからは、かなり時代遅れなツールに見えます。Windows登場前から存在するツールだからコマンドで動作するわけですが、MATLABは大学をはじめたとした研究機関で働く研究者の中で親しまれてきたツールです。多くの研究者が、専任者としてMATLABを使っています。実は、作業に習熟すると、コマンドの方が早く作業ができ、正確で自由が利きます。結果、今日まで、初期の頃からほとんど姿が変わることなく継承され広まってきました。

MATLABは時代と共にたくさんのツールボックスと呼ばれる各領域に特化した機能が追加されてき

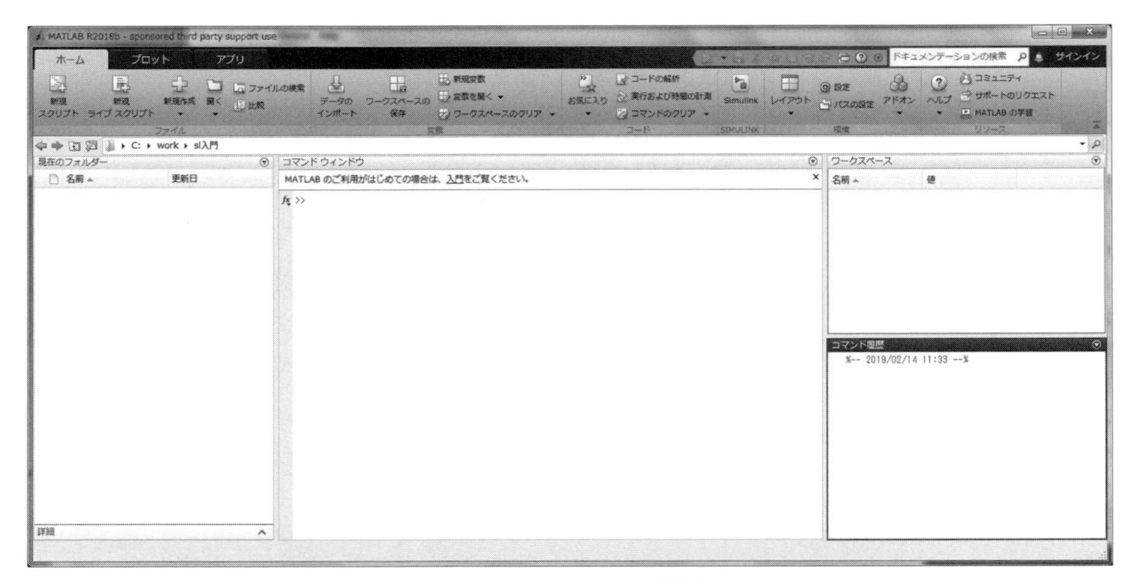

図 1.3　MATLAB の画面

ました。その機能の一つが Simulink です。Simulink が誕生した時にはすでに Windows や Unix への移行期であったこともあり、Simulink はグラフィカルなユーザーインターフェースを持つツールになっています。

■ 1.2.2　Simulink とは

Simulink はシミュレーションに特化したグラフィカルなユーザーインターフェースを持つツールです。ブロックと呼ばれる機能を持つ箱と箱を結線して、データフローダイアグラムと呼ばれる手法で設計を行う設計ツールです。

シミュレーション環境を簡単に設定することができ、様々な種類のシミュレーションが可能です。更に自動的に C コードを生成することもでき、様々なハードウェア上でリアルタイムシミュレーションを実行することが可能です。この自動コード生成機能を利用し、組み込み製品開発にも使おうというのが、最近の主流になりつつあるモデルベース開発です。そのモデルベース開発の中核となるツールが Simulink になります。

なぜ、Simulink が中心的なツールになったのか、それは MATLAB がオープンな環境を持っているからです。MATLAB は、外部から自由にアクセスができます。それらの関数の規格が公開されているからです。そのため、異種のシミュレーションを連携させることができます。異種シミュレーションの場合は、必ず MATLAB が中心となり、色々なツールをつなげるパイプ役を果たしています。結果的に、モデルベース開発の中心的なツールとなってきました。

これほどすばらしい MATLAB ですが、Simulink を触るだけの初期のエンジニアが、MATLAB に直接触ることはほとんどありません。

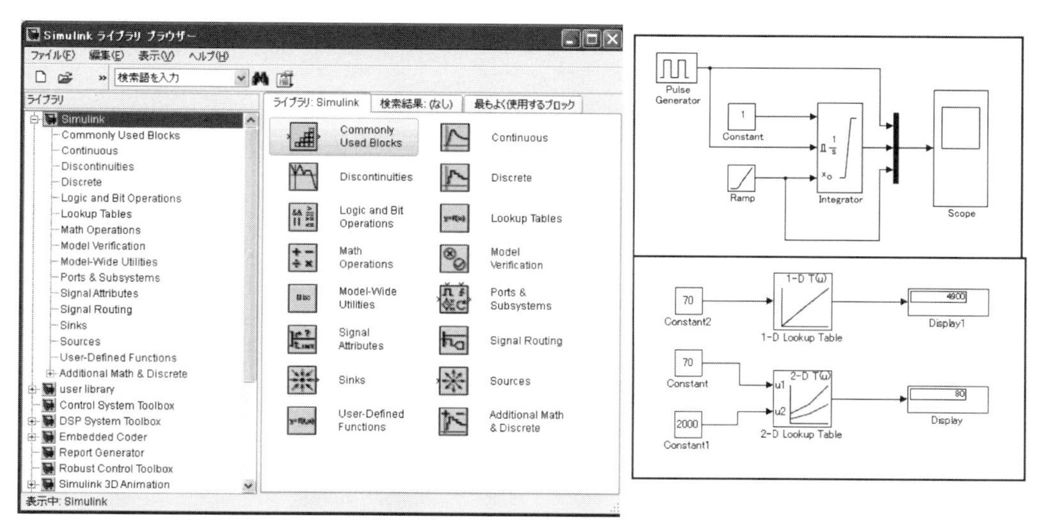

図 1.4　Simulink の画面

実は、Simulink は、ユーザーと MATLAB の間をつなぐインターフェース的なツールです。実際の動作は、Simulink というインターフェースを通し、情報を MATLAB に送り、MATLAB がシミュレーションを実行し、結果を Simulink に返し、ユーザーに表示しています。

MATLAB のことを詳しく知らなくても、Simulink を通して、MATLAB を裏で動かしています。そのため、Simulink 中心のユーザーには MATLAB を意識することなく設計することができるのです。

その仕組上、MATLAB を起動してから、ユーザーインターフェースとなる Simulink の起動が必要となりますが、ユーザーは Simulink を通して MATLAB を操作するので、本書では Simulink の使い方を中心に説明します。

1.3　モデルベース開発とは

■ 1.3.1　モデルベース開発の必要性

制御とは、明確な目的があり、その目的に向けて対象を調整し、目的の状態に安全に変化させ、そして常に次の目的に変化できる状態を保持することです。PID 等の制御理論を用いて目的の状態に設定することだけが制御ではありません。

制御仕様の検討には、リスクマネージメントの考え方が重要となります。一度起きた問題を起こさないよう管理することだけを念頭に考えた製品は、未知の不具合が発生した時に、想定外の新たな不具合が登録され、改善を行い、そして新たな想定外の不具合が発生します。もちろん、不具合の対策、再発防止は重要なことですが、お客様は、不具合が発生したことで離れていきます。製品を作る方から見れば、100 万件に 1 件のことでも、お客様から見れば、1/1 つまり 100%の問題です。不具合が起きてから、対策を考え、再発防止しても、離れたお客様の信頼はなかなか回復されません。不具合の未然防止された製品開発が顧客の満足に繋がることになります。

リスクマネージメントされた製品とは、単に安全性を高めれば良いわけではありません。例えば、安全性を高めるために2重、あるいは3重系のシステムを作っても、それらが全て同じ構成、同一製品、同一の建物、同一のフロアーにあれば2重の意味はあっても3重とした効果はありません。そもそも想定外の不具合が起きシステムが壊れた場合、同じ製品は条件が同一であれば同じ時に壊れる確率が非常に高いです。そもそも電源が同一なら、1本切れれば全て止まります。例えばサーバーに対して3重系全てに同じウイルスチェッカーを入れていたら、ある種類のウイルスで全て駄目になることも容易に推定できます。アニメの新世紀エヴァンゲリオンでは、MAGI（マギ）と呼ばれる3つのスーパーコンピューターがあり、それぞれが異なる思考を行うシステムであったため、ウイルスに侵食されても、全てのシステムを乗っ取られることはありませんでした。リスクマネージメントはアニメの世界でも常識的に行われていることです。本当に安全性の高いシステムとは、想定外の事象が起きて故障しても安全が保持されるように作ります。

きちんとリクスマネージメントされた制御が良い制御、そして良い製品です。そのためには、実際には起こっていない不具合を仮説として考え、それをどう防止するのか検討します。故障するモードがわかっていれば、それに特化した故障を検出する制御を作ります。フィードバック制御をする場合は、センサーの値が非常に重要です。センサーが故障した時に、どのようにして安全性を確保するのか、代用のセンサーや制御可能なアクチュエータを使って安全側に導くことが必要です。故障する理由がわからないなら、故障したらこうなるという仮説を立て、制御を考えます。このような仮想検証にシミュレーションは適しています。

モデルベース開発は、リスクマネージメントを行うのに適した開発環境です。仮に全ての故障を実際に発生させて想定外を0にすることができるなら、それは実機を使って検証した方がいいですが、全ての故障を現実世界で試すことは不可能です。電気的な短絡・ショート以外にも故障モードはたくさんあります。意図的に特定の部品をあるタイミングで「折る、曲がる」といった物理的現象、「抵抗値が変わる」といった電気的現象など、実際には実施できない故障モードは多々あります。更に同時期に2つ故障するなど、あらゆるケースが想定され、実機では再現させることができません。そのためにシミュレーションを活用し検証します。それがモデルベース開発です。

■ 1.3.2　モデルベース開発の領域

モデルベース開発とは、簡単に言えば、制御開発の全ての工程に、シミュレーションというテクノロジーを取り入れて開発することです。モデルベース開発の領域は図1.5に示すように代表的な4つの開発技術があります。

1. 制御対象モデル×制御モデルの組み合わせ
   MILS: Model In the Loop Simulation

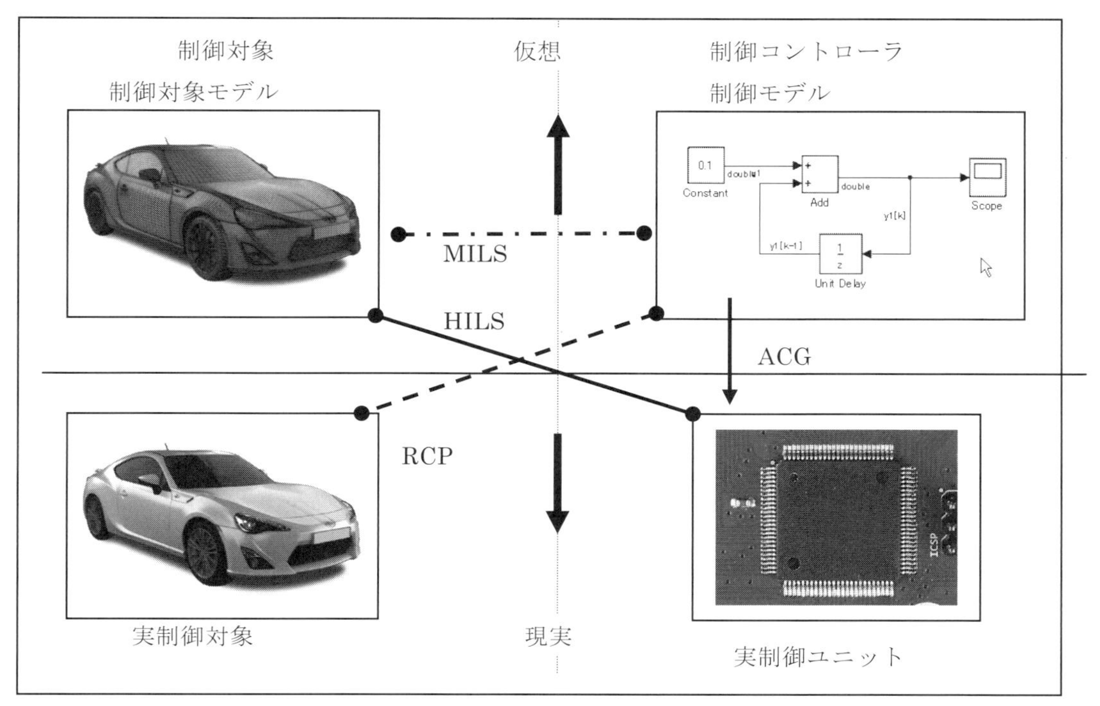

図 1.5　モデルベース開発の領域

MILS では、全てをモデル化し、机上で評価を行います。この後の RCP と組み合わせることで、早期に制御を確立させせることができます。

2.　実制御対象×制御モデル（汎用制御装置）の組み合わせ
　　RCP: Rapid Control Prototype

RCP では、制御モデルを汎用の制御装置に組み込み、実機と組み合わせて動作させます。MILS で、制御対象モデルと組み合わせて、既に多くのことが評価されていますが、制御対象モデルはハードウェアの全てが表現できているわけではありません。RCP は想定外を早期に減らし、制御仕様を早い段階で品質の高いものに仕上げるために活用されます。

RCP の手法は、フルパス手法とバイパス手法の 2 種類があります。フルパスはハードウェアの値段も高く、全ての制御をモデル化する必要があり、難易度が高い手法になります。近年は一部の仕様をモデル化し、汎用のコンピュータで動作させ、通常の実制御ユニット＝ECU（Electronic Control Unit）に通信を用いて送受信するバイパス手法が使われるようなってきました。バイパス手法はコストも安く、制御仕様も一部だけをモデル化されているだけなので容易に実施できます。

3. 制御モデル→実制御ユニットへの変化

ACG: Auto Code Generation（自動コード生成）

ACG では、制御モデルから C コードを自動生成し、実際の制御コントローラに組み込みます。現在のオートコードの品質はかなり高く、人が作るものとほとんど同じレベルのコードが出力されます。

実は人と同じレベルのコード効率を得るには、モデルに対してもそれなりのコードが出力されるように記述することが求められます。良いコードを得るには、Simulink に対する高度な知識が必要です。

4. 実制御ユニット×制御対象モデルの組み合わせ

HILS: Hardware In the Loop Simulation（又は System）

HILS では、ハードウェアモデルと現物の制御コントローラを組み合わせて動作させます。ソフトウェア検査の目的で使われる検査装置です。検査対象が ECU なので、ハンドコードで作ったものにモデルベースを活用できます。そのために、モデルベース開発のメリットを直ぐに実感できるので、多くの会社が活用しています。実質的に、最も MBD のコスト効果が見える領域です。故障を再現できる機能を取り入れた装置を用いて、自動的に全ての故障検出検査を行うことができます。HILS の S については、装置そのもの呼称として、Hardware In the Loop System と呼ぶこともあります。

■ 1.3.3 モデルベース開発のプロセス

先ほどのモデルベース開発領域を開発の流れに沿って説明します。開発の流れをプロセスと呼びます。プロセスは、落水型と呼ばれるウォーターフォール型がよく用いられ、それを V の字に沿って定義するのが一般的です。図 1.6 に一般的な V プロセス図を記載します。V 時の左側が設計、右側に検証を示し、上が要求、下が実装と分類されます。一般的な V プロセスは最後の検証まで実施してはじめて要求の不具合がわかるので、不具合の発生原因が上流であるほど、工数の無駄が多くなります。

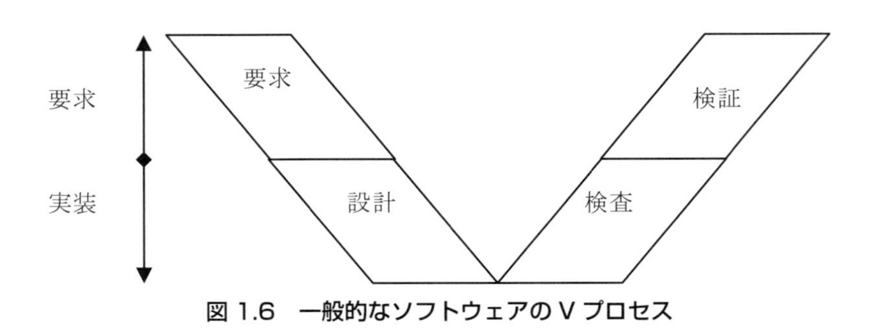

図 1.6 一般的なソフトウェアの V プロセス

次にモデルベース開発のプロセスの全体図を図 1.7 に示します。モデルベース開発の V プロセスは、全体的に複数個の V プロセスが重なった構成となります。より早い段階で検査・検証を行い、上流の不具合をなるべく早い段階で見つけ出すプロセスです。

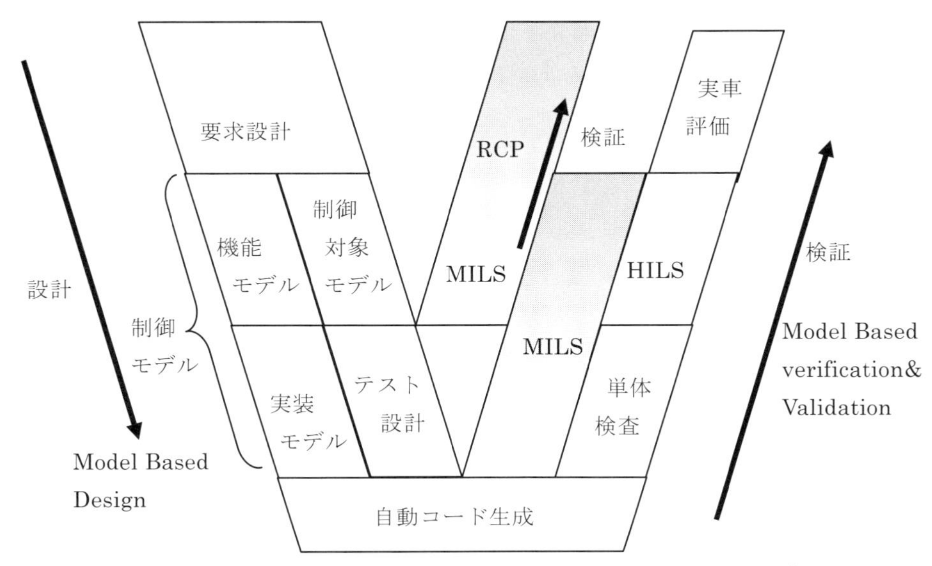

図 1.7　モデルベース開発（Model Based Development）の V プロセス

モデルベース開発の始まりは、制御モデルと制御対象モデルの設計から始まります。PC 上で制御と制御対象を組み合わせたシミュレーションによって制御機能の作り込みを行います。そして、制御モデルとそれに対応する制御対象モデルの設計を行い、両者の組み合わせで検査を行います。制御対象モデルは、制御内容に合わせて詳細度を変えます。詳細度を変える理由は、例えば、ある機能追加を行った場合に、常に車両全体で検査すると、検査ポイントに到達させるまでの無駄な検証時間が生じます。また、注目したい部分を繰り返し検査することができません。制御内容や規模に応じて、制御対象モデルの詳細度を変えてシミュレーションによる机上検査を行います。これが MILS：Model in the loop Simulation です。

全ての現象を再現できる制御対象モデルを設計することはできません。制御対象モデルは、既知の領域のみでモデリングされているはずです。誰もわからない、誰も知らないことがモデリングされていることはありえません。

制御開発は、既知の領域を広げていくことで不具合が減っていきます。今まで未知であった部分を既知にするには、実機を動かしてみるしかない部分も多くあります。モデルベース開発だからシミュレーションだけを活用するわけではなく、適切なタイミングで実機と組み合わせた検査を行うことが重要です。

しかし、上流工程でより早い時期に実機を使うことは非常に大変です。そのため上流工程では、実制御ユニットとは異なり、RAM,ROM がたくさんあり、計算速度も速い汎用コンピュータを用います。実制御ユニットに組み込むためには色々な制約があり、多くの工数を必要とします。汎用コンピュータを使うことで、この時間を削減し、早期に仕様を固めることができるようになります。この工程を Rapid Control Prototype と呼びます。汎用コンピュータ装置を Rapid Prototype と呼ぶことがありますが、一般的にRapid Prototypeは製品開発において用いられる試作手法のことで、主にハードウェア設計に使われる言葉として広く知られています。モデルベース開発の手法として区別する場合には、Rapid Control Prototypeと呼びます。

この工程でやりたいことが実現できる制御機能が完成したら、実装用のマイコンに組み込むための作業に移ります。本書では、実装用の設定がされていないモデルを機能モデル、実装用の設定がされているモデルを実装モデルと呼びます。実装モデルは、RAM、ROMの効率や速度を考慮する必要があり、ブロック構成やオプション設定からどのようなCソースが出力される意識しながら設計する必要があります。実装モデルが完成したら、自動コード生成（Auto Code Generation）の技術によりCソースを自動生成します。Cソースを実制御ユニットに組み込んだ後は、HILS装置を用いて実装マイコン上で同じ動作をするのか検査します。そうして、最後に実機での検査・検証を行います。

■1.3.4 モデルベース開発とモデルベース設計の違い

モデルベース開発（Model Based Development）の略称MBDには2つの種類があります。本書でのモデルベース開発（MBD）はモデルを使った（シミュレーション技術を活用する）開発工程全体のことを示します。モデルベース設計（Model Based Design＝MBD）は、Vプロセス左側の設計工程を示します。それに対応した言葉を使うとVプロセスの右側はModel Based Verification、あるいはModel Based Validationと呼ばれる工程になります。Model Based Design＝MBDは、Model Based Development＝MBDの一部と考えれば良いと思います。

情報系のMBDは、Model Based Designの意味で、UMLを用いた要求設計工程を指していましたが、Model Based Developmentと誤解することが多かったので、モデル駆動開発＝MDD（Model-Driven Development)、あるいはモデル駆動型アーキテクチャ＝MDA（Model Driven Archtecture）と表記するようになりました。また、近年はSystems Modeling Language（SysML）を使ったMBSE（Model Based Systems Engineering）が提案されています。

1.4 JMAABについて

JAPAN MBD Automotive Advisory Board（以後JMAAB）とは、日本の自動車業界のMATLABプロダクトファミリユーザーが、モデルベース開発の推進と、設計・開発環境を発展させるために様々な検討を行っているMATLABのユーザー会です。2019年の1月末の時点で、自動車メーカー含む合計30社が加盟しています。（ http://jmaab.mathworks.jp/ ）

JMAABでは、モデルベース開発推進のために様々な活動を行っていますが、その中でも制御コントローラ向けのガイドライン制定には多くのメンバーが集まり議論を重ねています。

JMAABでは、2001年4月にVer1を発行後、改訂作業を継続しています。2007年4月にVer2をリリース。その後少し間を空きましたが2015年3月にVer4を発行。

Ver4は、ルール数を増やすだけではなく、よりわかりやすくするために根拠の記載を増加。曖昧な記述を減らし、ルールではないものを解説に移動、補足説明を大幅に増加。最後に、ユーザー側が決めるパラメータを明確化しました。

更に 2018 年 8 月には Ver5 へと進化しました。

Ver5 は、ルール内に複数個含まれていたルールを分割し、複数の書き方があるルールは流派としルールを並列に記載しています。このようなルールはユーザーがいずれかの流派を選択し、統一感を持ったモデリングができるようにしています。

更に自動チェッカーの開発を想定し、ルール内の記述を形式化しました。

現在もガイドラインの編集作業は続いております。皆さまが本書を手に取った際には JMAAB HP より最新のガイドラインをダウンロードしてください。

ガイドラインのルール番号は、英語二文字＋4 桁の番号で紹介しています。例えば、ar_0001 は細かくは a ～ g に別れています。ですが本書では末尾の番号を省力させて頂きます。

本書の 9.3 章には Simulink モデルの構造化についての記載がありますが、この考え方は、ガイドライン Ver5 の 9.2 章に記載された内容とほぼ同一です。本書をしっかりと学ぶことで業界標準にそったモデリングを習得できるでしょう。

ガイドラインにはルールと別にガイドラインを理解するために多くの補足資料が掲載されています。本書 9 章記載の構造化についても、AUTOSAR の概念や組み込みソフトウェア開発では逃れることができないサンプリング（シングルタスクとマルチタスク）についても説明が書かれています。

本書を終了後には、必ず読んでおくことを強くお勧めします。

第2章　本書のターゲット

まず、本書で勉強する本人が、本書で勉強することで、どのようなことができるようになるのかをあらかじめ知っておき、目的を持って学習してもらいたいと思い習得できるスキルを記載しました。

2.1　ターゲットの明確化

本書の読者の対象者は、大学生あるいは大学院生、新人など、まだモデルベース開発をやったことのない人を対象としています。本書の演習終了後の目標とするスキルは、制御システム設計エンジニアのレベル２のスキルです。

では、制御システム設計エンジニア、レベル２のスキルとは何かを説明したいと思います。

■ 2.1.1　制御システム設計エンジニアとは

制御システム設計エンジニアとは、モデルベース開発に関わるエンジニアのことです。

「図1.7　モデルベース開発（Model Based Development）のＶプロセス」に示したとおり、制御モデルの設計は大きく２工程に分かれ、前半の機能モデルを設計する設計者と実装設計を行う設計者の２種類が存在します。どちらも制御モデルを設計するという意味では同一ですが、機能モデルを設計するエンジニアを制御システム設計エンジニア、実装設計するエンジニアを実装モデル設計エンジニアと呼び、この２つの設計者の種類は、それぞれの工程に従事する「職種」と表現します。

レベル２までの段階では、両者のスキルに明確な違いはそれほどありません。制御システムエンジニアを目指す人でも、実装モデル設計エンジニアを目指す人でも入り口で必要とされるスキルはほぼ同一です。

■ 2.1.2　本書で得られるスキルは

一般的に自己学習のために本を読む、講座を聞くというのは、知識の習得です。本書でも４章のSimulinkの基礎でSimulinkの操作・ブロックの種類に関する知識を提供しますが、この部分だけならMathWorks社が行っている初級者向けのトレーニングでも勉強できます。実際、MathWorks社の初級者向けトレーニングの方が知識の提供量は多いです。本書では演習問題を解くために必要な部分に限定して解説を行っています。MathWorks社のSimulink初級トレーニングは２日間かかります。本書の知識部分はおそらく１日で終了します。したがって、より多くの知識を最初に勉強したければ、Math-

Works 社の教育を受けるのもよいでしょう。その場合には第 4 章は飛ばしてもいいでしょう。

本書の他の教育コースとの違いは演習量です。MathWorks 社の演習に対して、本書の演習は非常に多くなっています。知識だけの習得では、仕事で設計していく力としては不十分です。スキルというのは、それを使って何らかの成果物を生み出す力です。知識は短期間で吸収できますが、知識を自分のスキルにするためには、ある程度の期間をかけて習熟させる必要があります。本書では、知識の章と演習課題の章に分かれ、実際の操作を行いながら知識をスキルとして身につけるよう構成されています。

演習課題によって、自分で考え自分で設計することで、モデルベース開発のスキルを身につけます。モデルベース開発には考える力が必要です。言われたことを言われたように設計するのはエンジニアではありません。考える力があっても、表現することができなければ、仕事は進みません。考える、表現する、検証することを一貫して行えるのが、モデルベース開発を実践するエンジニアです。操作の説明、演習問題、共に読むだけで終えるのではなく、実際に操作を行ってスキルとして定着させてください。そして、基礎的な開発技術スキルを習得した後、実際にドメインを対象とした制御開発に携わってください。

■ 2.1.3 習得すべき知識と目標スキル

本書でのスキルの考え方は、独立行政法人 情報処理推進機構から公開されている組込みスキル標準（ETSS：Embedded Technology Skill Standards）を参考にしています。本来は ETSS の枠組み全体を示してから、習得すべきスキルマップの説明を行いますが、最初に本書での目標とする知識とそれを使って何ができるかの目標スキルについて説明します。下記の 2 つの表「表 2.1 Simulink 設計スキル第 3 階層」、「表 2.2 モデル設計手法第 3 階層」に各スキルレベルで必要となるスキルの概要を記載しました。本書で勉強する読者の方の習得目標が、この表のレベル 1 ～ 2 の領域です。今からどのようなことを習得するのか興味のある方は、表 2.1 と表 2.2 の内容を確認してください。また、本書を読み終えたら、もう一度習得スキルの確認をしてください。

表 2.1 Simulink 設計スキル第 3 階層

Simulink の操作法に関する知識	
レベル 1	Simulink の起動、ライブラリブラウザーからモデルへのブロックの配置、結線、シミュレーションの実行ができる。
レベル 2	メニューバーにある、表示、ツールなど、メニュー内の項目を一通り全部知っている。 端子の値の表示、信号設定の伝播操作、強調表示、ライブラリブロックの表示、モデルアドバイザの起動ができる。
レベル 3	データオブジェクトウィザードや Simulink モデルの比較、依存関係の表示など、特別な GUI を持つ項目を起動し、その操作ができる。
レベル 4	sl_customization を使って、ユーザー独自のメニューを追加する方法を知っている。 チームが必要とするユーザー独自の専用メニューを追加することができる。
モデルのコンフィギュレーション パラメーター（固定ステップに限定している）	

レベル 1	コンフィギュレーション パラメーターの存在とサンプリング時間、シミュレーション時間、固定ステップ、可変ステップの切り替え方法を知っている。 自分がどのような環境でシミュレーションしようとしているかを理解した上で実行できる。
レベル 2	コード生成モデルとプラントモデルの組み合わせによる MILS、その他ハードウェアと組み合わせる RCP、HILS でコンフィギュレーション パラメーターの設定方法を知っている。 モデルの使い方に応じて、用意されたコンフィギュレーション設定を選択できる。
レベル 3	自動コード生成用のコンフィギュレーション パラメーター設定方法を知っている。 特定のモデルに応じて、変更しなければならない、自動コード生成用のコンフィギュレーションを自力で変更できる。
レベル 4	自動コード生成用のカスタマイズされたコンフィギュレーション パラメーター設定を知っている。 レベル 3 の設定に加えて、信号／パラメーターの命名規則や、Simulink データオブジェクトの命名に使用するカスタム MATLAB ファンクション、データ型置換の置換項目を設定できる。
信号・パラメーター設定に関する知識	
レベル 1	信号線への信号名の付け方とパラメーターの設定方法を知っている。 信号名をつけることができる。 パラメータを定義して参照させることができる。
レベル 2	mpt オブジェクトの役割を知っている。 Simulink ブロックのチューナブルパラメーターと呼ばれる場所にキャリブレーションデータを定義できる。
レベル 3	mpt オブジェクトに対する適切なデータ型やストレージクラス／カスタムストレージクラスの設定ができる。 状態変数を持つブロックに mpt オブジェクトを設定できる。
レベル 4	mpt 信号、パラメーターに対し、独自のフィールドを追加したり、独自の TLC を参照させたりすることができる。
Simulink ブロック	
レベル 1	代表的なブロックの動作をある程度知っている。制御対象をモデリングしながら、Simulink を習得することを目指す。（連続系のブロックが多い。） 限定されたブロックパラメーターの設定ができる。 作りたい機能に必要なブロックとその設定を指示されれば自力で機能を構築できる。
レベル 2	代表的なブロックに加えて、制御系で使われる可能性のあるブロック（離散系ブロック）を加えた基礎ブロック群とそれらのオプションの設定ができる。 基礎ブロック群で構築可能な機能であれば、自力で設計できる。
レベル 3	基礎ブロック全ての動作を理解し、似た機能の違いとその使い分けができる。 コード生成用のオプション設定とその効果を理解し設定できる。 Simulink ブロックのみで設計可能な機能であれば、モデル構造として最適な形で設計できる。
レベル 4	生成されるコードを知っており、Simulink ブロックのみで構築可能な機能であれば、生成されるコードが最適になるように構築できる。 基礎ブロック群以外も知っていなければ、最適なブロックがどれか判断ができないので、知識レベルは広範囲である。
特殊ブロックに関するスキル	
レベル 1	対応する項目はありません。
レベル 2	VariantSubsytem、モデルリファレンスを活用し、機能の切り替えやプラントモデルと組み合わせたテストが可能。
レベル 3	For each、For Iteration サブシステム、S-function、M-function、LCT を使うことで独自機能を持ったブロックを作成できる。

レベル４	S-function、M-function、LCTだけではなく、ライブラリやマスク、VariantSubsystem、モデルリファレンスの技術を組み合わせて、高度なカスタムブロックを作成できる。
固定小数点	
レベル１	対応する項目はありません。
レベル２	fix()関数の使い方を知っていて、固定小数点の定義ができる。
レベル３	固定小数点化（自動スケーリング）の使い方を知っていて、Simulink モデルのスケーリングができる。
レベル４	対応する項目はありません。

表 2.2　モデル設計手法第３階層

Simulink 機能の作成	
レベル１	代数ループを含むモデルが設計できる。
レベル２	タイマー、上下限比較、ヒステリシス、エッジ検出、初期化、配列処理化などの技法が使って設計できる。
レベル３	モデルを見れば、実現したい機能がわかり、コード生成可能なモデルに変更できる。 構造化手法を理解して設計できる。 状態遷移を使って設計できる。
レベル４	さまざまなライブラリ関数を知っており、どれを共通関数としたら良いか、瞬時に判断できる。構造に変更ができる。
関数化、構造化（サブシステム化・ライブラリ化・構造化に関する）知識	
レベル１	サブシステム化をするための Simulink 上での操作を知っていて、ブロックをまとめてサブシステム化することができる。
レベル２	機能単位でのサブシステムとしてモデル分割することができる。 Enable サブシステムの保持、リセットの役割を理解し、内部の状態変数を適切にコントロールし、機能を実現することができる。 基本的な機能分割の考え方を知っている。
レベル３	サブシステムのアトミック化の方法を知っていて、マスクパラメータを定義できる。使い回しが可能なライブラリを作成できる。 よく使う機能はライブラリ化することができる。
レベル４	再利用可能な関数にできるパターンとできないパターンを知っている。 再利用可能な構成であれば、再利用可能関数として設定を行うことができる。 コードから必要、不必要を判断できる。 オブジェクト指向に基づいた階層分割の方法を詳細に知っている。
モデリングガイドライン	
レベル１	na_0008,jc_0141,jc_0121,jc_0081,jm_0002, db_0142,db_0146,db_0140,db_0032,db_0141, jc_0131
レベル２	ar_0001,ar_0002,jc_0201,jc_0211,jc_221, jc_0231,na_0011,jc_0171,jc_0111,db_0042,
レベル３	na_0002,db_0143,db_0144,jc_0011, jc_0021,na_0005,jc_0061,jm_0010,na_0008 na_0009,db_0110
レベル４	その他のルールも知っており、新たなルールを作成できる。

（注）　表 2.2 で説明されているモデリングガイドラインは、第１章で説明した MAAB ガイドラインを意味しています。

■ 2.1.4　制御設計エンジニアと実装モデル設計エンジニアの違い

レベル1～2では、制御設計エンジニアと実装モデル設計エンジニアの大きな違いはありませんが、あえて制御システム設計エンジニアのレベル2を目指していると書いた理由を説明しておきます。前述のとおり、制御モデル設計は2つの工程、2つの職種によって完成します。この2つの職種（キャリア）の違いは、目的の異なる工程です。特にこの工程を混ぜて制御開発を実施すると、モデルベース開発でも期間は短縮されず、上流で品質が良くなるわけでもありません。

表2.3に2つの工程の比較を示します。上流側の工程は、図2.1に示すスパイラル開発です。ここでは、機能を増やすことが目的です。機能を早く作り、その効果をいち早く確認し、仕様を固めることが大切です。機能の仕様が固まったら、次の実装工程に移ります。この工程の目的は品質を良くすることです。図2.2に示すスパイラル開発です。新たな機能改善を行いながら品質の作り込み作業をしてはいけません。そのような混ぜた工程を行うと品質を良くしているのではなく、新たなバグを埋め込んでいる可能性が高くなります。この工程は完全に2つに分けて作業を行うべきです。

実装工程では、コード生成用の設定を行います。また後々の保守性を向上させるために、モデルをシンプルに、そして綺麗にします。あるいはROM効率を良くするために同一の機能をまとめる、不必要な機能を削除する、エラー防止のために0割防止を行うなど、機能追加以外の作業を行います。

2つの工程は、目的が大きく異なることを意識し、その工程の目的に沿った行動が求められます。機能の作り込みの時にも、ある程度モデルを綺麗に作らなければ、後の工程でモデルを再編集することができない可能性もあります。機能の作り込みでは最低限のルールを守ることに限定し華美に美しさを求めてはいけません。そうしなければ、機能を確認する時間がなくなり、良い設計につながりません。それどころか後ろの品質保証の時間が圧迫され、品質も悪化していきます。2つの工程は混ぜず、明確に分離し、可能ならば別々のエンジニアが担当すべきです。

本書では、実装モデル工程で必要となるコード生成用の設定やROM、RAMの向上技術に関してほとんど説明していません。そもそも、制御システム設計エンジニアのレベル2は、そのようなスキルが重要視されません。機能を実現する力が重要です。本書での例題は制御システム設計側によった内容になっています。

2つの職種は、性格によって得手不得手があります。新しい機能設計を行う方が得意な人は、品質を向上させるべき工程で、機能改善を行ってしまいがちです。また綺麗なモデルを書くことを使命と考える人は、捨てられる可能性の高いモデルでも、機能の完成を遅らせる傾向にあり、期限内に仕様を固めることができなかったりします。

レベル3になると、それぞれの職種で必要とされるスキルが大きく変わって行きます。目指す職種に対して自分の性格がどちらの職種に向いているかきちんと把握し、将来の方向性を定めてください。

自動コード生成を行うエンジニアを目指す場合は、本書では触れていませんので、本書を読み終えてもSimulinkを完璧にマスターしたとは思わないでください。「表2.1」「表2.2」のレベル3～4の習得が必要ですので、その先はまだまだ長い道のりが必要です。

表 2.3　職種（キャリア）の特徴比較表

制御システム設計エンジニア	実装モデル設計エンジニア
機能を作り込んでいくスパイラル開発 開発が進むにつれて、規模が大きく、実現された機能が増えます。矢印が外側に向き、開発が進むほどループが大きくなります。	**品質を作り込むスパイラル開発** 開発が進むほど、ROM、RAM 効率が向上し、品質が安定する。機能を変えず、バグ 0 を目指す。 矢印は、中心（ゴール）に向かって行きます。

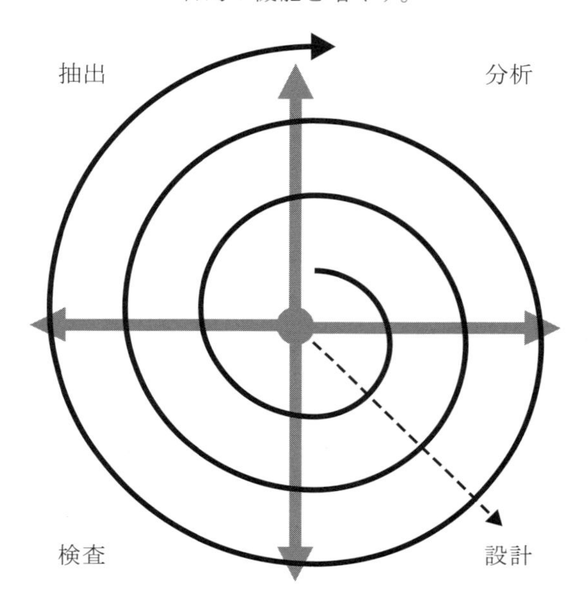

図 2.1　要求を育てるスパイラル開発

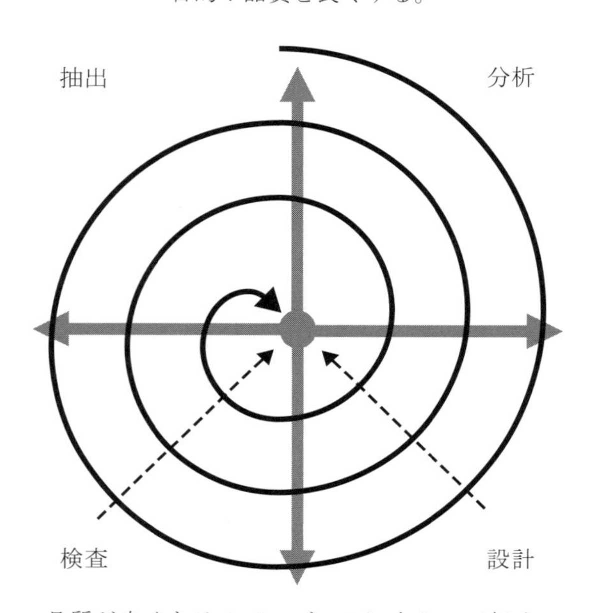

図 2.2　品質を向上させるスパイラル開発

2.2　ETSS を使った人材の可視化とは

本書で使われているスキル習得の戦略は、前述のとおり独立行政法人 情報処理推進機構の組込みスキル標準（ETSS）を参考にしています。ETSS は人材とスキルを可視化する手法です。ETSS を用いることで、どのエンジニアがどのようなスキルを持っているのか表で表現でき、それによって人材を可視化することができるようになります。そのために、まずはエンジニアがどのような仕事をするのかという職種（キャリア）を定義します。次に、職種（キャリア）毎のレベルを定義します。これがスキルマップの縦軸になります。横軸に職種（キャリア）が必要とするスキル要素を定義します。職種（キャリア）のレベルに対する目標レベルも記載することで、個人個人のレベルに上げるために何が不足しているか明確にできます。そうして個人個人のスキル獲得のためのカリキュラムを設定します。

ETSSでは、開発技術スキル、技術要素スキル、管理スキルの3つのカテゴリに分類されます。一般的な企業では、技術要素スキルカテゴリを並べることで、どの分野のエンジニアが何人いるかを可視化することができます。このスキルマップを使えば、新たなプロジェクト発足時にどのような領域の技術を持ったエンジニアが何人いるからプロジェクトが予定通りに進むかどうか判断することができるようになります。

技術要素スキルカテゴリのスキルレベルは、スキルカテゴリ項目の設計ができることを示すレベルが記載されます。設計ができるということは、その技術分野の知識があることではありません。知識があるだけで、設計できなければ、スキルを身につけているとは表現しません。同様に、経験年数、就業年数とは関係がありません。スキルとは、設計ができる技術力を示します。

複数の技術要素で設計するために共通的に使われる技術は開発技術スキルと呼ばれるカテゴリに分類されます。たとえば、設計時に使われるツールの習得や計測器の使い方など設計と関係のある技能を示します。

職種（キャリア）レベルは、技術要素スキル、開発技術スキル、管理技術スキル、パーソナルスキル、ビジネススキルの項目毎のレベル分布によって決まります。

本書では、Simulinkを使ったMBDエンジニアの育成をメインに技術要素、開発技術スキルカテゴリについて整理し、教育内容を検討しました。技術要素では、自動車のクルーズコントロールと呼ばれる制御機構と自動車の回転系物理現象を扱います。クルーズコントロール装置という一つの技術要素しか扱わないので、技術要素スキルカテゴリについては記載していません。管理技術については、初心者の教育対象に含まれないと判断し除外しています。（パーソナルスキル、ビジネススキルについても、本書の目的から離れるので同様に除外しています。）

また本書では、MBDエンジニアの教育に特化した開発技術スキルカテゴリの分類を行っています。このため本家のETSSとは開発技術の考え方を少しだけ変えています。本書での開発技術スキルは開発（設計）に使われる技能を開発技術スキルカテゴリとしています。そして、キャリアレベルに対応する開発技術スキルの目標をまとめました。表2.1と表2.2は、一般社団法人組込みスキルマネージメント協会（SMA）のモデルベース設計検証部会にて議論した内容をベースにしています。SMAでは、Simulink以外にUMLも加えたスキル項目と目標のマップを定義しています。もっと詳しく知りたい方は、SMAのホームページ（http://www.skill.or.jp/）へアクセスしてください。

参考までに、本書では仮想として表2.4、表2.5のようなスキルを持つエンジニアを定義しています。キャリア定義が完成したら、どのキャリアレベルで表2.1のスキルレベルがどこであれば良いかを検討し教育カリキュラムを作ってください。

表 2.4　制御システム設計エンジニアキャリアレベル定義

レベル	概要
1	一般的な Simulink ブロックを知っており、オプションの設定ができる。 上位者の指導の下、仕様書に基づきモデルの修正ができる。 シミュレーションの実行ができ、単純な検査を行い、結果をレポートできる。
2	既に構築された機能毎（サブシステム単位）のモデルを理解する事ができる。 機能毎の仕様書に基づき上位者の指導の元、一般的な Simulink ブロックを使いモデルを設計できる。サブシステム単位の検査ができる。
3	機能毎のシステム設計書を基に、上位者の指導がなくてもモデルを独力で設計できる。一般的な Simulink ブロック以外の使用方法を知っている。サブシステム単位の検査ができ、サブシステム同士の結びつきを考えた出力結果を推定し、正誤判断ができる。
4	システム設計ができる。レベル 3 の内容がしっかりと習得され、全プロセスの作業を一人で完結できる。不具合の原因を推定し、修正ができる。エントリーレベルの指導育成ができる。
5 以上	高レベルの定義は本書の対象外

表 2.5　実装モデル設計エンジニアキャリアレベル定義

レベル	概要
1 ～ 2	制御システム設計エンジニアキャリアレベル定義と同一
3	自動コード生成用の信号設定を行うことができる。 "ROM サイズ削減のために、再利用可能なサブシステムとしてライブラリの設計が可能。 適切な単位で関数化を行い、構造化の検討ができる。
4	"RAM" が増加しないモデリングの技術を習得している モデルのリファクタンリングを提案し、モデルの修正ができる。
5 以上	高レベルの定義は本書の対象外

第３章　基礎力のチェック

Simulink の演習に入る前に基礎力のチェックを行ってください。この章の基礎力チェックで解らないところがある場合、そのまま先の演習に進んでも理解できません。それは、Simulink が難しいのではなく、基礎力が不足しているために難しく感じているはずです。この章の基礎力チェックは、高校卒業程度の知識があれば解答できる内容になっています。数式が出ると難しいと抵抗感を持つかもしれませんが、実際には非常に簡単な数式しかありませんので、全問きちんと向かい合って答えてください。

この章の基礎力チェック問題は、テスト形式になっています。まとまった時間を取って、**3.1** の準備運動と **3.2** の本テストは一気に回答してください。解答用紙が TechShare のホームページ（http://techshare.co.jp/mbdbooks/）からダウンロードできるようになっていますので利用してください。

解答時間は２時間までとなります。最初の準備体操以外は、電卓と Excel も使用してもかまいません。解答用紙、筆記用具、時計、電卓、パソコンの準備の整った方は、基礎力チェック問題をはじめてください。

3.1　準備運動

この最初の問題は、簡単な計算を繰り返し行うだけの問題です。問題を解く目的は、簡単な問題を、短時間行うことで、集中力を増加させ、次以降の問題をスムーズに解かせることを目的としています。したがって、必ず 2分間 の測定を行い、2分以上書き込んではいけません。

【記入の例】

最上端の列と左端の行の数値を加算した結果を枠の中に書き込みます。100 マス計算と言われ、小学生が計算の練習に使うやり方です。

表 3.1　解答例

	2	5	3	4	6	9	1	7	8
1	1+2=3	1+5=6	1+3=4	1+4=5	1+6=7	1+9=10	1+1=2	1+7=8	1+8=9

では、ダウンロードした解答用紙に問題がありますので、時間をカウントしながら解答してください。

3.2　本テスト

準備運動を終えたら、そのまま本テストを開始してください。

■ 3.2.1　単位変換

Q 1：[km/h] を [m/s] へ変換する問題です。空欄を埋めなさい。

$$1\,[\mathrm{km/h}] = \frac{1000}{\square}[\mathrm{m/s}]$$

Q 2：[rad/sec] を [rps] へ変換する問題です。空欄を埋めなさい。
[rps] は、rotation per second＝回転／秒です。

$$1\,[rad\ /\ \mathrm{sec}] = \frac{1}{\square}[rps]$$

ヒント：1 [rad] は 2π です。rad/sec は 1 秒間に何 rad 回転したか、rps は 1 秒間に何回転したかになります。

Q 3：[rad/sec] を [rpm] へ変換する問題です。空欄を埋めなさい。
[rpm] は、rotation per minute＝回転／分

$$1\,[rad\ /\ \mathrm{sec}] = \frac{60}{\square}[rpm]$$

ヒント：rps を 60 倍すると rpm です。

■ 3.2.2　周波数について

Q 4：3000[rpm] で回っている 4 気筒エンジンは、1 秒間に何回爆発するか計算し、正しい答えを選びなさい。

a.　3000 / 60 = 50 [回]
b.　3000 / 60 × 4 = 200 [回]
c.　3000 / 60 × 4/2 = 100 [回]

ヒント：1 気筒は 2 回転で 1 回爆発します。

Q 5：エンジン回転数3000rpmで回っている軸上に10歯の回転計測用のエンコーダを設置した。ここから計測される回転パルスは、何Hzの周波数になるか計算し、正しい答えを選びなさい。

a. 3000 / 60 / 10 = 5 [Hz]

b. 3000 / 60 × 10 = 500 [Hz]

c. 3000 / 60 × 4 = 200 [Hz]

ヒント：10Hzは1秒間に10パルス

■ 3.2.3　微分積分の基礎

Q 6：距離[m]を時間[s]で微分するとどうなるか、正しい答えを選択しなさい。

a. 速度[m/s]

b. 加速度[m/s^2]

c. 距離[m]

Q 7：速度[m/s]を時間[s]で微分するとどうなるか、正しい答えを選択しなさい。

a. 速度[m/s]

b. 加速度[m/s^2]

c. 距離[m]

Q 8：加速度[m/s^2]を時間[s]で積分するとどうなるか、正しい答えを選択しなさい。

a. 速度[m/s]

b. 加速度[m/s^2]

c. 距離[m]

Q 9：速度[m/s]を時間[s]で積分するとどうなるか、正しい答えを選択しなさい。

a. 速度[m/s]

b. 加速度[m/s^2]

c. 距離[m]

■ 3.2.4　積分と面積の関係

Q 10：縦軸を速度V [m/s]、横軸を時間[s]とした時、その面積と一致するものを選びなさい。

a. 速度[m/s]

b. 加速度[m/s^2]

c. 距離[m]

■3.2.5　回転軸を持った剛体の運動

【準備】

角速度 ω で軸の周りを回転している剛体（図3.1）のイナーシャとトルク T [Nm] の関係は下記の式で表すことができます。

$$T = I\frac{d\omega}{dt} = I\dot{\omega}[Nm]$$

角加速度　$\dot{\omega}[rad/\sec^2]$

角速度　$\omega[rad/\sec]$

イナーシャ　$I[kgm^2]$

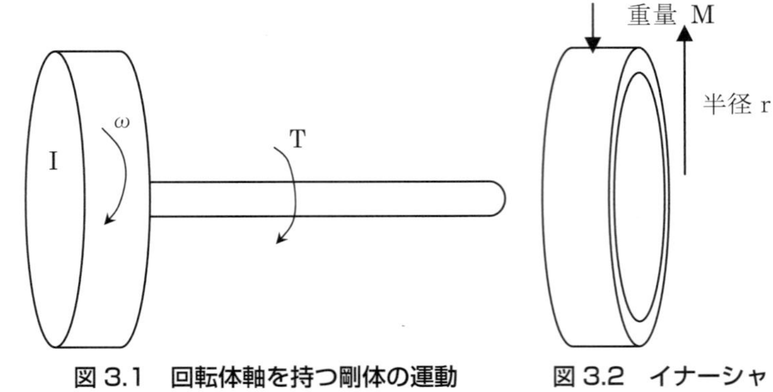

図3.1　回転体軸を持つ剛体の運動　　図3.2　イナーシャ

タイヤ（図3.2）にかかる重量をM、半径をrとした場合のイナーシャIは下記の式で求められます。

$$I[kgm^2] = M[kg] \times r^2[m]$$

Q 11：タイヤ半径0.25m 車両重量1000kgのときのイナーシャ量 $[kgm^2]$ を求めなさい。

タイヤ軸のトルクをTタイヤにかかる重量を車両重量W、タイヤ角加速度 $\dot{\omega}$ と、タイヤ角速度 ω とした場合に、下記の図の設問を解答しなさい。

Q 12：図3.3のa、bの正しい解答を選びなさい。

Q 13：図3.3の点線枠内に軌跡の続きを描きなさい。

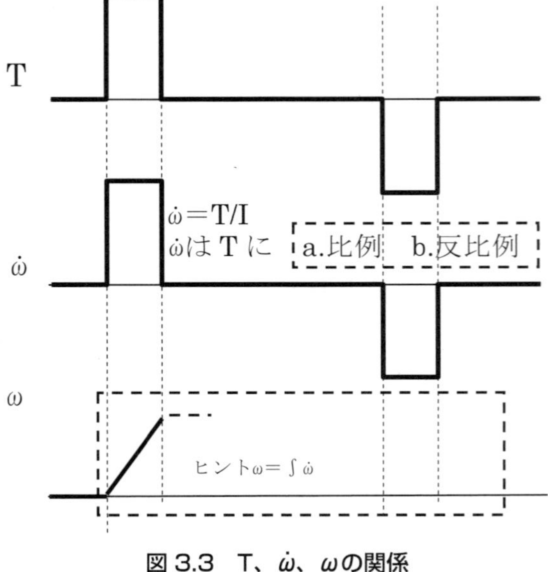

図3.3　T、$\dot{\omega}$、ωの関係

■ 3.2.6　ベクトルの合成和

Q 14：右記の図 3.4 で示される合成力 W、$\sin\theta$、$\cos\theta$ を用いて X を数式で表現しなさい。

ヒント：$\sin\theta = Y / W$、$\cos\theta = X / W$

Q 15：右記の図 3.4 で示される合成力 W、$\sin\theta$、$\cos\theta$ を用いて Y を数式で表現しなさい。

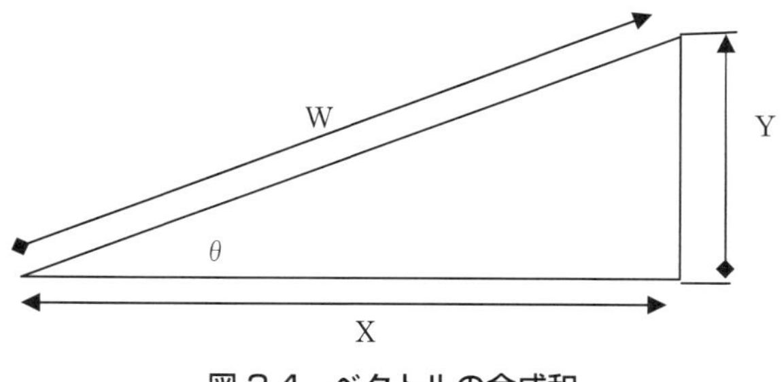

図 3.4　ベクトルの合成和

■ 3.2.7　力の関係

F1　重力による力

$F1 = Wg$:

W　車両重量　　g　重力加速度

F2　車両の傾きによるすべり力

F3　タイヤから路面に伝達される車両重量から発生する力

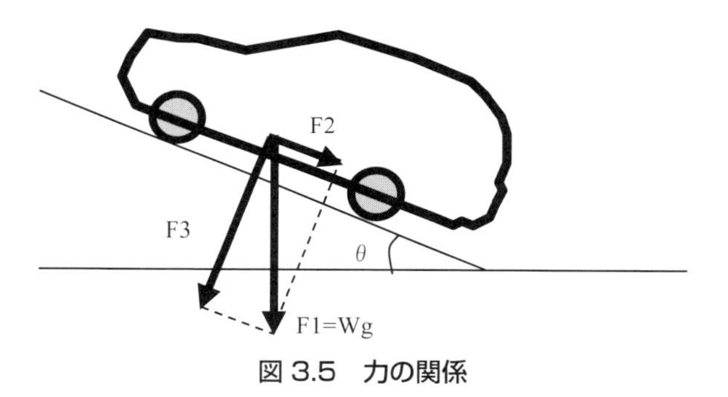

図 3.5　力の関係

Q 16：F2 の式を、θ を使って数式で表現しなさい。

Q 17：F3 の式を、θ を使って数式で表現しなさい。

■ 3.2.8　距離の計算方法

下のように速度 V が加速し増加する場合、距離との関係を求める問題です。

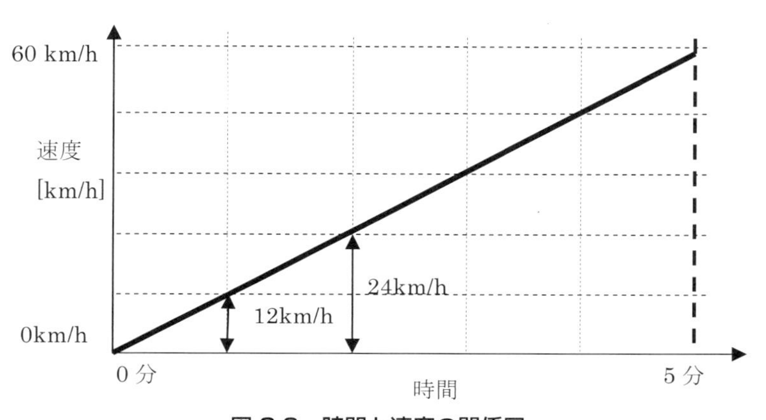

図 3.6　時間と速度の関係図

Q 18：下記の表の空欄(1)、(2)を埋めなさい。

表 3.2　1 分毎の総面積

	数式	面積 [km]
1 分後	縦[分速]×横[時間]/2 12　[km/h] / 60 [min/h] × 1 [min] / 2	0.1
2 分後	24　[km/h] / 60 [min/h] × 2 [min] / 2	0.4
3 分後	□ [km/h] / 60 [min/h] × 3 [min] / 2	(1)
4 分後	□ [km/h] / 60 [min/h] × 4 [min] / 2	(2)
5 分後	60　[km/h] / 60 [min/h] × 5 [min] / 2	2.5

Q 19：表 3.2 の結果を参考に下記の関係図のグラフにプロットし、グラフを完成させなさい。

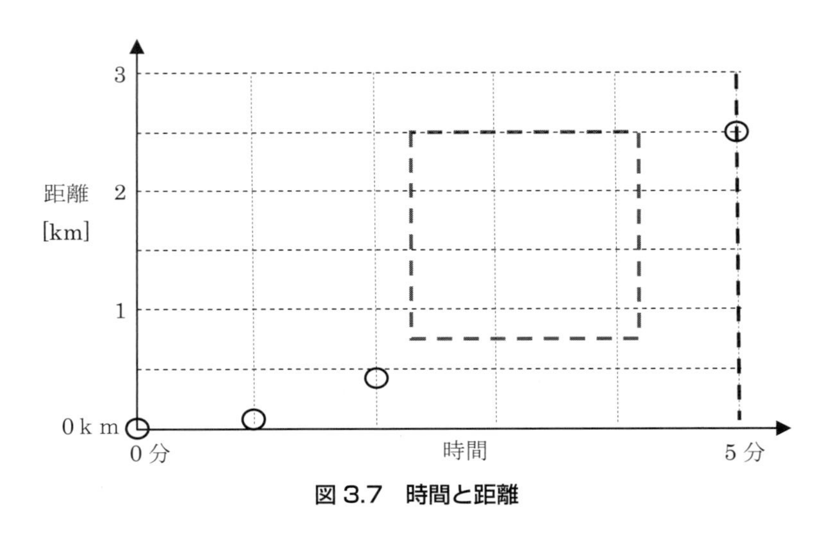

図 3.7　時間と距離

■ 3.2.9　自由落下運動

Q 20：初速が横方向に Vx0 = 2 [m/s]、縦方向に Vy0 = 0 [m/s] の物体が、重力加速度 –10 [m/s^2] で縦方向に加速する時、5 秒後の x 成分、y 成分の速度をそれぞれ求めなさい。
横方向の加速度は 0 [m/s^2] とする。

ヒント：V [m/s] = V0 + at [m/s]

Q 21：初速が横方向 Vx0 = 2 [m/s]、縦方向に Vy0 = 0 [m/s] の物体が、重力加速度 –10 [m/s^2] で縦方向に加速する時、5 秒後の x 座標、y 座標の位置をそれぞれ求めなさい。ただし、横方向の加速度は 0 [m/s^2] とする。

ヒント：X [m] = X0 + V0t + 1/2at^2

Q 22：1 秒毎に 5 秒までの軌道をグラフにプロットしなさい。物体は時刻 0 の時、位置 [0,0] にいるとする。

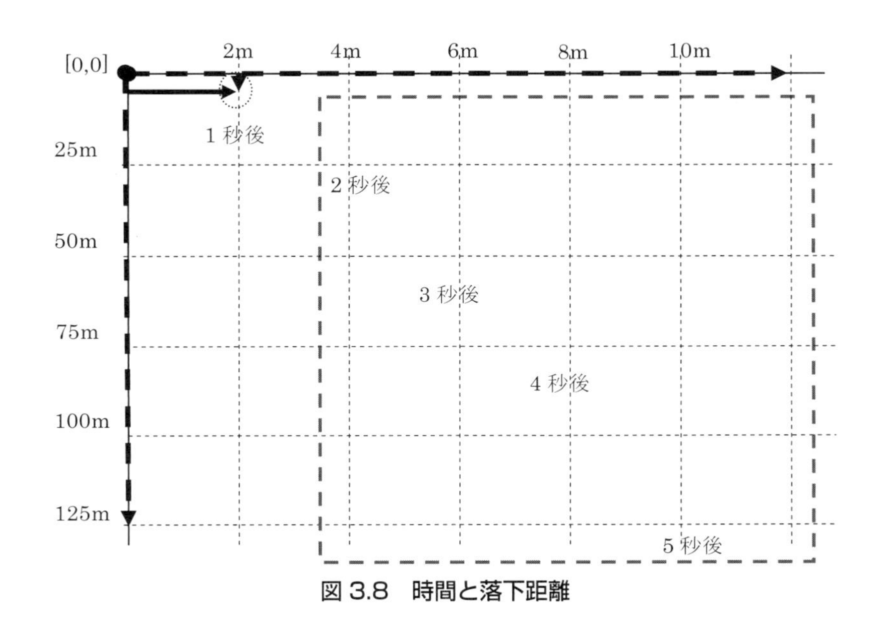

図 3.8　時間と落下距離

■ 3.2.10　離散化表現とサンプリングの影響

【準備】

前項の問題では時間 t を使った計算を行いましたが、シミュレーションを行う場合、時間 t を使った計算式は利便性が低く、一般には時間 t を使わない方法で計算します。ここでは、0,1,2,3,4,5 秒と過去の速度を使いながら、速度、距離を計算します。

【前提条件】

- 初速 0 [m/s] の物体が –10 [m/s^2] で加速する。
- 現在の速度は、過去の速度に今回の加速分を加算する。
- x [n] = x [n – 1] + aΔt　（Δt は 1 秒間です。）
- 現在の距離は、過去の距離に平均速度で進んだ距離を加算する。
- y [n] = y [n – 1] + (x [n – 1] + x [n]) / 2 × Δt

Q 23：表 3.3 の空欄を埋めなさい。

表 3.3　速度、平均速度、距離の関係

時間 [sec]	A：今回の速度 x [n] [m/s]	B：平均速度 [m/s]	C：今回進んだ距離 [m]	合計 [m]
0	0	0	0	0
1	$0 - 10\ [m/s^2] \times 1\ [s] = -10$	(0 − 10) / 2 = − 5	− 5 × ΔT = − 5	0 − 5 = − 5
2	− 10 − 10 = − 20	(− 10 − 20) / 2 = − 15	− 15	− 5 − 15 = − 20
3				
4				
5				− 125

平均値を使う場合、y [n] の計算に x [n] を使用しますが、この場合、計算順序が重要となります。また、必ずしも x [n] が取得できているかわからないケースもあるので、シミュレーションの世界では、今の距離（y [n]）を求める場合、今の速度（x [n]）を使わず、1 つ前の速度（x [n − 1]）を使って計算する方法があります。

● x [n] = x [n − 1] + aΔt

● y [n] = y [n − 1] + x [n − 1] × Δt

Q 24：下記の表の空欄を埋めなさい。

表 3.4　速度、増加距離、距離の関係（サンプリング 1 秒毎）

時間 [sec]	速度 x [n] [m/s]	増加距離 x [n − 1] × Δt	総合距離 y [n]
0	0	0	0
1	0 + aΔt = − 10	0	0
2	− 10 − 10 = − 20	− 10	0 + (− 10)
3	− 20 − 10 = − 30		
4	− 40		
5	− 50		

計算結果にだいぶ誤差が出たのがわかるでしょうか？次に、先ほどの計算方法でサンプリング時間を少し小さくしましょう。計算間隔を小さくすることで誤差が少なくなるか確認しながら、解答してください。

Q 25：表 3.5 の空欄を埋めなさい。

表 3.5　速度、増加速度、距離の関係（サンプリング 0.5 秒毎）

時間 [sec]	速度 x [n] [m/s]	増加距離 x [n − 1] × Δt [m]	総合距離 y [n] [m]
0.0	0	0	0
0.5	− 5	0	0
1.0	− 10	− 2.5	− 2.5
1.5	− 15	− 5	− 7.5
2.0	− 20	− 7.5	− 15
2.5	− 25		
3.0	− 30		
3.5	− 35		
4.0	− 40		
4.5	− 45		
5.0	− 50		

Q 26：Excel を使って、下記の表の空欄を埋めなさい。

表 3.6　速度、増加距離、距離の関係（サンプリング 0.2 秒毎）

時間 [sec]	速度 x [n] [m/s]	増加距離 x [n − 1] × Δt [m]	総合距離 y [n] [m]
0			
0.2			
0.4			
0.6			
0.8			
1.0			
1.2 ～ 3.8			
4.0			
4.2			
4.4			
4.6			
4.8			
5.0			

時間に余裕のある方は、表 3.7 を参考にサンプル時間を変更して計算する Excel シートを作成してください。真値（最初の −125）に近い答えを得るには、どの程度のサンプリング時間にすれば良いか調べてください。

表 3.7　秒後の距離

サンプリング時間	1.0	0.5	0.2	0.1	0.01	0.001
5 秒後の距離	Q 24	Q 25	Q 26			

3.3 解答チェック

この基礎力チェックは、皆さんが学校で受けていたような試験ではありません。問題を解いた時に、答えが書いてあるとか、ヒントがたくさんあると感じませんでしたか？この問題は、問題を解くことによって、復習あるいは勉強ができるように作りました。これは、「能力を測る」ことが目的ではなく、「思い出して欲しい」、「知っていて欲しい」という考えで作った問題だからです。

■ 3.3.1 準備体操の解答

最初の準備体操ですが、解答は TechShare のホームページからダウンロードしたファイルにありますので、個別の答えはそちらでご確認ください。解答の結果で、全問正解の方がいましたら、すばらしいと思います。通常、簡単な計算でも、時間に制約があるとケアレスミスが出ることがあります。読者が作る仕様書も、他の人が作る仕様書も、同じようにミスが入っていると疑いましょう。この世に完璧な仕様書など存在しないと思ってください。すべてを信用してはいけません。

では、裏解答のお話をしましょう。ここでは、書いた答えの正誤よりも、何問答えたかが重要です。おそらく 100 ～ 120 問解く人が多いと思います。全問答えを書いた人がいるでしょうか？全問解けた人には 2 種類の人がいるはずです。ひとつは、本当に時間内に全部解答した人。もうひとつは時間を無視した人です。前者の方は、大変優秀の一言です。後者の方については、問題文に「必ず 2 分間の測定を行い、2 分以上書き込んではいけません。」という注意書きがありましたが、読みましたでしょうか？時間は有限です。限られた時間の中で、最大限の努力をするように心がけてください。設計者の意図を理解して、何が大切か考え、設計するように心がけてください。

■ 3.3.2 本テストの解答

本テストの解答は、下記のとおりとなります。この本テストの内容の理解はとても重要です。この後の演習でも何度も登場します。この本テストで苦手意識を持つ方は、ゆっくりとで良いので、じっくり、しっかり取り組んでください。場合によっては答えを先に見ても良いでしょう。そのかわりに、この先の演習では、必ず自分でモデルを作ってください。最初はまねから始めても構いません。まずは、必ず全問に挑むことが大切です。地道に取り組めば力が付いてきます。自分ひとりでやれるようになるまで、同じモデルを何回作っても良いので、理解しながら進めてください。

Q 1：60 × 60

$$1\,[\mathrm{km/h}] = \frac{1000}{\boxed{60 * 60}}\,[\mathrm{m/s}]$$

Q 2：2π

$$1\,[rad\,/\,\sec] = \frac{1}{\boxed{2\pi}}[rps]$$

Q 3：2π

$$1\,[rad\,/\,\sec] = \frac{60}{\boxed{2\pi}}[rpm]$$

Q 4：C: 3000 / 60 × 4 / 2 = 100 [回]

Q 5：b. 3000 / 60 × 10 = 500 [Hz]

Q 6：a. 速度 [m/s]

Q 7：b. 加速度 [m/s^2]

Q 8：a. 速度 [m/s]

Q 9：c. 距離 [m]

Q 10：c. 距離 [m]

Q 11：0.25 × 0.25 × 1000kg = 62.5 [kg m^2]

Q 12：a. 比例

Q 13：

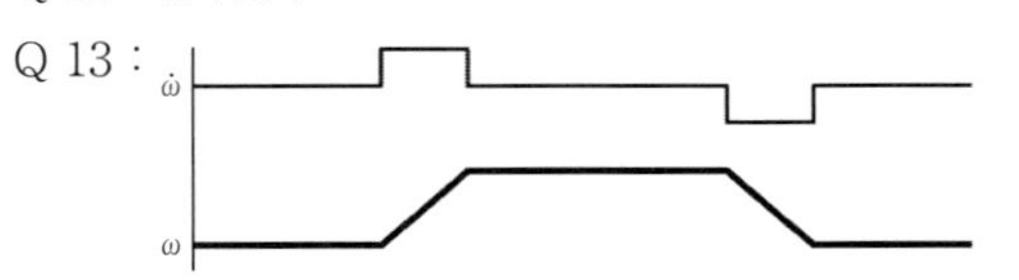

Q 14：X = W × cosθ

Q 15：Y = W × sinθ

Q 16：F2 = F1 × sinθ、または Wg × sinθ

Q 17：F3 = F1 × cosθ、または Wg × cosθ

Q 18：(1)：0.9　(2)：1.6

Q 19：

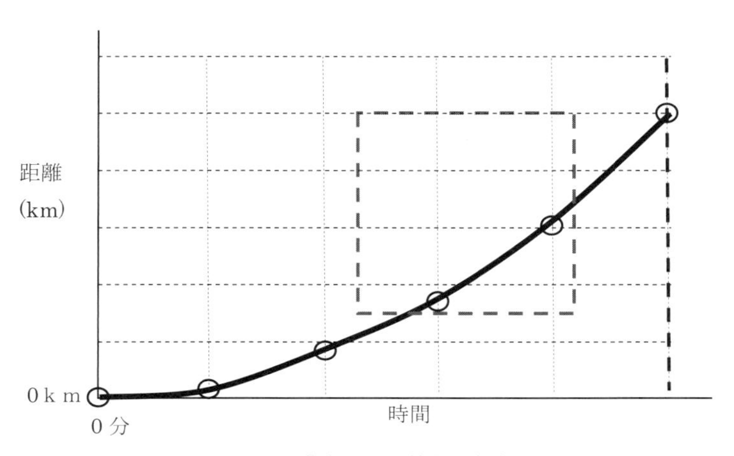

図 3.9 「時間と距離」の解答

Q 20：x = 2 [m/s]　※等速運動、y = –50 [m/s]　※等加速度運動

Q 21：x = 10 [m]、y = –125 [m]

Q 22：

	X [m]	Y [m]
1 秒後	2	5
2 秒後	4	20
3 秒後	6	45
4 秒後	8	80
5 秒後	10	125

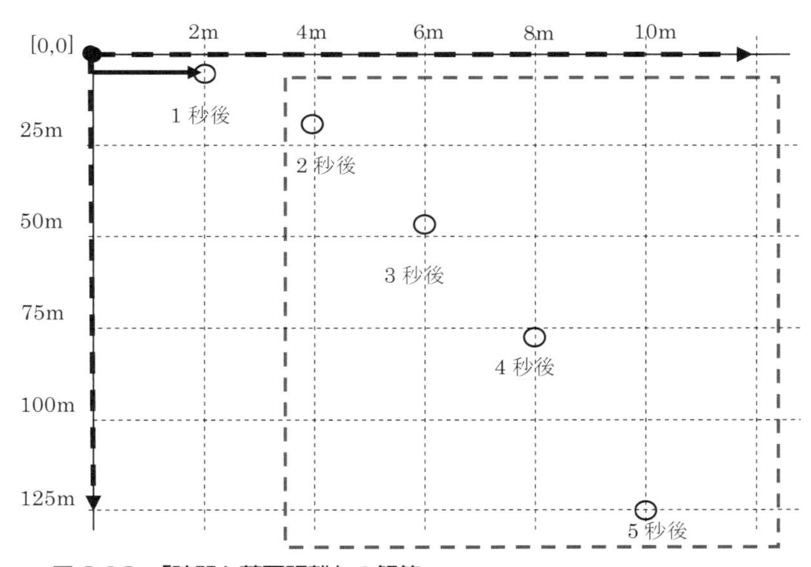

図 3.10 「時間と落下距離」の解答

Q 23：

時間 [sec]	A：今回の速度 x [n] [m/s]	B：平均速度 [m/s]	C：今回進んだ 距離 [m]	合計 [m]
0	0	0	0	0
1秒後	0 − 10 [m/s^2] × 1 [s] = − 10	− 5	− 5	− 5
2秒後	− 10 − 10 = − 20	− 15	− 15	− 20
3秒後	− 30	− 25	− 25	− 45
4秒後	− 40	− 35	− 35	− 80
5秒後	− 50	− 45	− 45	− 125

Q 24：

時間 [sec]	速度 x [n] [m]	増加距離 x [n − 1] × Δt	総合距離 y [n]
0	0	0	0
1	− 10	0	0
2	− 20	− 10	− 10
3	− 30	− 20	− 30
4	− 40	− 30	− 60
5	− 50	− 40	− 100

Q 25：

時間 [sec]	速度 x [n] [m/s]	増加距離 x [n − 1] × Δt [m]	総合距離 y [n] [m]
0	0	0	0
0.5	− 5	0	0
1	− 10	− 2.5	− 2.5
1.5	− 15	− 5	− 7.5
2	− 20	− 7.5	− 15
2.5	− 25	− 10	− 25
3	− 30	− 12.5	− 37.5
3.5	− 35	− 15	− 52.5
4	− 40	− 17.5	− 70
4.5	− 45	− 20	− 90
5	− 50	− 22.5	− 112.5

Q 26：

時間 [sec]	速度 x [n] [m/s]	増加距離 x [n－1] × Δt [m]	総合距離 y [n] [m]	積分回数
0	0	0	0	
0.2	－2	0	0	1
0.4	－4	－0.4	－0.4	2
0.6	－6	－0.8	－1.2	3
0.8	－8	－1.2	－2.4	4
1.0	－10	－1.6	－4	5
1.2 ～ 3.8　省略				
4.0	－40	－7.6	－76	20
4.2	－42	－8	－84	21
4.4	－44	－8.4	－92.4	22
4.6	－46	－8.8	－101.2	23
4.8	－48	－9.2	－110.4	24
5.0	－50	－9.6	－120	25

サンプリング時間と5秒後の答えの関係は、Excelで簡単にシミュレーションができます。サンプリング周期を小さくすることで、本来の答えである－125に近づきます。

表 3.5 秒後の距離

サンプリング時間	1.0	0.5	0.2	0.1	0.01	0.001
5秒後の距離	－100	－112.5	－120	－122.5	－124.75	－124.975

しかし、Excelでは、力Fの変動など、様々な条件の変更が大変です。更に数式がセルの中に埋め込まれ、何を計算しているかわかりにくいという問題があります。この後の章で、いよいよSimulinkでのシミュレーション方法を説明します。SimulinkとExcelの違いを確認してください。

ところで、今回のように、連続した積分は、Excelすら使う必要はありません。連続した等差数列の積分は、細かい計算を繰り返さなくても計算結果を得ることができます。

例：1から100までの100個の積分方法は、等差数列の和によって求めることができます。

等差数列の和＝(初項＋終項)×項数÷ 2

サンプリング時間が0.2の場合は、(X [1]＋X [end])×N / 2＝(0＋－9.6)×25 / 2＝－120答えが一致します。

サンプリング時間	1	0.2	0.01	0.001
終了時間	5	5	5	5
積分回数	B2 / B1	25	500	5000
最終速度 [m/s]	− 10 × B1	− 2	− 0.1	− 0.01
最終距離 [m]	B4 × B1 × (B3 − 1)	− 9.6	− 0.499	− 0.04999
答え [m]	B5 × B3 / 2 − 10 × B2* (B2 − B1) / 2	− 120	− 124.75	− 124.975

サンプリング時間と力、最終時間だけで答えが計算できます。
今回は、− 10×積分時間×（積分時間 − サンプリング時間）/ 2 が答えになります。

コラム

等差数列の和の公式に関しては数学者ガウスの少年時代の逸話が有名です。ガウスがまだ 10 才のときのお話です（9 才と書いてあるものもあります）。

小学校の先生が次のような問題を出しました。「1 から 100 まで全部の数を足し算しなさい。」

生徒たちはがんばって 1+2+3+・・・と順番に足し算をはじめました。しかしなかなか答えは出ません。実は先生は一休みしようと思ってこんな問題を出したのでした。

ところが 1 分もしないうちに手を挙げた生徒がいました。ガウス少年です。「先生、できました！答えは 5050 です！」

おどろいたのは先生です。確かに答えは合っています。「いったいどうやってこんなに短い時間で解いたのだい？」先生はガウス少年に聞いてみました。「はい先生、ぼくはこうやって・・・」

$$
\begin{array}{rrrrcrrr}
 & 1 & 2 & 3 & 4 \cdots & 98 & 99 & 100 \\
+) & 100 & 99 & 98 & 97 \cdots & 3 & 2 & 1 \\
\hline
 & 101 & 101 & 101 & 101 \cdots & 101 & 101 & 101
\end{array}
$$

つまり、101 が 100 個あるので、101×100 = 10100 となります。これは、1 〜 100 の積分を 2 回やっているので 2 で割ります。つまり、5050 が答えです。いかに楽をして、同じ成果を得るか、常に考えているからできることです。制御は、同じ答えを得るなら、最もシンプルに答えを導き出せることが重要です。

第４章　Simulink の基礎

この章では、Simulink の操作と厳選された良く使われるブロックの使い方を説明します。操作を短期間で習得するため、ここで説明する Simulink のサンプルモデルは必ず自分で作ってください。説明の途中でブロックの機能紹介とあわせて操作の説明が入っています。操作説明に従ってモデルを編集してください。この章は操作演習を含めて 4 ～ 6 時間必要です。

4.1　基本ブロックと基本操作

Simulink はブロックと呼ばれる図で表示された箱同士を接続することでシミュレーションができるツールです。ブロックの種類ごとにその役割がありますので、それらを理解し、操作を習得する必要があります。最初に説明するブロックは、この後で作成する演習に必要となるブロックです。本書の演習だけに必要なものではなく、実際の設計現場でも使用頻度が非常に高いものだけに厳選しています。本章では、それらだけで作れる演習問題を用意してあります。

■ 4.1.1　ブロック種別について

Simulink には、連続系ブロックと離散ブロックという 2 種類のブロックがあります。制御モデルは、離散ブロックと呼ばれる種類のブロックを使わなければハンドコード相当の C ソースを出力することができません。これに対して、制御対象モデルは、連続系ブロックが使われることが多く、連続・離散を気にすることなく、両方とも使うことができます。最初は、モデルを作るのに便利な連続系のブロックを中心に説明します。後半の制御モデルを作成する段階になってから、離散ブロックの説明をします。

■ 4.1.2　Simulink の起動と新規モデルファイル作成

まずは、Simulink の新規モデルファイルを立ち上げましょう。図 4.1　MATLAB の Simulink アイコンをクリックします。すると図 4.2 の Simulink スタートページが起動します。そこで、空のモデルファイルを選んでください。それで図 4.3　Simulink の新規モデルファイルが出来上がります。

本書では、MATLAB のバージョン R2018b を用いて解説を行っています。利用する MATLAB バージョンによって、ボタンの配置、メニューの構成などが異なることがあります。演習では、利用するバージョンにあわせて操作してください。

R2015b 以前のバージョンでは Simulink ライブラ リブラウザーが起動します。

図 4.1　MATLAB のツールバー

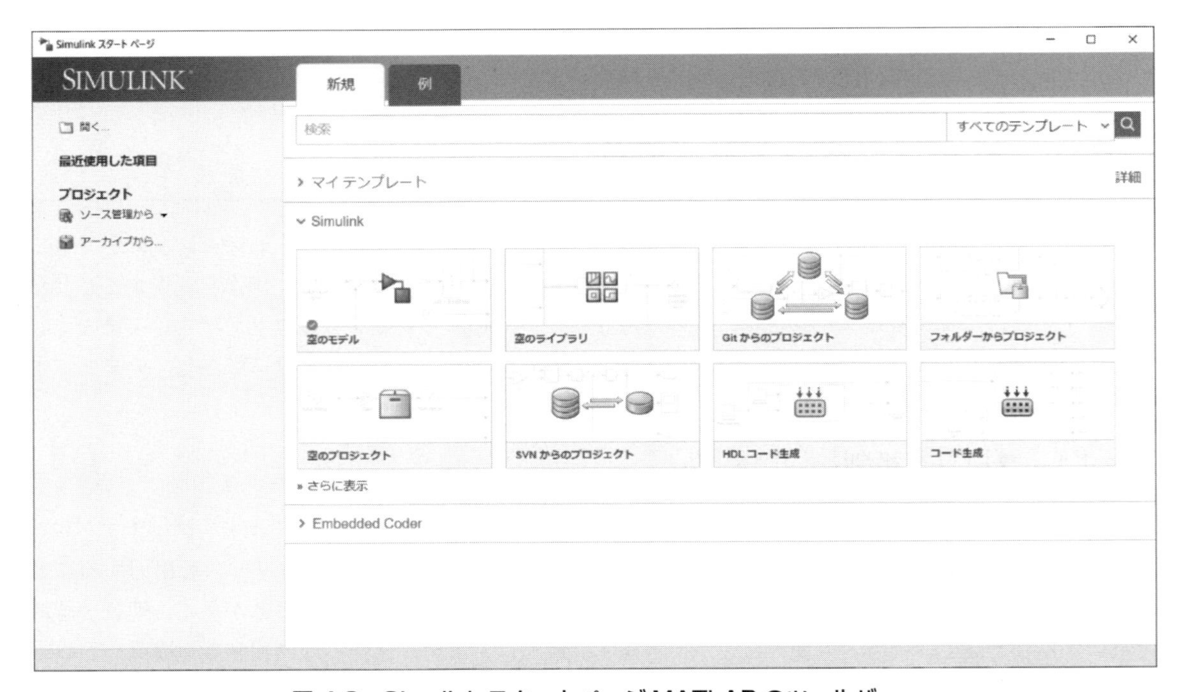

図 4.2　Simulink スタートページ MATLAB のツールバー

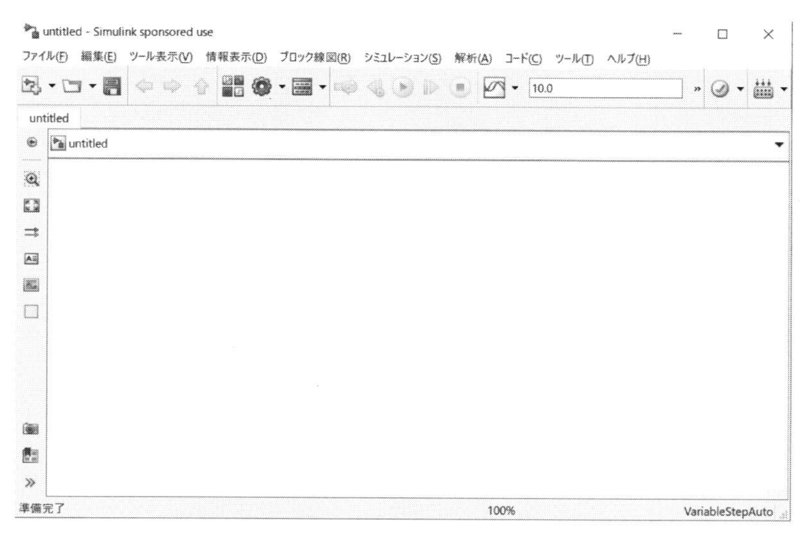

図 4.3　新規モデルファイル

■ 4.1.3　Simulink ライブラリ ブラウザー

新規モデルファイルのからも Simulink ライブラリ ブラウザーが起動できます。図 4.4 を参考に確認してください。コマンドラインで >slLibraryBrowser と入力しても大丈夫です。

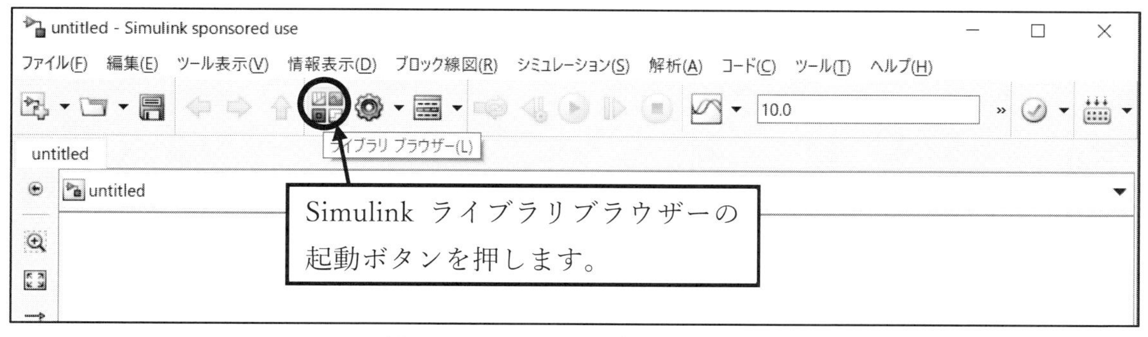

図 4.4　Simulink モデルウィンドウ

起動した Simulink ライブラリ ブラウザーの説明です。システムにインストールされているすべての Simulink ブロックは、Simulink ライブラリ ブラウザーと呼ばれる GUI に登録されています。

この Simulink ライブラリ ブラウザーからモデルウィンドウにブロックをコピーすることで使用可能になります。ブロックにはそれぞれに異なる機能が設定されています。その特徴ごとにブロックライブラリにまとめられています。Simulink の標準ライブラリの中から代表的なものを説明します。

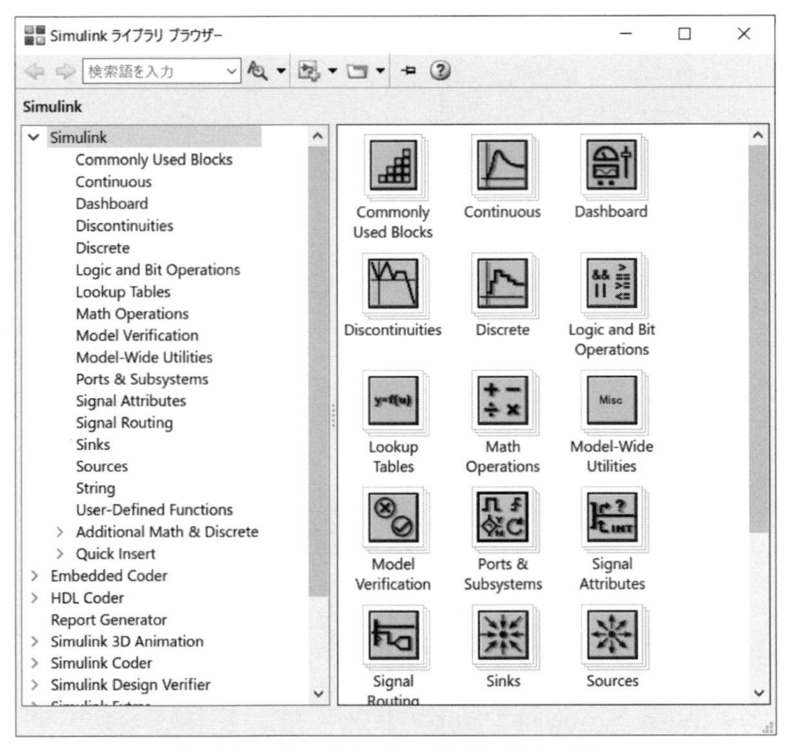

図 4.5　Simulink ライブラリ ブラウザー

Simulink のブロックの分類（本書で関係する部分について説明）

- Commonly Used Blocks：よく使うブロックがまとめられている。
- Continuous：連続信号の処理を行う。
- Discontinuities：非連続信号の処理を行う。
- Discrete：離散システムに関するブロック
- Logic and Bit Operations：論理演算、ビット演算を行う。
- Lookup Tables：線形補間を行うブロック群。
- Math Operations：数学的な演算を行うブロック群。
- Signal Routing：信号線を扱うためのブロック群。
- Sinks：演算結果を表示・格納するブロック群。
- Sources：任意の値を出力するブロック群。

図 4.5 では、数多くのライブラリ名が表示されています。デモ版には、Simulink 上で動作する様々なオプション製品（Blockset）が表示されますが、本書では、Simulink の標準ライブラリのみ説明します。

■4.1.4　入力系のブロック群（Sources）

Sourcesの任意の値を出力するブロック群です。ブロックの右側に|>のマークがあり、信号の出力をするマークになります。

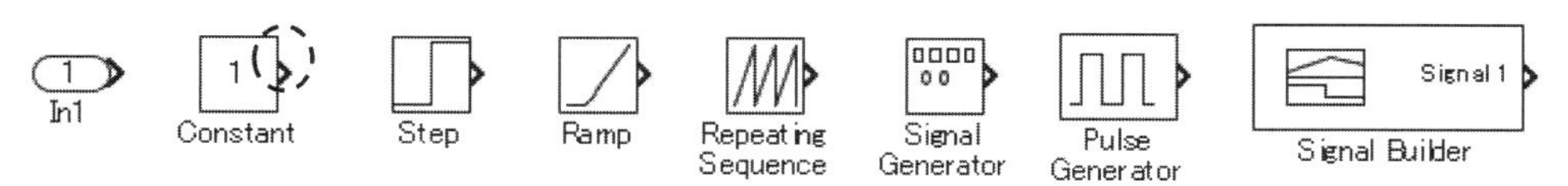

図4.6　Sourceのブロック群

すべてのブロックで、この|>マークから信号を出力し、他のブロックへ結線します。

■4.1.5　出力系のブロック群（Sinks）

Sinksの演算結果を表示・格納するブロック群です。ブロックの左側の>|のマークが受け口を示すマークになります。

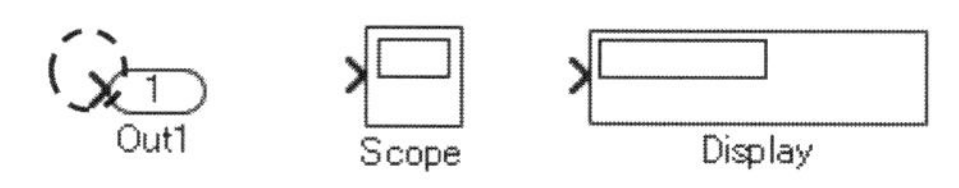

図4.7　Sinkのブロック群

すべてのブロックで、この>|マークが、他のブロックから信号を受ける部分になります。

■4.1.6　モデルのファイル名について

モデルファイル名の拡張子は、MATLABのバージョンR2012bから標準拡張子がslxに変わりました。それ以前のバージョンでは、mdlが使われていました。

本書では一部にモデルファイル名がmdlとなっている部分があると思いますが、slxとして扱ってください。

■4.1.7　モデルにブロックを配置する

Simulinkライブラリブラウザーのボタンを押せば、Simulinkライブラリブラウザーが画面の一番上に出てきます。新規のモデルウィンドウに「Constantブロック」を配置しましょう。SimulinkライブラリブラウザーのSimulinkのSourcesよりConstantブロックを選び、先ほど作った新規ウィンドウへドラッグアンドドロップしてください。（図4.8）

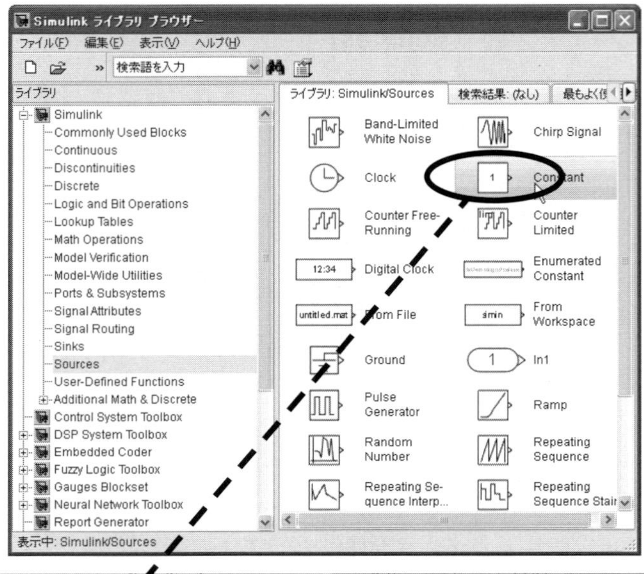

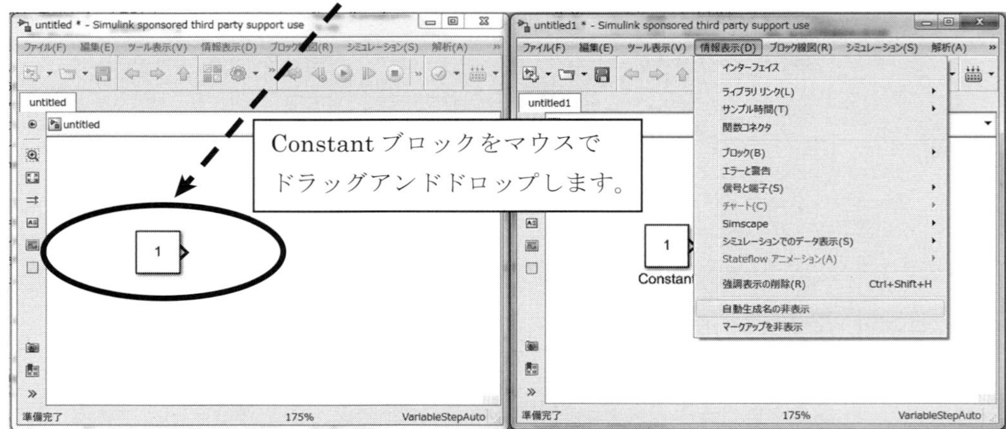

図 4.8　ブロックの選択と配置

●ブロック名の表示、非表示

オリジナルのブロック名を全て表示したり、非表示にします。初期設定が非表示なので、下記の操作を行ってください。

［情報表示］メニューを選択し、［自動生成名の非表示］チェック ボックスの変更。

［オン］を選択すると、ブロック名が常に表示されます。

［オフ］を選択すると、ブロック名が常に非表示になります。

次にディスプレイブロックを配置します。Simulink ライブラリブラウザーの Simulink の Sinks より Display ブロック（図 4.9）を選び、モデルウィンドウ（図 4.10）にコピーしモデルを作ってください。

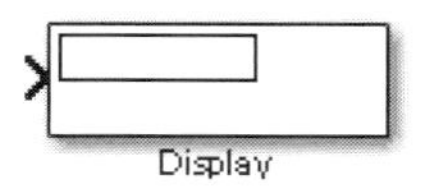

図 4.9　Display ブロック

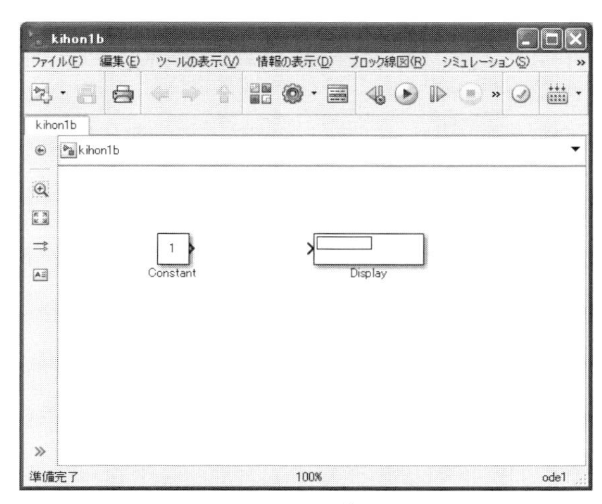

図 4.10　Display ブロックの配置

■ 4.1.8　ブロックの設定を変更する

配置した Constant ブロックをダブルクリックしてください。図 4.11 の定数値に数値あるいは変数名を書き込めば反映されます。

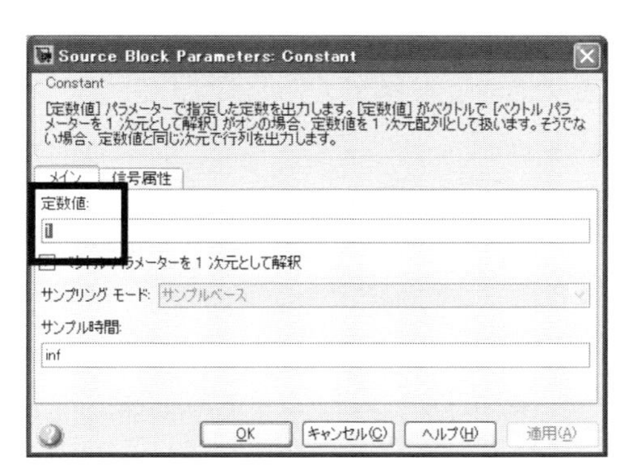

図 4.11　Constant ブロックのダイアログボックス

定数の欄に [0 1 2 3 4 5] と入力してください。[から] までが配列要素の定義方法になります。

数値と数値の区切りは、スペースまたはカンマを用います。[1:2:10] と書くと 1 から 2 ずつ増えて 10 までとなりますので、実際には 1,3,5,7,9 が定義されます。

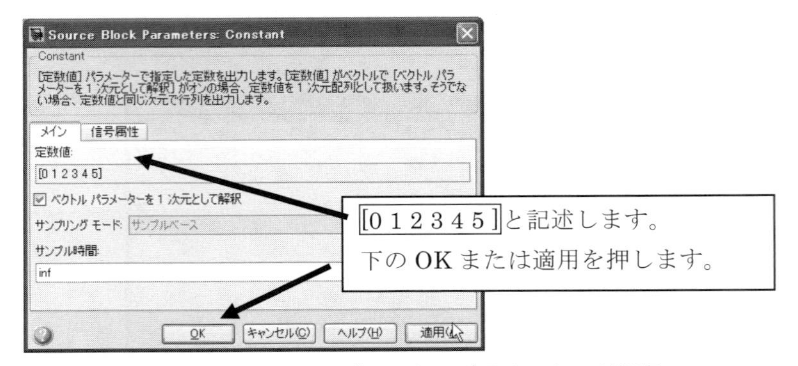

図 4.12　Source ブロックのパラメーターの設定

Constant ブロックに数値を入力すると先ほどの「1」の表示から「-C-」あるいは図 4.14 のように「1 × 6」と行列のサイズが表示されます。これはブロックの大きさを変えることによって、設定した値をブロックに表示する事ができます。

図 4.13　Constant と Display のブロック

■ 4.1.9　ブロックのサイズ調整

Constant ブロックの上にマウスを持っていくとブロックの四隅に小さな四角が表示されます。　四隅のどれかをドラッグし、適度な大きさでドロップすれば図 4.15 のように表示されます。

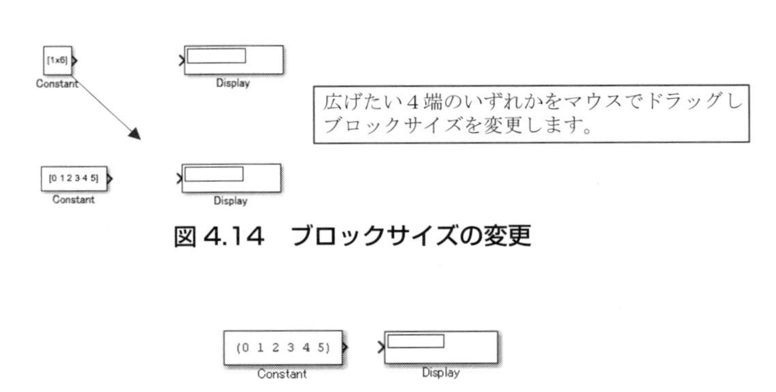

図 4.14　ブロックサイズの変更

図 4.15　ブロック表示の変更

ブロックに文字列などが表示される場合、必ず主要な文字全体が見える様にブロックサイズを調整するという MAAB ガイドラインの「jm_0002：ブロックのサイズ調整」があります。モデル作成時には、この点に注意してください。

Constant ブロックの定数に以下の記述を行い、結果を確認してください。

- [1:2:10]
- [1:1:10]
- [1;2;3;4;5]　　数値の間を「,」ではなく「;」としてください。
- [zeros(5)]
- [ones(5)]

■ 4.1.10　ブロックの結線

結線方法は2種類あります。一つ目の方法では、ブロックの出力から接続先のブロックの入力へドラッグします。

図 4.16　ブロック間をドラッグして結線

2つ目の方法では、出力するブロックをマウスで選択した状態で、Ctrl を押しながら入力先のブロックをクリックします。

図 4.17　Ctrl キーによる結線

■ 4.1.11　シミュレーションを実行させよう

シミュレーションを実行してみましょう。モデル内のシミュレーション開始ボタンを押します。

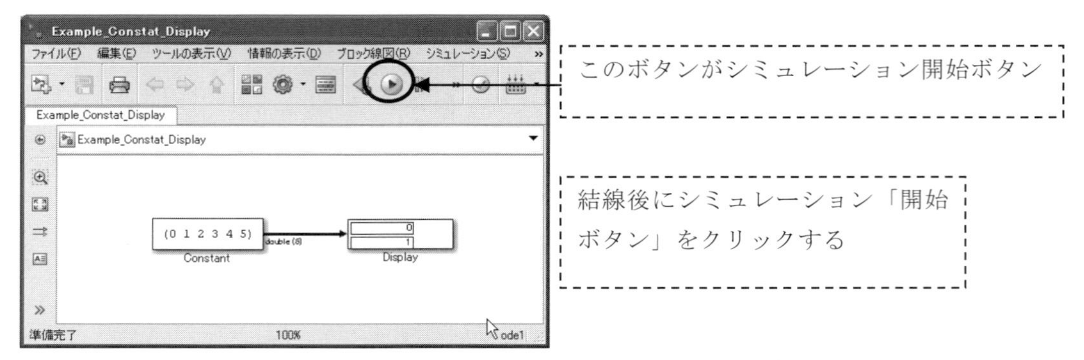

図 4.18　シミュレーションの実行

実行しても結果がすべて表示されないはずです。Display のブロックサイズを変更し、全体を表示してください。

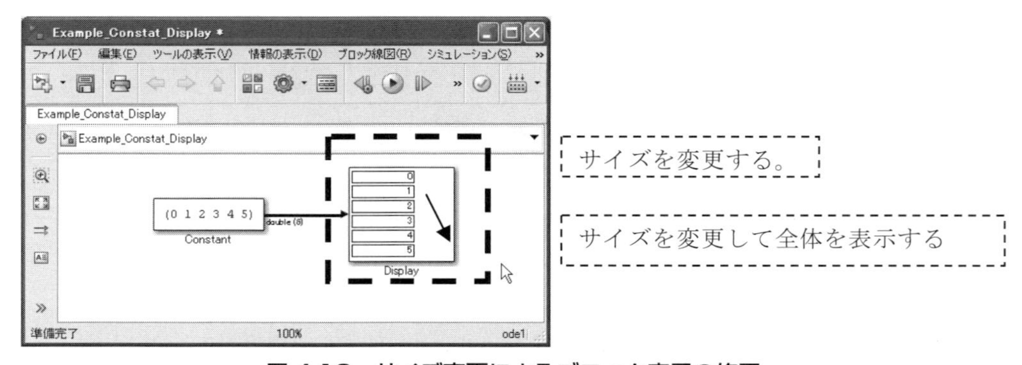

図 4.19　サイズ変更によるブロック表示の修正

■ 4.1.12　Step（Sources）

Step ブロックは、一定時間経過後に値が変わるブロックです。

Simulink ライブラリブラウザーから下記のブロックを新規のモデルウィンドウにコピーして、図 4.20 に示すテスト用のモデルを作ってみましょう。尚、本書では利用するブロックの Simulink ライブラリブラウザーでの階層を以後 Simulink/Sinks/Scope と「/」を使って表現します。ブロックの選択時の参考にしてください。

◆ Simulink/Sources/Step

◆ Simulink/Sinks/Scope

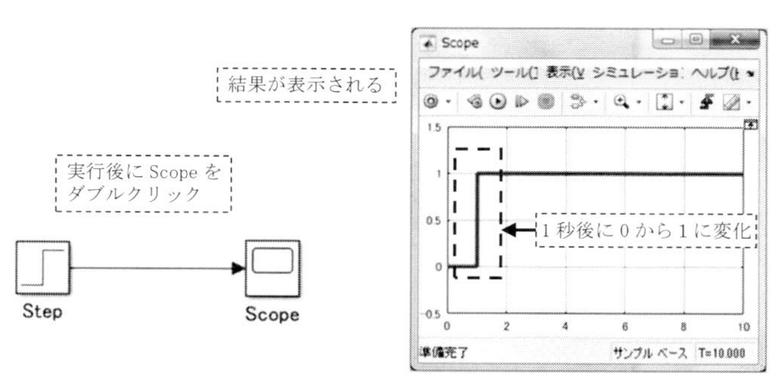

図 4.20　Step ブロックのテストモデルと出力波形

Step ブロックは、デフォルトの状態では、シミュレーションスタート時に 0 を出力し、1 秒後 1 に変化します。設定の確認してみましょう。Step ブロックをダブルクリックしてブロックパラメーターを設定するウィンドウを開いてください。

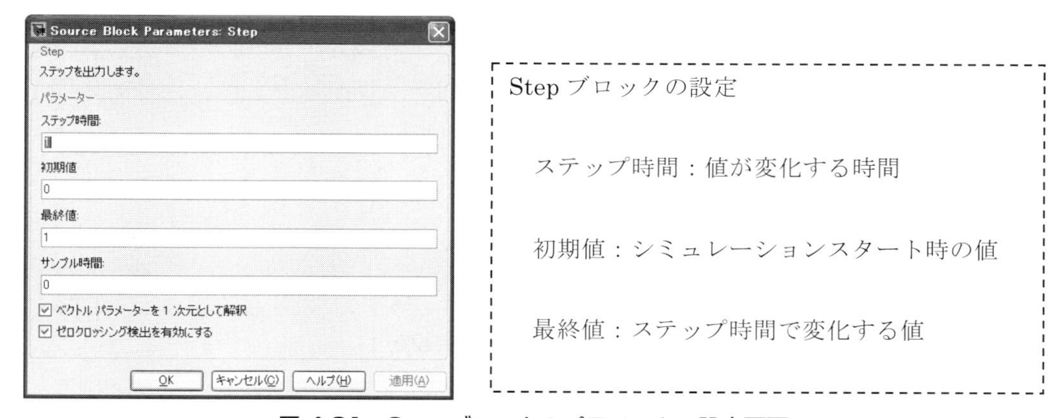

図 4.21　Step ブロックのパラメーター設定画面

Scope ブロック以外のブロックは、設定変更のブロックダイアログを表示するには、ブロックをダブルクリックすれば開かれます。ブロックごとに設定できるブロックパラメーターは、その種類ごとに異なります。

Scope ブロックの表示の設定してみましょう。まずはスコープの背景色の変更してみます。

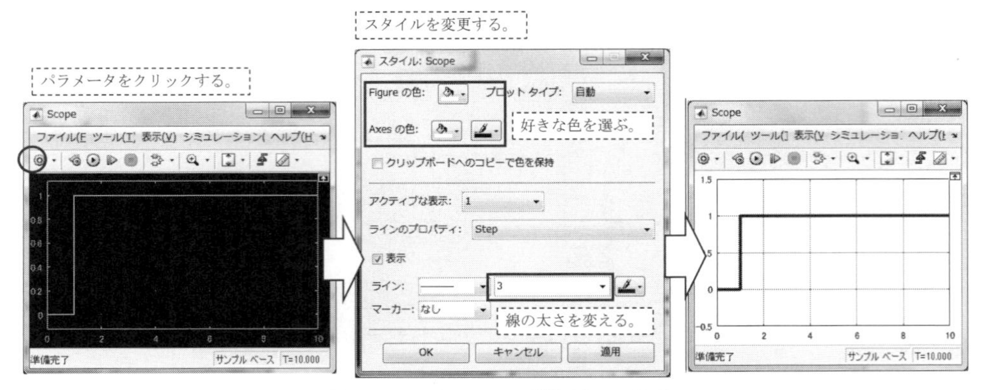

図 4.22　Scope の背景色の変更

次に、任意の座標軸の設定をしてみましょう。好きな大きさに変えるには、座標軸の大きさを変更します。

図 4.23　任意の座標軸設定

■ 4.1.13　Ramp（Sources）ランプ関数

Ramp ブロックは、一定増加の入力信号です。

下記のブロックを用いて、図 4.24 のモデルを作ってください。

- ◆ Simulink/Sources/Ramp
- ◆ Simulink/Sinks/Scope

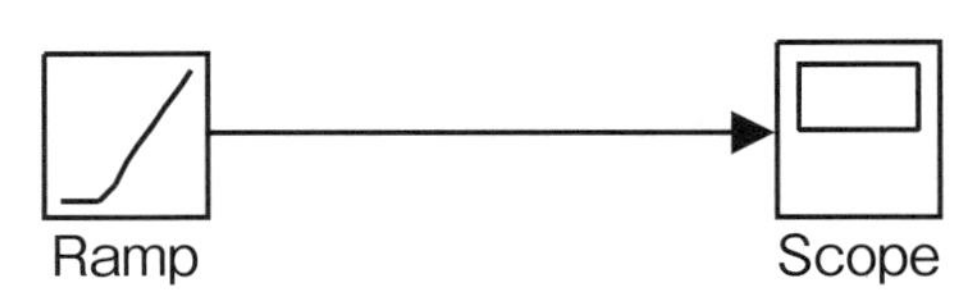

図 4.24　Ramp 関数のテストモデル

Rampブロックは、最初に初期値が出力され、開始時間に到達すると1秒後に勾配に入力した値だけ増加します。

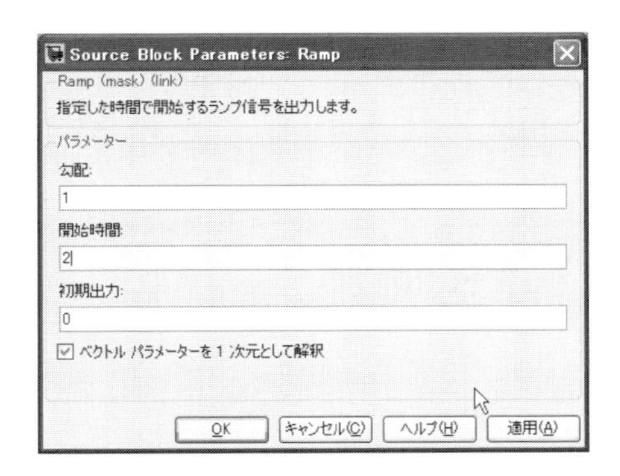

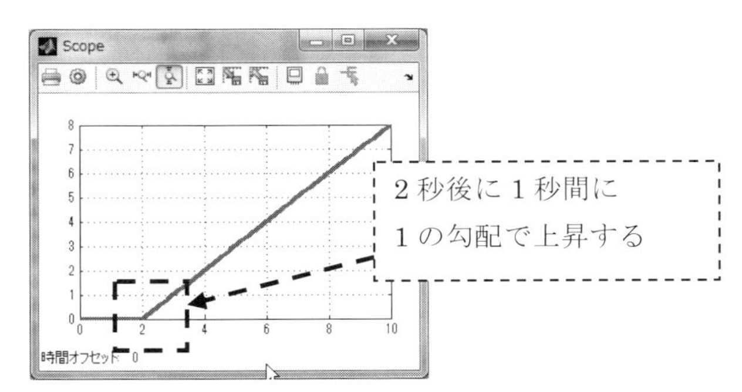

図4.25　Rampブロックのパラメーターと波形

■ 4.1.14　Repeating Sequence（Sources）

Repeating　Sequenceブロックは、時間と出力値の組で指定したテーブルの信号を繰り返し出力します。

下記のブロックを用いて、図4.26のモデルを作ってください。

◆ Simulink/Sources/Repeating Sequence

◆ Simulink/Sinks/Scope

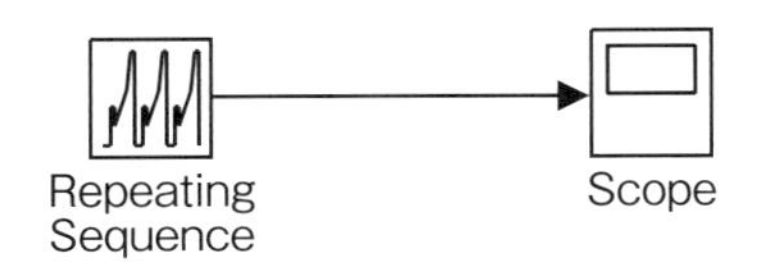

図4.26　Repeating Sequenceのテストモデル

Repeating　Sequenceブロックの時間と出力値は、値の個数を合わせて使ってください。図4.27の設定画面で、以下の数値を入力してください。

時間値　[0 , 1.9 ,　2 , 2.5 , 2.6 ,　3 ,　5 ,　6 ,　7]

出力値　[0 ,　0 , 200 , 200 , 100 , 100 , 300 , 500 , 500]

ベクトルの数値の切れ目は、「,」または「␣」（スペース）です。

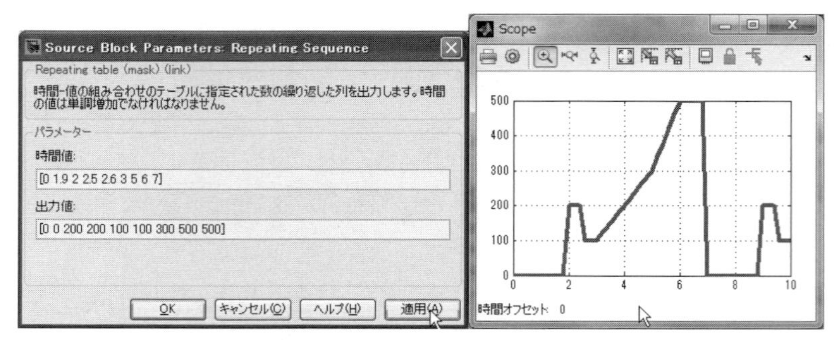

図 4.27　Repeating Sequence のパラメーターと出力波形

■ 4.1.15　Signal Generator（Sources）

Singnal Generator ブロックは、任意の波形を出力します。

下記のブロックを用いて、図 4.28 のモデルを作ってください。

- ◆ Simulink/Sources/Signal Generator
- ◆ Simulink/Sinks/Scope

図 4.29 のように、sine、square、sawtooth、random から波形を選択し、振幅、周波数を設定します。

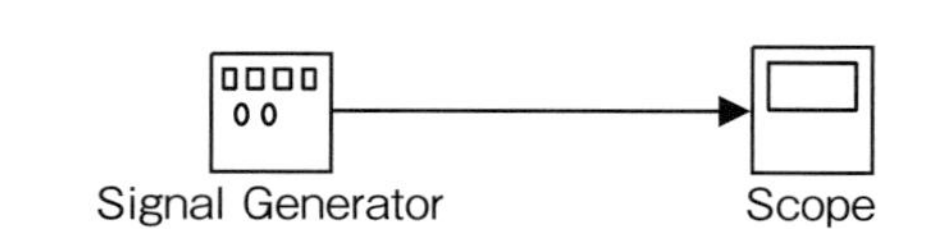

図 4.28　Signal Generator のテストモデル

Signal　Generator のブロックパラメーター設定画面で波形（図 4.29）を変更できます。すべての種類を試してください。

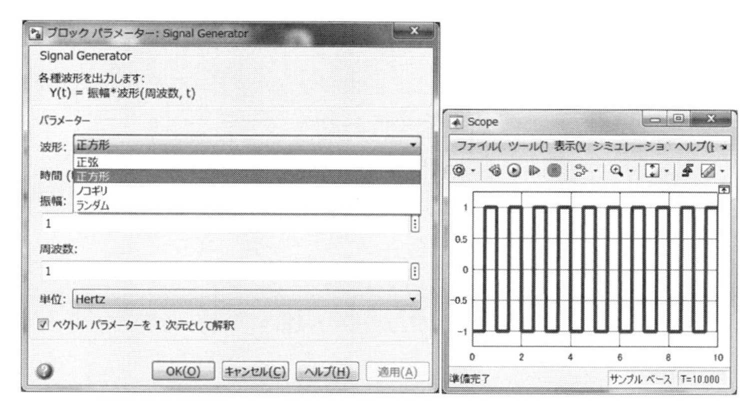

図 4.29　Signal Generator のパラメーターと出力波形

■ 4.1.16　Signal Builder（Sources）

Signal Builder ブロックは、任意の信号ソースのグループを作成・編集するブロックです。ユーザーが自由に信号の追加、パターンの追加が可能です。

下記のブロックを用いて、図 4.30 の Signal Builder のモデルを作ってください。

- ◆ Simulink/Sources/Signal Builder
- ◆ Simulink/Sinks/Scope

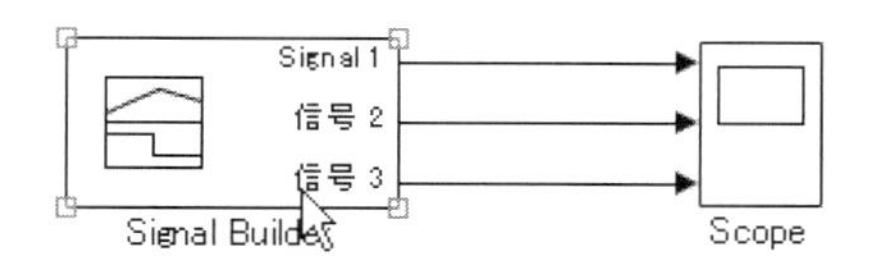

図 4.30　Signal Builder のテストモデル

Scope の設定を変更して線の接続を行います。まずは、Scope の設定を変更しましょう。Scope は少し特殊です。通常はダブルクリックでパラメーター設定ですが、Scope はブロックをダブルクリックするとグラフ画面が表示されます。グラフ画面の図 4.31 で示す、「パラメーター」アイコンをクリックして、〈一般〉〈座標軸数〉を 3 に設定してください。

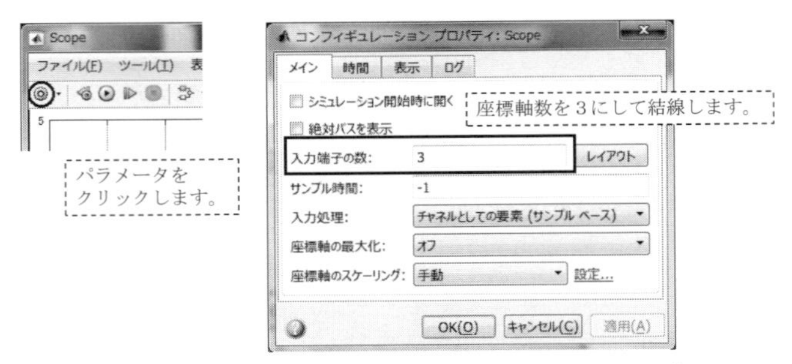

図 4.31　Scope ブロックのパラメーター設定

Signal Bulider ブロックをダブルクリックすると GUI で信号作成ができるようになっています。

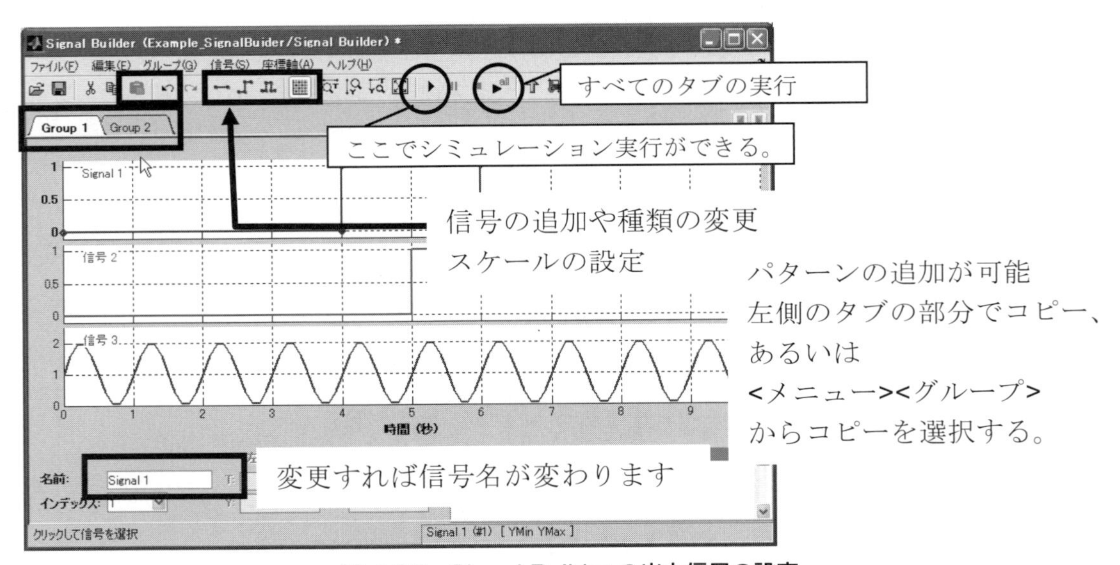

図 4.32　Signal Builder の出力信号の設定

図 4.32 の GUI で 2 つの信号を追加して、3 つの信号が作成できたら、Scope ブロックと結線してシミュレーションを実行してください。

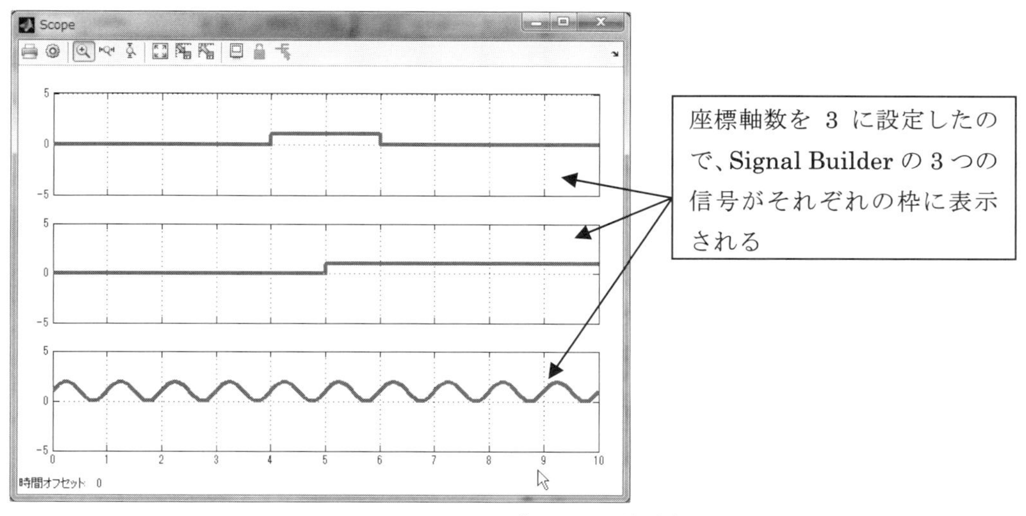

図 4.33　Scope ブロックの波形表示

4.2　使用頻度の多い重要ブロック

■ 4.2.1　Integrator（Continuous）

Integrator（Continuous）ブロックは、積分のブロックです。

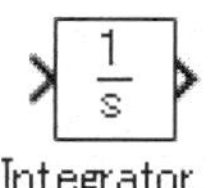

図 4.34　Integrator ブロック

下記のブロックを用いて、図 4.35 の Integrator ブロックテストモデルを作ってください。

- ◆ Simulink/Continuous/Integrator
- ◆ Simulink/Sources/Constant
- ◆ Simulink/Sources/Ramp
- ◆ Simulink/Sources/Pulse Generator
- ◆ Simulink/Signal Routing/Mux
- ◆ Simulink/Sinks/Scope

図 4.36 のように Integrator の外部リセット条件を「レベル」、初期条件のソースを「外部」を設定し

てください。Integrator ブロックには、積分値（状態変数）の計算開始、リセット、初期値の設定など様々な機能があります。Integrator の外部リセット条件を他の設定に変更し確認してください。また、最大値、最小値の設定など他の項目も変更し、動作を確認してください。

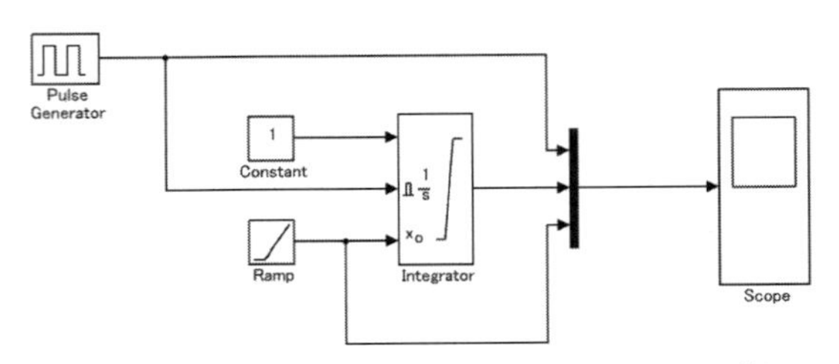

図 4.35　Integrator ブロックのテストモデル

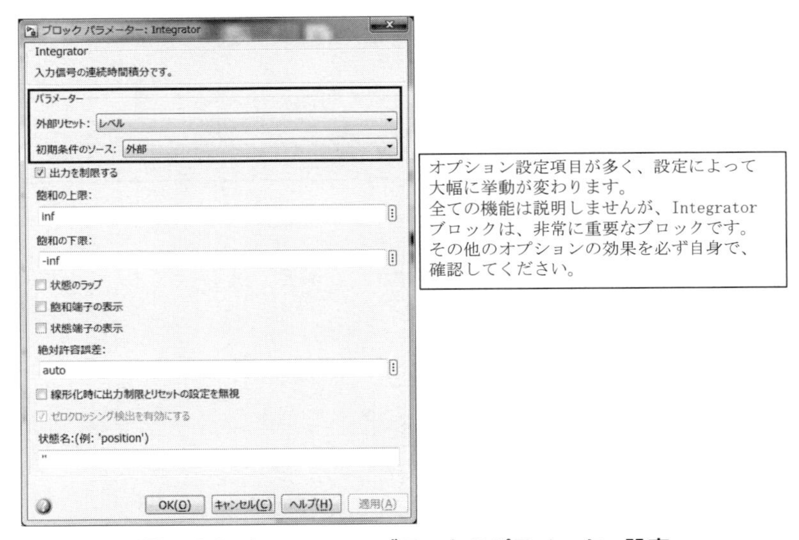

図 4.36　Integrator ブロックのパラメーター設定

■ 4.2.2　Pulse Generator（Sources）

Pulse Generator は、決まった繰り返し信号を出力します。

図 4.35 で作った Pulse Generator は、下の図 4.37 の設定を入力してください。

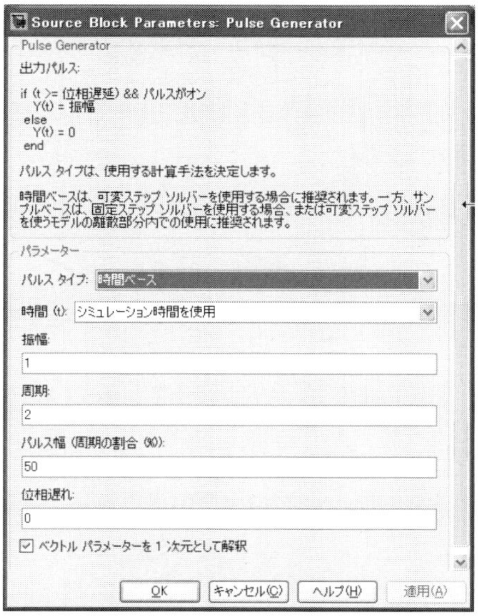

Source Block Parameters: Pulse Generator
Pulse Generator
出力パルス:
if (t >= 位相遅延) && パルスがオン
Y(t) = 振幅
else
Y(t) = 0
end
パルス タイプは、使用する計算手法を決定します。
時間ベースは、可変ステップ ソルバーを使用する場合に推奨されます。一方、サンプルベースは、固定ステップ ソルバーを使用する場合、または可変ステップ ソルバーを使うモデルの離散部分内での使用に推奨されます。
パラメーター
パルス タイプ: 時間ベース
時間 (t): シミュレーション時間を使用
振幅:
1
周期:
2
パルス幅 (周期の割合 (%)):
50
位相遅れ:
0
ベクトル パラメーターを 1 次元として解釈
OK
キャンセル(C)
ヘルプ(H)
適用(A)

図 4.37　Pulse Generator のパラメーター設定

■ 4.2.3　Mux（Signal Routing）

Mux ブロックは、幾つかの信号を束ねてベクトル化します。

本書では 1 個の信号やパラメーターをスカラ、複数個の塊をベクトル（配列要素の事）と呼びます。図 4.35 で作った Mux ブロックをダブルクリックして、図 4.38 の設定を行ってください。Mux ブロックでベクトル可した信号を Scope に入力したことで、Scope 内の 1 つの枠中に 3 つの信号を重ねて表示されるようになります。複数個（ベクトル）を Scope で表示する場合、Scope に "凡例" を表示してください（図 4.39）。図 4.35 の Ramp の勾配を 0.5 に設定して下さい。

Function Block Parameters: Mux
Mux
スカラーまたはベクトル信号を多重化します。
パラメーター
入力数:
3
表示オプション: バー
OK
キャンセル(C)
ヘルプ(H)
適用(A)

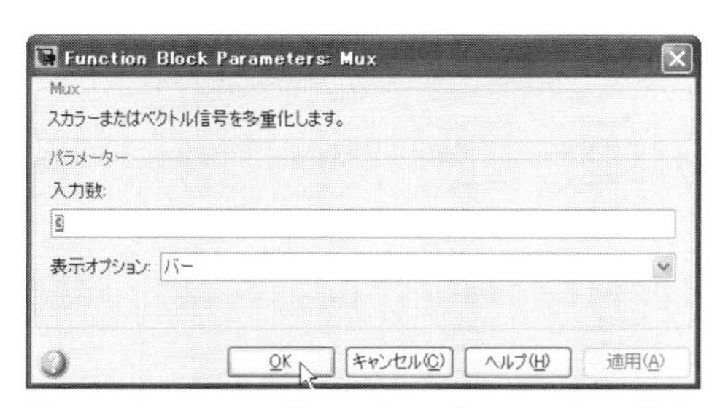

図 4.38　Mux ブロックのパラメーター設定

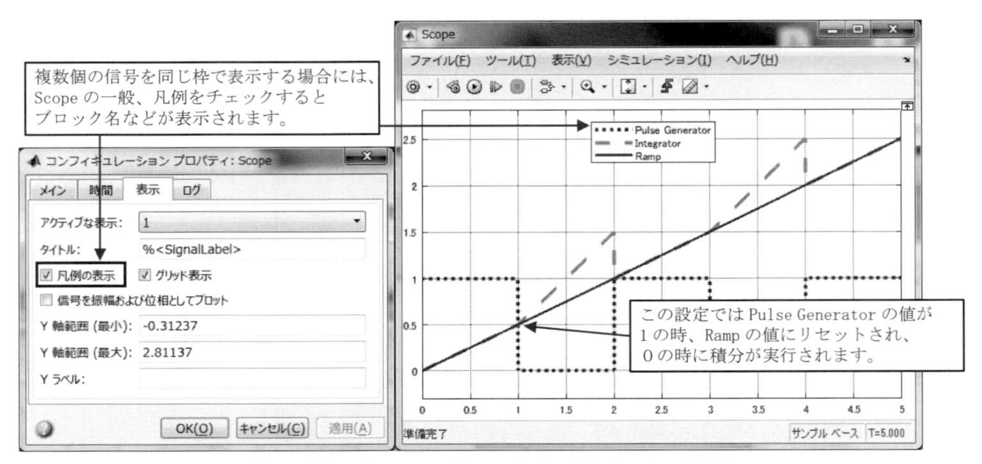

図 4.39　Scope ブロックのパラメーター設定

■ 4.2.4　Transfer Fcn（Continuous）

Transfer Fcn ブロックは、伝達関数のブロックです。“遅れ”を表現することなどができます。

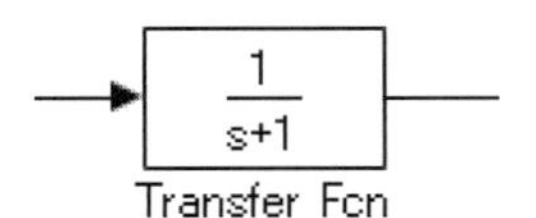

図 4.40　Transfer Fcn（Continuous）ブロック

下記のブロックを用いて、モデル（図 4.41）を作成してください。Transfer Fcn の設定は、図 4.42 に時定数を記載します。分子が微分、分母が積分を意味します。

- ◆ Simulink/Sources/Signal Generator
- ◆ Simulink/Continuous/Transfer Fcn
- ◆ Simulink/Signal Routing/Mux
- ◆ Simulink/Sinks/Scope

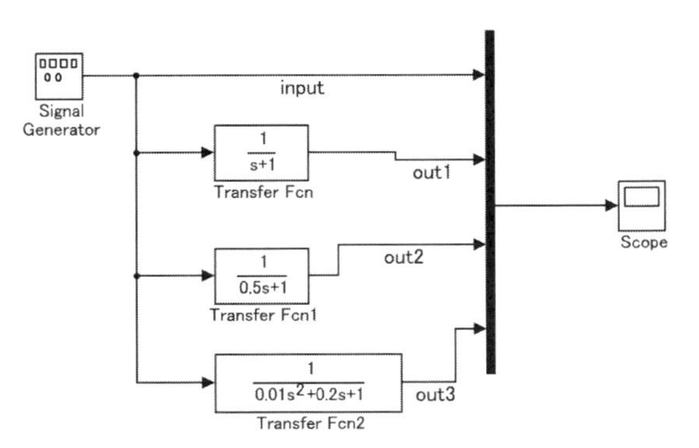

図 4.41　Transfer Fcn ブロックのテストモデル

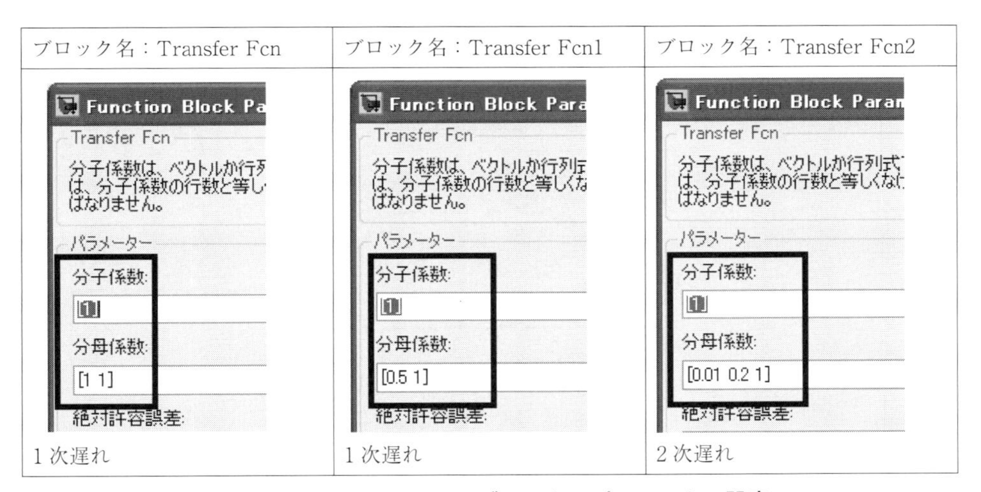

ブロック名：Transfer Fcn	ブロック名：Transfer Fcn1	ブロック名：Transfer Fcn2
分子係数: [1] 分母係数: [1 1]	分子係数: [1] 分母係数: [0.5 1]	分子係数: [1] 分母係数: [0.01 0.2 1]
1 次遅れ	1 次遅れ	2 次遅れ

図 4.42　Transfer Fcn ブロックのパラメーター設定

■ 4.2.5　Signal Generator（Sources）

Signal Generator は、決まった繰り返し波形を出力します。

Signal Generator の設定しましょう。図 4.41 の Signal Generator をダブルクリックして図 4.43 に従って設定を行ってください。次に Scope の設定を変更しましょう。図 4.41 の Scope をダブルクリックして、図 4.44、図 4.45 に従って Scope の設定を行ってください。

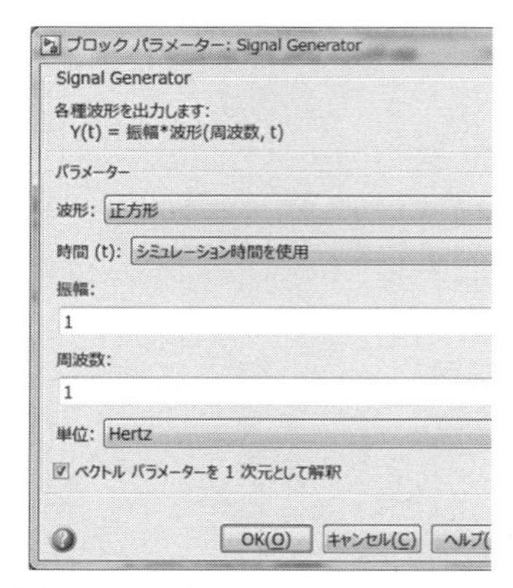

図 4.43　Signal Generator のパラメーター設定

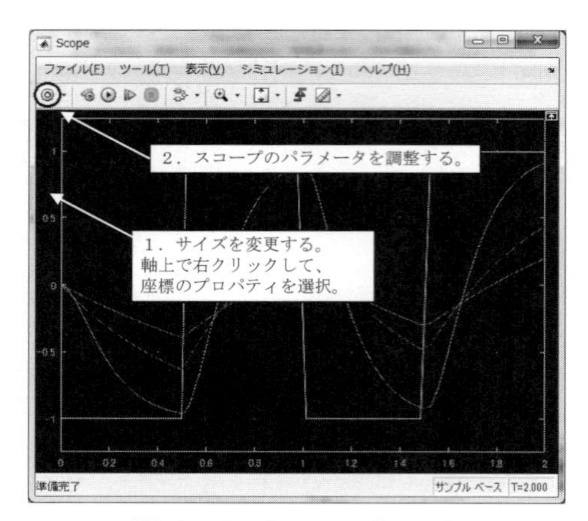

図 4.44　Scope ブロック

図 4.45　Scope ブロックパラメーター設定画面

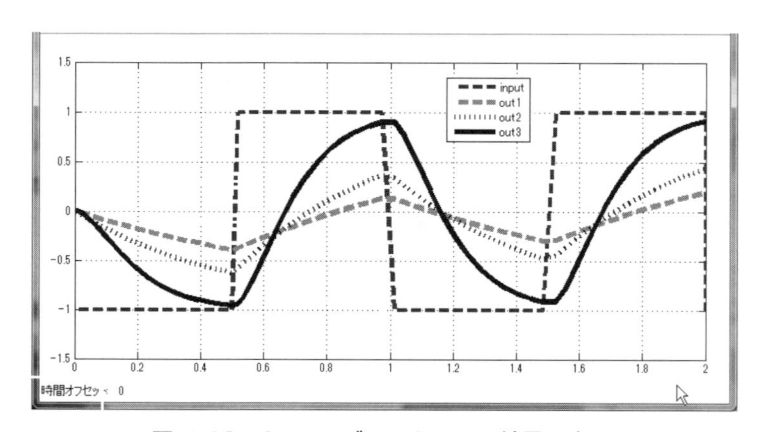

図 4.46　Scope ブロックによる結果の表示

■ 4.2.6　Derivative（Continuous）

Derivative ブロックは、微分を行うブロックです。

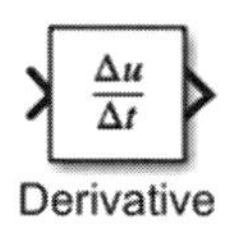

図 4.47　Derivative（Continuous）ブロック

Derivative のモデルを作りますが、先ほどの Transfer　Fcn をもう一度使います。下記のブロックを用いて、Derivative のテストモデル（図 4.48）を作成してください。

◆ Simulink/Sources/Ramp
◆ Simulink/Continuous/Derivative
◆ Simulink/Continuous/Transfer Fcn
◆ Simulink/Math Operations/Subtract
◆ Simulink/Sinks/Scope

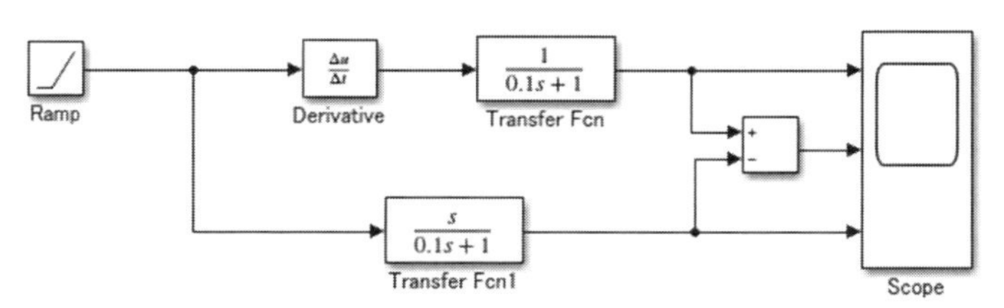

図 4.48　Derivative のテストモデル

Subtract のパラメーターは変更していません。Transfer　Fcn は、図 4.49、図 4.50 のように変更してください。

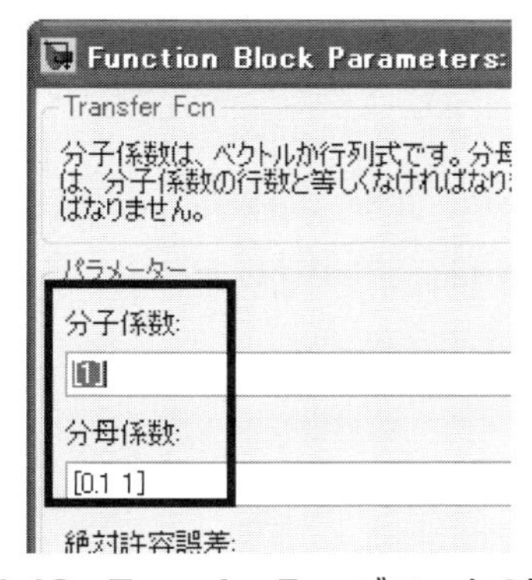

図 4.49　Transfer Fcn ブロックの設定

図 4.50　Transfer Fcn1 の設定方法

Scopeの設定を変更して結線しましょう。図4.31を参考に軸数を3に設定してください。結果は、図4.51に示します。図4.51の上段と下段の差が中央の枠に表示されています。誤差は、スケールで10^{-4}となっています。つまり、上段、下段の計算誤差は0.1%以下であることを示しています。上段の数式が（4.1）式に、下段の数式が（4.2）式になります。sを使った数式は、分子が微分、分母が積分要素になります。ラプラス変換の基礎項目です。興味を持った読者は、自身で制御理論の本を読んで勉強してください。

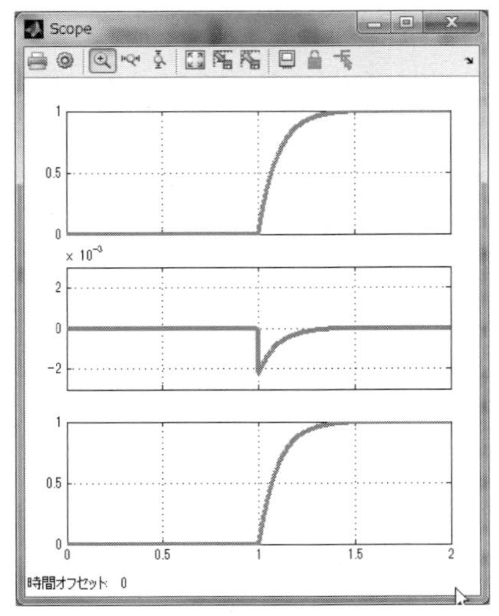

図4.51　Scopeの波形表示

$$\frac{du}{dt} \times \frac{1}{0.1s+1} \qquad (4.1)$$

$$\frac{s}{0.1s+1} \qquad (4.2)$$

表4.1　ラプラス演算子と微積分の関係

	一般数式	ラプラス演算子 分子
1回微分	$\frac{d}{dt}$	s
2回微分	$\frac{d^2}{dt^2}$	s^2

	一般数式	ラプラス演算子 分母
1回積分	$\int dt$	$\frac{1}{s}$
2回積分	$\int dt^2$	$\frac{1}{s^2}$

■ 4.2.7　Saturation（Discontinuities）

Saturation（Discontinuities）ブロックは、信号範囲を制限するブロックです。

図 4.52　Saturation ブロック

結線されたブロックの間にブロックを挿入する方法と合わせて、一緒にモデルを作成してみましょう。下記のブロックを用いて、Saturation のモデル（図 4.55）を作成してください。

◆ Simulink/Sources/Ramp
◆ Simulink/Discontinuities/Saturation
◆ Simulink/Sinks/Scope

Ramp と Scope を図 4.53 のように接続します。Simulink/Discontinuities/Saturation をドラッグした状態で、図 4.54 の位置でドロップすれば、図 4.55 のモデルが完成します。

Ramp ブロックは、開始時に –2 を出力し、それから 1 秒間で 1 ずつ大きくなります。本来は、5 秒

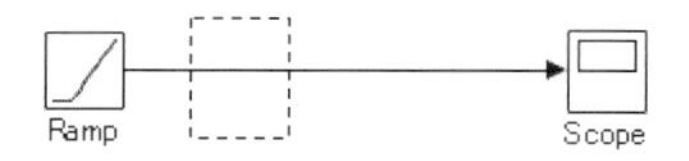

図 4.53　テストモデルの作成（1）

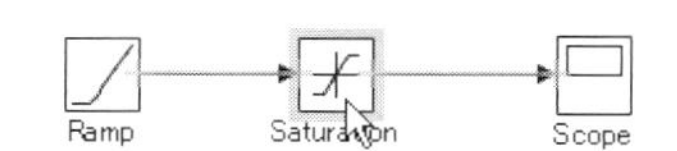

図 4.54　テストモデルの作成（2）

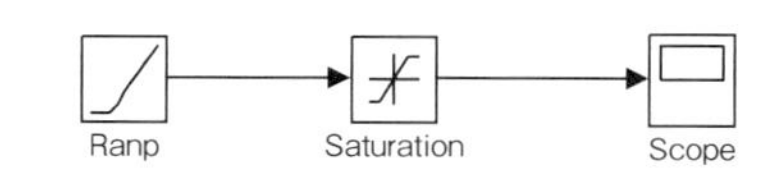

図 4.55　Saturation ブロックのテストモデル

後に 3 になります。しかし、Saturation によって、–1 から 1 に出力値を制限します。その結果、Ramp ブロックの出力は –2 から 3 ではなく、Saturation ブロックによって最終出力が –1 から 1 となります。

図 4.56、図 4.57 を参考に、Ramp ブロックと Saturation ブロックのブロックパラメーターを設定してください。シミュレーションを実行すれば、図 4.58 と同じ結果が表示されます。

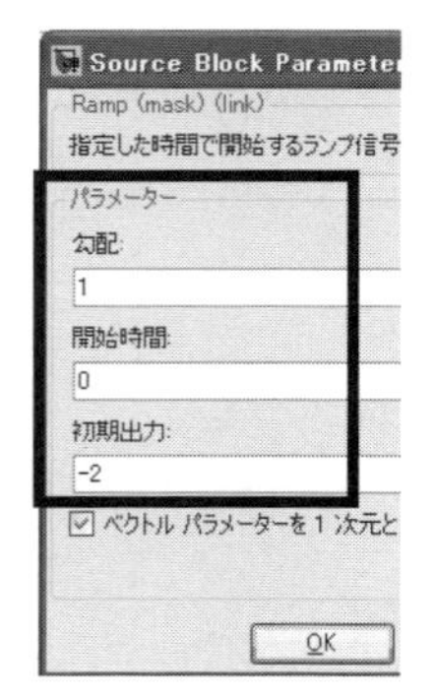

図 4.56　Ramp ブロックの設定

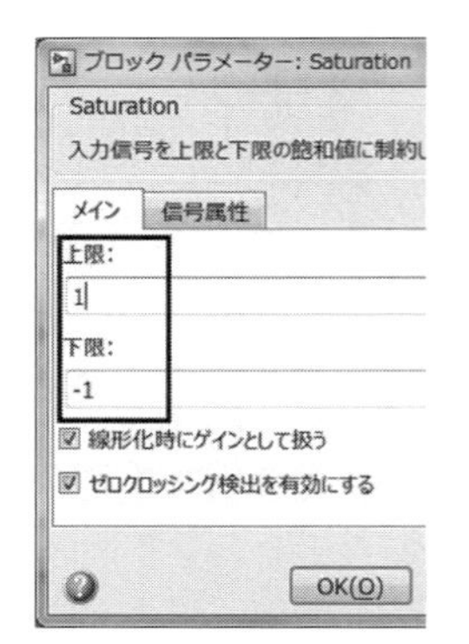

図 4.57　Saturation ブロックの設定

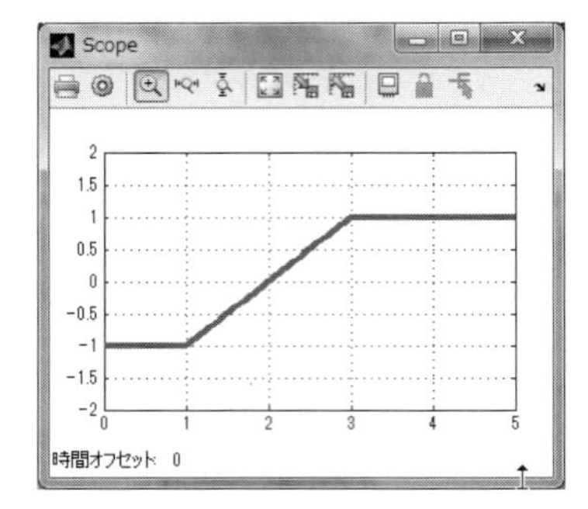

図 4.58　実行結果

■ 4.2.8　Unit Delay（Discrete）　Memory（Discrete）

Unit Delay は離散系に限定されたブロックです。Memory は連続系で使用できるブロックです。

図 4.59　Unit Delay と Memory ブロック

どちらも 1 個遅れを作り出すブロックです。下記のブロックを用いて、図 4.60 のモデルを作成してください。

◆ Simulink/Sources/Signal Generator
◆ Simulink/Discrete/Unit Delay
◆ Simulink/Discrete/Memory
◆ Simulink/Signal Routing/Mux
◆ Simulink/Sinks/Scope

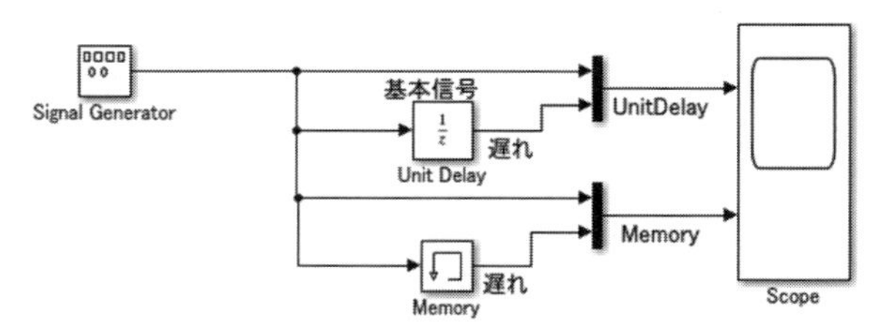

図 4.60　テストモデルの作成

Unit Delay と Memory ブロックの設定を変更します。図 4.61、図 4.62 を参考にブロックパラメーターの設定を確認してください。

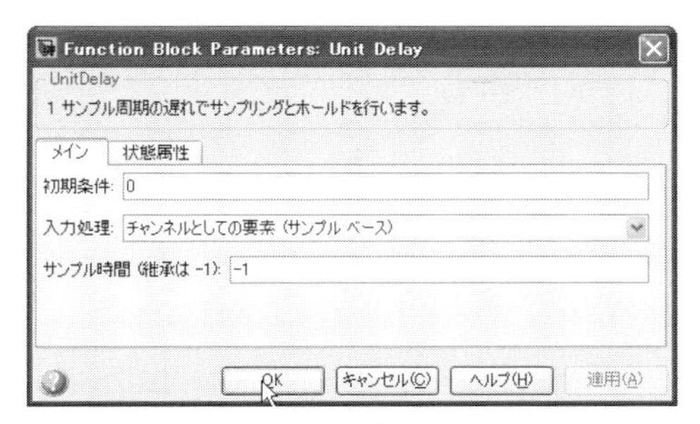

図 4.61　Unit Delay ブロックパラメーター設定画面

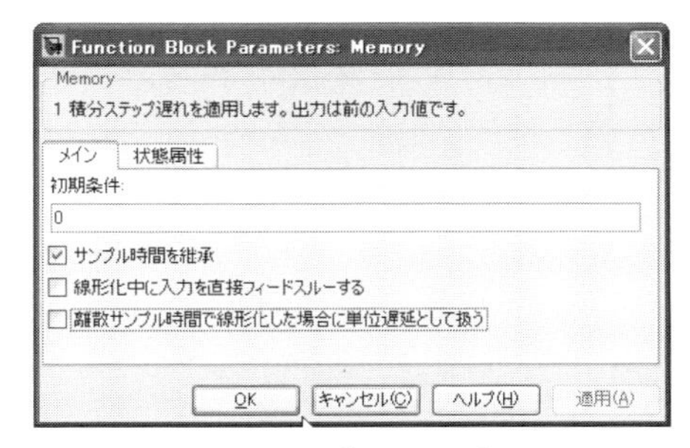

図 4.62　Memory ブロックパラメーター設定画面

※「サンプル時間を継承」を設定すれば、離散として使用可能です。

次に Simulink モデルのコンフィギュレーション パラメーターを変更します。ソルバー設定、ソルバーオプションのタイプを固定ステップにしてください。最後に Scope の設定を変更しましょう。図 4.31 を参考に座標軸数を 2 に変更しましょう。

図 4.63　コンフィギュレーション パラメーターの設定の起動

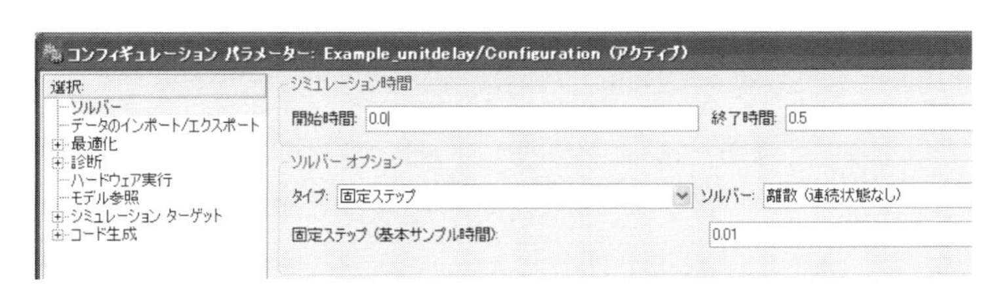

図 4.64　コンフィギュレーション パラメーターの設定

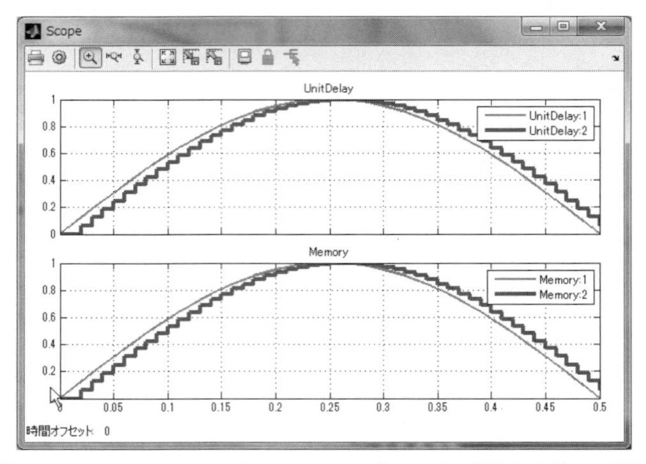

図 4.65　Unit Delay と Memory ブロック（図 4.60）の結果

図 4.65 の UnitDelay1 と Memory1 の信号が基本信号で、UnitDelay2 と Memory2 の信号が 1 回遅れの信号です。波形では Unit Delay も Memory も同じように 1 回遅れます。

コンフィギュレーション パラメーターで固定ステップを選んでもらいましたが Unit Delay は固定ステップでしか使えません。Memory は可変ステップでも使用可能なブロックです。連続系のシミュレーション（可変ステップが使用可能）では Memory を使います。

図 4.66 のエクスプローラーバー内のサンプル時間をクリックする、または〈情報表示〉〈サンプル時間〉から選択して、サンプリング時間を表示すると連続系の部分が黒で表示されます。ブロックとその設定で、連続系、離散系が変わります。サンプリング時間の表示機能を確認して、どちらでモデリングを行っているのか、理解した上でモデリングを行ってください。

本書の前半では連続系または、連続・離散の混合でモデリングを行い、後半の制御コントローラ設計で離散系モデリングを行います。

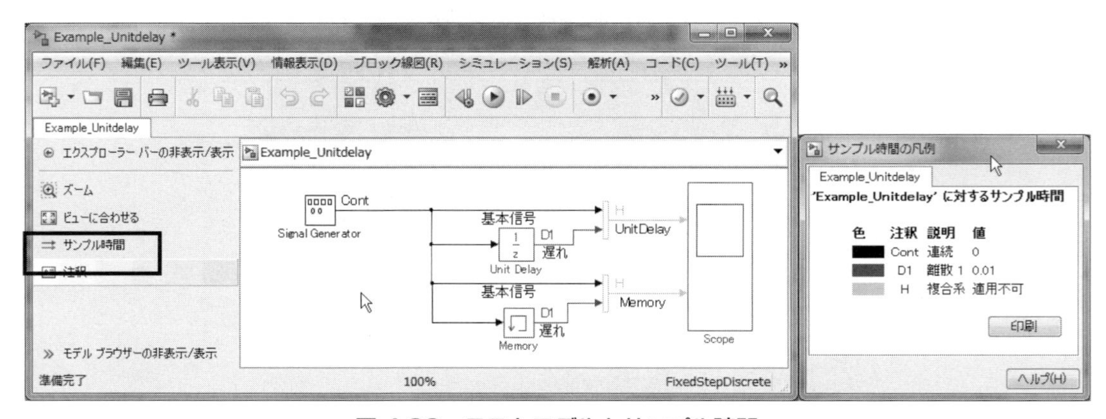

図 4.66　テストモデルとサンプル時間

●代数ループについて

代数ループの回避方法について説明します。代数ループを持つモデルは図4.67のようなモデルです。

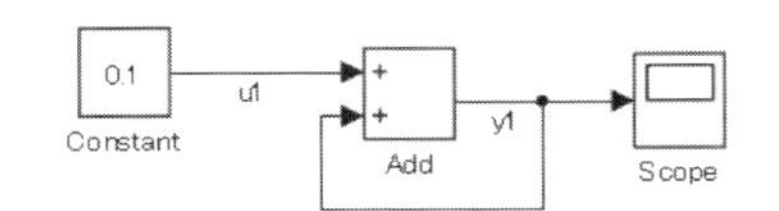

図4.67　代数ループを持つモデル

このモデルは「y1＝y1＋u1」となっています。C言語が得意な人は解ると思いますが、C言語ではこの数式で計算ができます。Simulinkでも、代数ループを含むモデルを扱うことができますが、Real-Time Workshop（Cコードを生成するオプション）ではサポートされていませんのでご注意ください。

この代数ループの回避方法は、(4.3)式のような数式へ変更が必要です。kは、現在の時刻を示し、k－1は1時刻(1サンプリング)前を示します。Memoryまたは、Unit Delayのサンプリング時間を0.01にした場合のモデルです。図4.68のように、ループ上にUnit Delayを入れることで代数ループの問題が解決します。

$$y1[k] = y1[k-1] + u1 \tag{4.3}$$

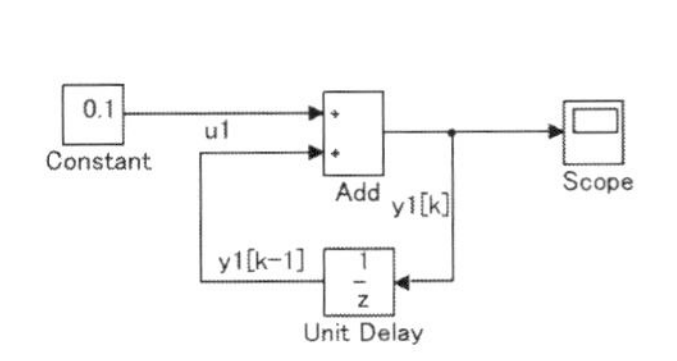

図4.68　代数ループの解決例
(Example_Algebraicloop.slx)

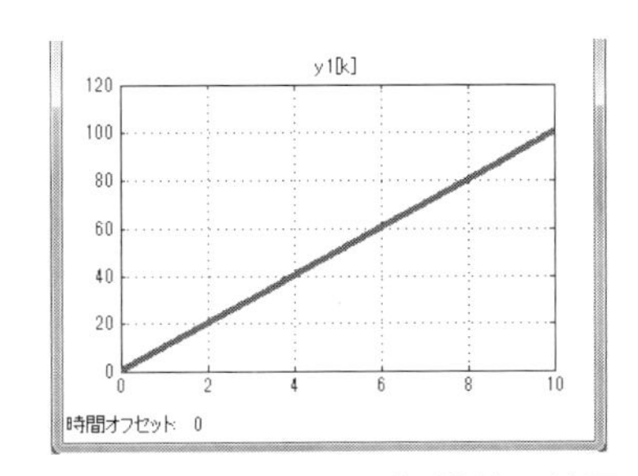

図4.69　代数ループ解決後の結果

代数ループについては、Simulinkのヘルプにも記載がありますので、興味のある方は参照してください。

4.3　論理と計算

4.3.1　Logical Operator（Logic and Bit Operations）

Logical Operatorブロックは、AND、ORなどの論理演算です。

図 4.70　Logical Operator ブロック

下記のブロックを用いて、Logical Operator のモデル（図 4.71）を作ってください。

- ◆ Simulink/Sources/Constant
- ◆ Simulink/Logic and Bit Operations/Logical Operator
- ◆ Simulink/Sinks/Display

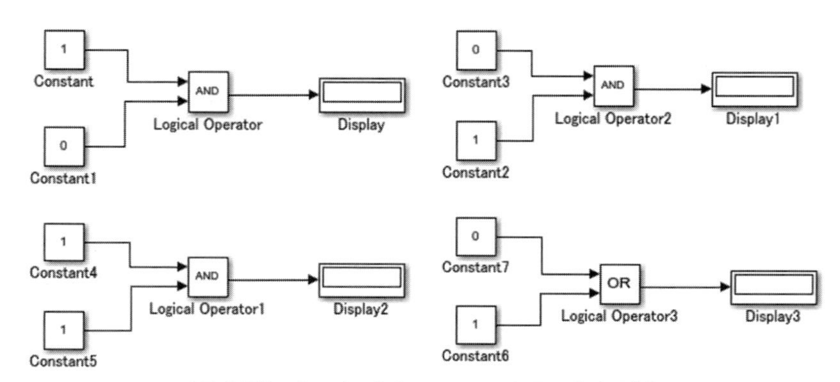

図 4.71　Logical Operator のテストモデル

Logical Operator ブロックの出力型は boolean 型に変更してください。（図 4.72）
そして、「端子のデータ型」を選択し、信号線に型を表示させましょう。（図 4.73）

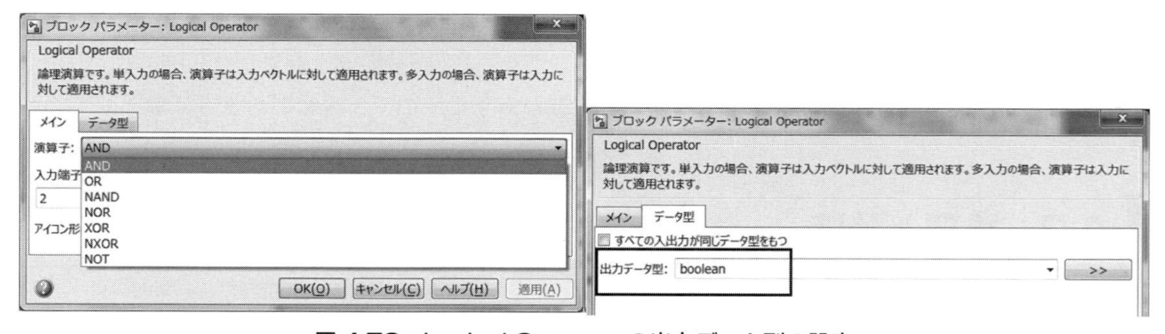

図 4.72　Logical Operator の出力データ型の設定

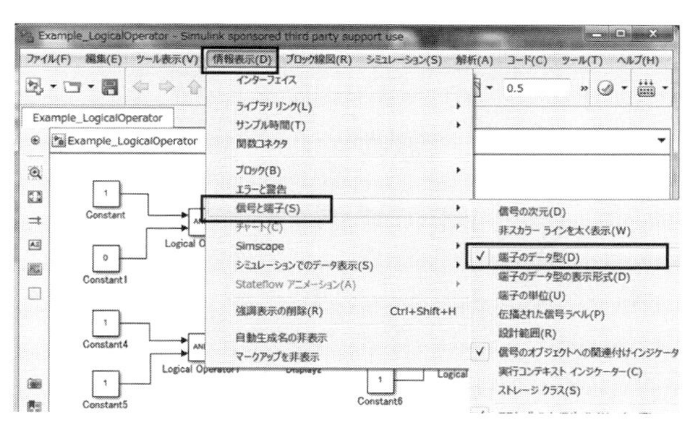

図 4.73　端子のデータ型　表示方法

出力結果は、false = 0, true = 1 で出力されます。

◆結線からブロックをはずす方法

ここで、結線からブロックをはずす方法を試してみましょう。shift を押しながら、切り離したい線やブロックをドラッグし、切り離されたらドロップします。また、ctrl を押しながら同じ動作をするとブロックがコピーされます。その他、ドラッグで移動、右ドラッグでもコピーができます。一通りのマウス操作を試してください。

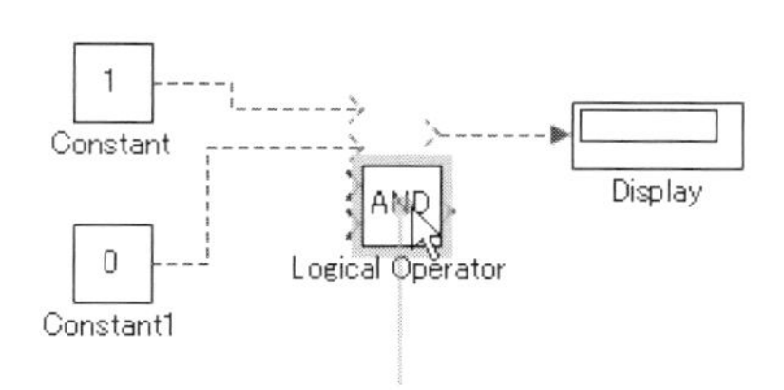

図 4.74　ブロックの切り離し方法

◆論理演算結果について

出力型が false, true のものを boolean 型と呼びます。論理演算型と呼ばれる C 言語には存在しない型です。boolean 型は、論理値として使用してください。例えば論理計算が 10 個あり、そのうち半数以上が true ならばという計算を行う場合、つい、AND(in1,in2) + AND(in3,in4). . . . と計算してしまうと思いますが、できれば論理的に AND、OR で解決するか、どうしても計算という場合には、boolean を DataTypeConversion ブロックで uint8（図 4.75）に変換してから加算を行ってください。極力、論理演算は論理演算として処理することが望ましいのです。

また true と false は Simulink の内部で使用可能ですが、すべて小文字で入力してください。定義しなくても使える信号名を予約変数と呼びます。同じように pi も使用可能ですので、同名の信号を定義しないようにしてください。

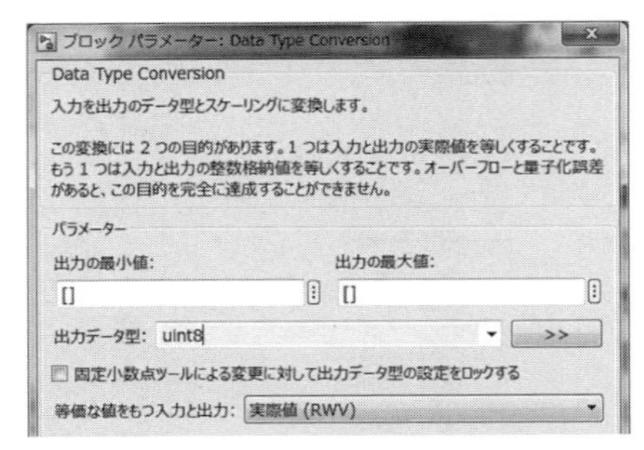

図 4.75　DataTypeConversion ブロックのデータ型設定方法

■ 4.3.2　Relational Operator（Logic and Bit Operations）

Relational Operator ブロックは、比較演算子です。

AND、OR と同一で、出力型が boolean 型を選択してください。false, true が出力されます。

図 4.76　Relational Operator ブロック

下記のブロックを用いて、Relational Operator のモデル（図 4.77）を作ってください。

- ◆ Simulink/Sources/Constant
- ◆ Simulink/Logic and Bit Operations/Relational Operator
- ◆ Simulink/Sinks/Display

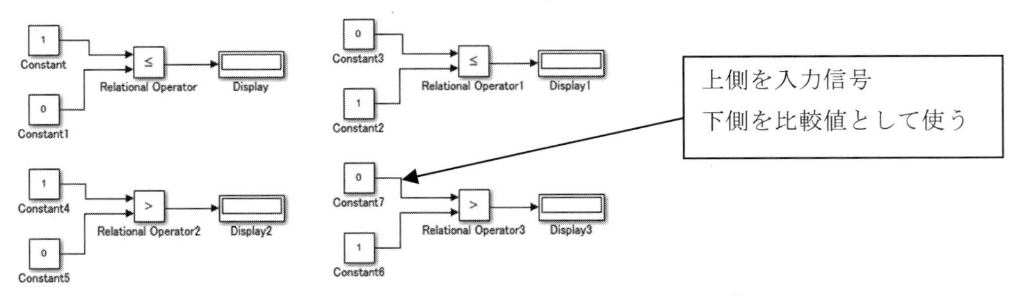

図 4.77　Relational Operator のテストモデル

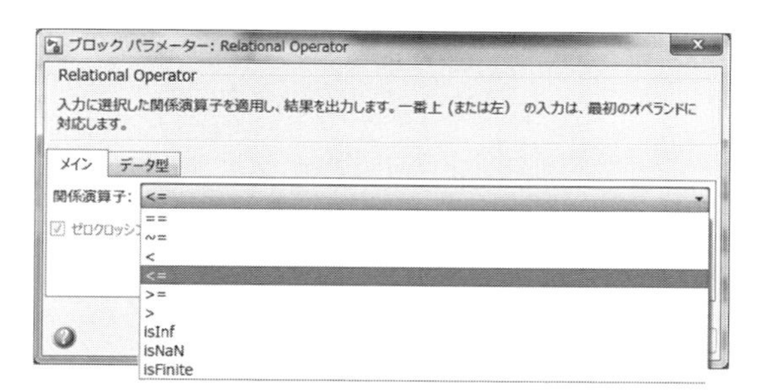

図 4.78　Relational Operator のパラメーター設定

◆固定値と比較する場合の使い方

図 4.77 はブロックの機能を確認するために作ったので、どちらも数値が設定された Constant ブロックを入力信号として使用しました。実際にモデル内に配置する時は、「第 1 入力が入力信号、第 2 入力に比較する固定値を設定する。」としてください。この設計ルールは、MAAB ガイドラインの「jc_0131:Relational Operator ブロックの使用方法」に記載された内容です。このルールに準拠したブロックが Simulink 標準ブロックとして登録されています。これを使えば、簡単にこのルールに適応したモデルを作ることができます。

図 4.79 に示すブロックで、マスク化された内部は図 4.80 の通りルールどおりに作られています。

図 4.79　jc_0131 に準拠したブロック

図 4.80　ブロック内部の構成

以下のブロックを確認してください。

- ◆ Simulink/Logic and Bit Operations/Compare To Constant
- ◆ Simulink/Logic and Bit Operations/Compare To Zero

■ 4.3.3　Sum（Math Operations）

加算、減算を行うブロックです。

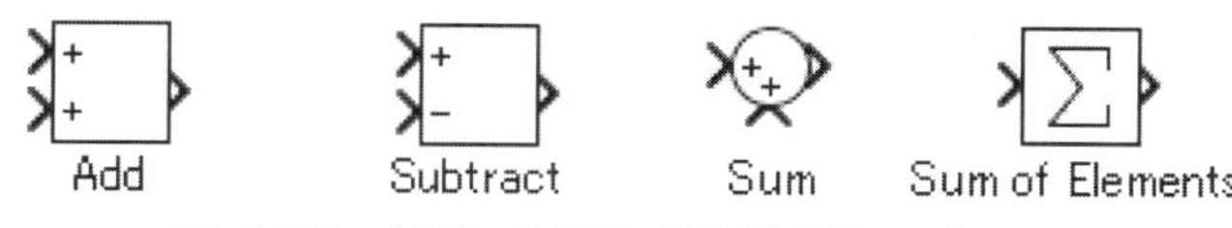

図 4.81　加算・減算を行う代表的なブロック

図 4.81 のブロックは設定が異なるだけで、すべて同一のブロックです。表 4.2 に示す違いをブロックプロパティーに入力すれば、それぞれのブロックに変化します。

表 4.2　符号リストと加算・減算のブロック

	Add	Subtract	Sum	Sum of Elements
アイコン形状	四角形	四角形	round	四角形
符号リスト	++	+−	|++	+

符号リストに | をつけると、| をつけた入力ポートの位置がなくなります。

下記のブロックを使って、図 4.82 を作ってください。

◆ Simulink/Sources/Constant

◆ Simulink/Math Operations/Add

◆ Simulink/Math Operations/Subtract

◆ Simulink/Math Operations/Sum

◆ Simulink/Math Operations/Sum of Elements

◆ Simulink/Signal Routing/Mux

◆ Simulink/Sinks/Display

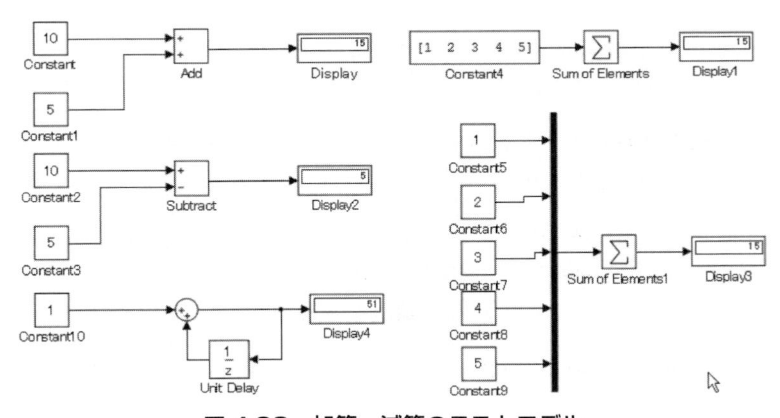

図 4.82　加算・減算のテストモデル

モデル作成時にブロックを回転させる場合、回転させたいブロックを選択して、ctrl+I で左右反転ができます。メニューからも選ぶことができます（図 4.83）。90 度の回転と反転の違いを表 4.3 に示します。また、MAAB ガイドラインに「db_0142：ブロック名を必ず下にする」というルールがあります。必ずブロック名が下になるように設計してください。

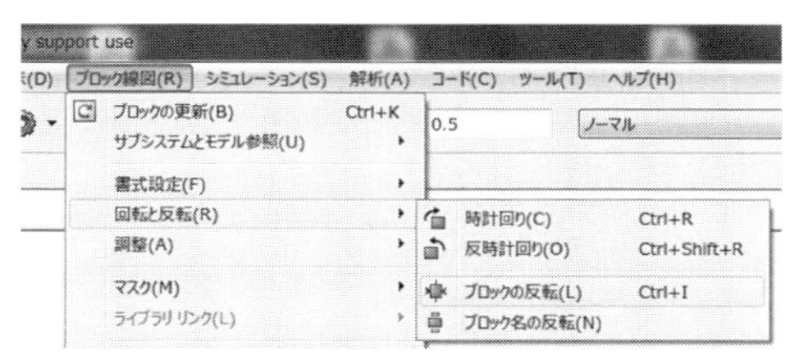

図 4.83　ブロック名回転方法

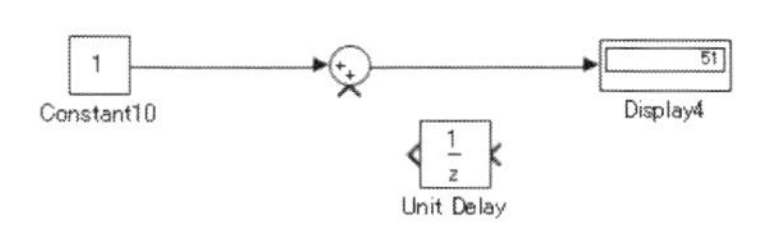

図 4.84　ブロックの回転後

表 4.3　回転手法の違いによるブロック名の表示

操作	時計回り	操作	反転
元の位置	Unit Delay	元の位置	Unit Delay
90° 回転 ctrl+R	Unit Delay　好ましくない		
180° 回転 ctrl+R	Unit Delay　使用不可 ※ブロック名が上下入れ替わる。	180° 回転 ctrl+I	Unit Delay　※ブロック名は下に表示される。
270° 回転 ctrl+R	Unit Delay　好ましくない		

図 4.85 に線を分岐する方法を示します。分岐したい場所で右ドラッグし、結線先まで移動後にドロップすると線が分岐されます。複数個のブロックの分岐方法には、MAAB ガイドラインに「db_0032：複数に分岐する際、十字分岐にしないこと」のルールがありますので、同じ信号線から数箇所に分岐する場合は注意して分岐してください。

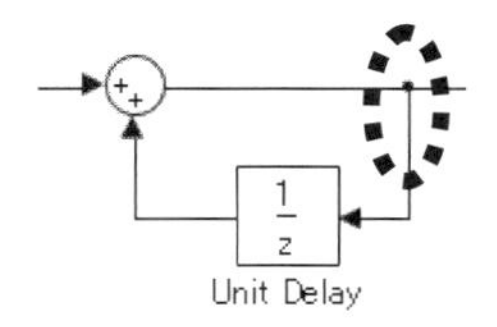

図 4.85　結線の分岐

◆選択した範囲がすべてを同時結線する方法

複数個の Constant ブロック全体をドラッグで選択し、ctrl キーを押しながら、結線対象のブロック（bus）をクリックします。選択した Constant ブロックがすべて結線されます。

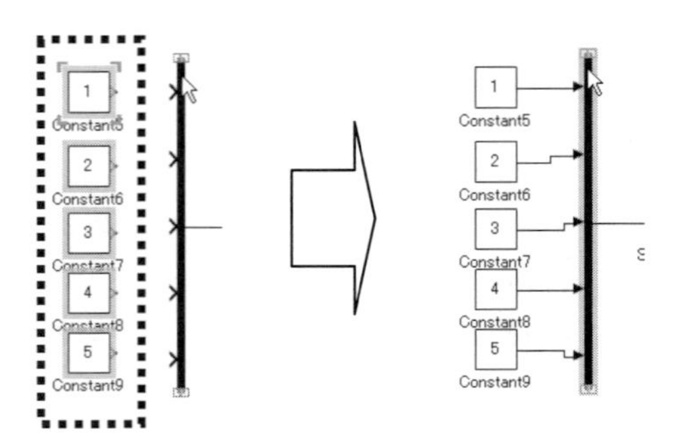

図 4.86　同時に結線する方法

Sum ブロックに表 4.4 の符号リストを入力し形状を確認してください。Sum ブロックはアイコン形状が round に設定されたブロックです。Sum（アイコン形状が round）は、フィードバックがあるときに使用します。入力ポートの角度が 90 度の場合のみ使用してください。ポート数が 3 個より多い時は、アイコン形状を四角形にしてください。MAAB ガイドラインの「jc_0121:Sum ブロックの使用方法」にこのルールがあります。

表 4.4　Sum ブロックの符号リスト

<table>
<tr><th></th><th>1</th><th>2</th><th>3</th><th>4</th><th>5</th></tr>
<tr><td>符号リスト</td><td>+++</td><td>++</td><td>|++</td><td>+|+</td><td>++|</td></tr>
</table>

■ 4.3.4　Gain（Math Operations）

Gain ブロックは、入力信号に Gain の値で乗算して出力するブロックです。

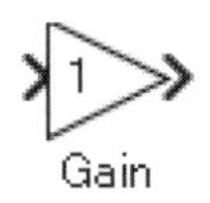

図 4.87　Gain ブロック

Gain ブロックのテストモデルを作ってください。ブロックパラメーターの設定方法は、図 4.91 に示します。

- ◆ Simulink/Sources/Constant
- ◆ Simulink/Math Operations/Gain
- ◆ Simulink/Sinks/Display

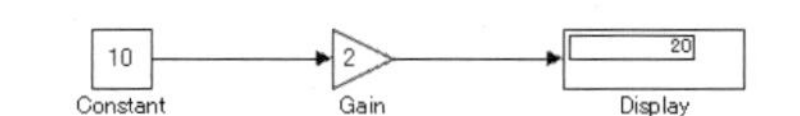

図 4.88　Gain ブロックのテストモデル

■ 4.3.5 Product（Math Operations）

Product ブロックは、乗算および、除算を行うブロックです。Product、Divide は、設定が異なるだけで同一のブロックです。

図 4.89 Product ブロック

下記のブロックを使って、Product、Divide のテストモデル（図 4.90）を作ってください。

- ◆ Simulink/Sources/Constant
- ◆ Simulink/Math Operations/Product
- ◆ Simulink/Math Operations/Divide
- ◆ Simulink/Sinks/Display

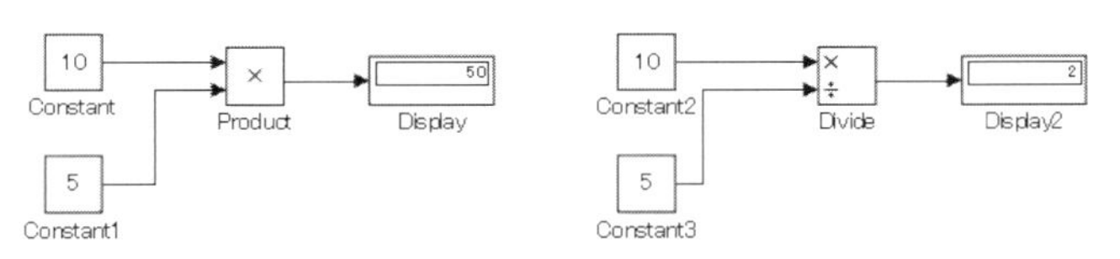

図 4.90 Product と Divide のテストモデル

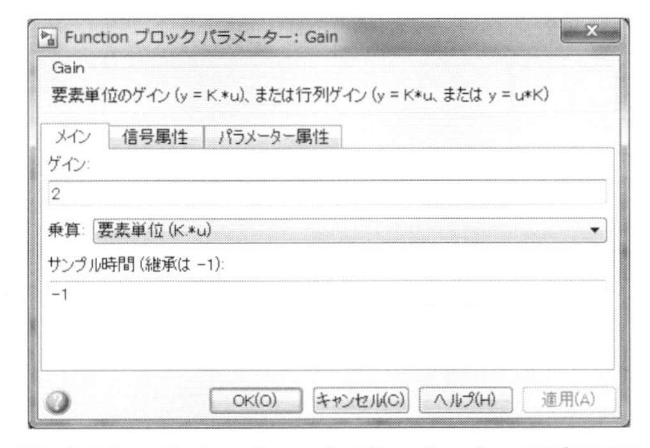

図 4.91 Gain ブロックパラメーター設定画面

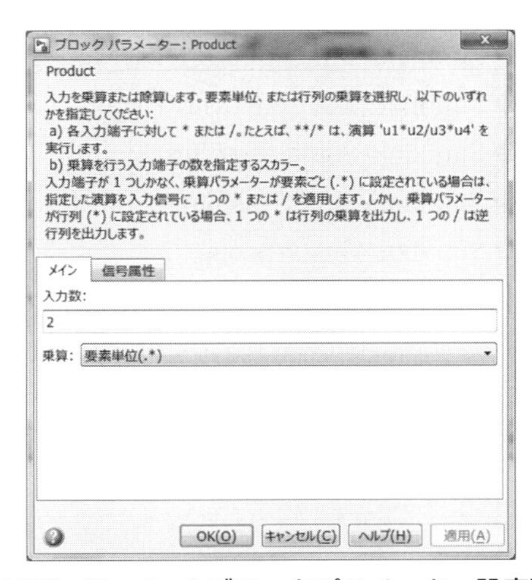

図 4.92 Product ブロックパラメーター設定画面

◆Gain ブロックと Product ブロックの使い分け

片側が数値の場合、Gain ブロックを用いれば一つのブロックで計算を行うことができるので、Gain ブロックの方が便利です。Gain ブロックは、制御対象モデルで頻繁に行われる単位変換を行うのに非常に便利です。しかし、Gain ブロック、Product ブロックを整数型で使う制御モデルで使用する場合は注意が必要です。Gain ブロックは、Product ブロック + Constant ブロックなので、一つのブロック内に2つのブロックの設定を行います。両者のブロックプロパティー設定のタブを見てもらえば解ると思いますが、Gain ブロックの方が設定タブが多いです。筆者のお勧めは、制御対象モデルは実数型を使用するので、Gain ブロックを使ってモデル作成を楽にします。制御モデルでは個々のブロックで型を明示した方が解りやすくなりますので、Constant ブロックと Product ブロックに分けて設計することを推奨します。

4.3.6 MinMax（Math Operations）

MinMax ブロックは、最小入力値または最大入力値を出力するブロックです。

図 4.93　MinMax ブロック

下記のブロックを使って、MinMax と Unit Delay を組み合わせたモデル（図 4.94）を作りましょう。

- ◆ Simulink/Sources/Constant
- ◆ Simulink/Sources/Signal Generator
- ◆ Simulink/Math Operations/MinMax
- ◆ Simulink/Discrete/Unit Delay
- ◆ Simulink/Signal Routing/Mux
- ◆ Simulink/Sinks/Display
- ◆ Simulink/Sinks/Scope

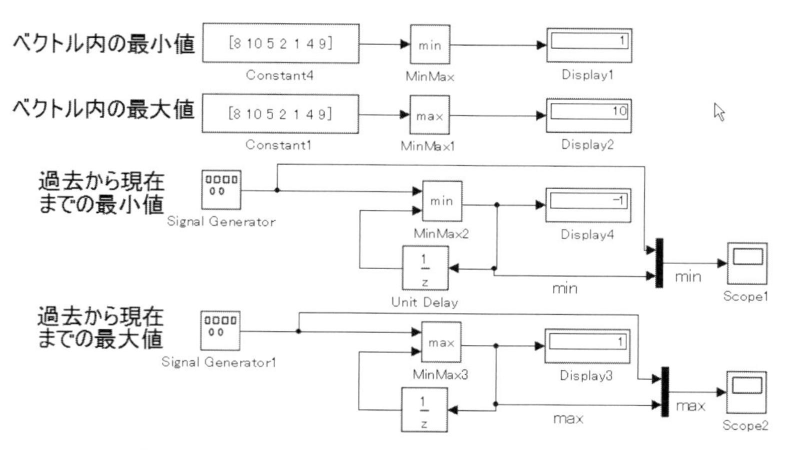

図 4.94　MinMax と Unit Delay のテストモデル

MinMax ボックスのダイアログボックスを開くと最大値または最小値の選択ができます。

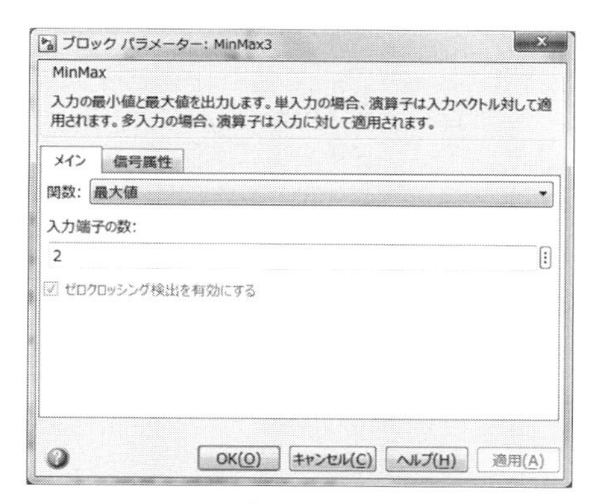

図 4.95　MinMax ブロックのダイアログボックス

最小値、最大値が出力されているか結果を確認してください。

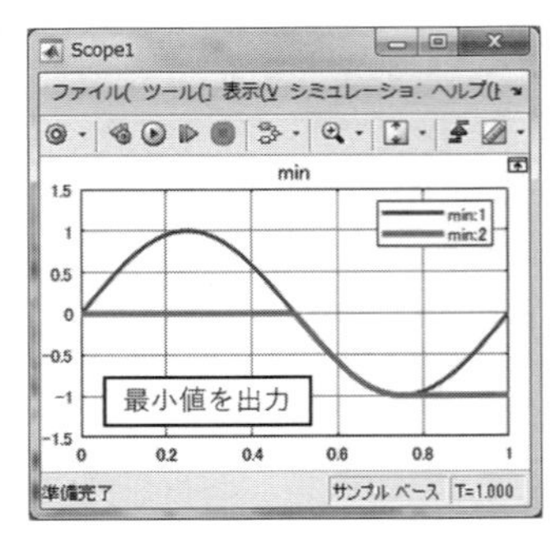

図 4.96　最小値の出力
過去から現在までの最小値

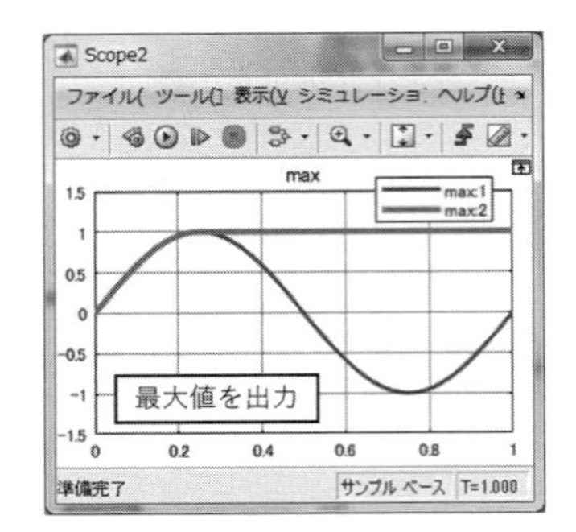

図 4.97　最大値の出力
過去から現在までの最大値

■ 4.3.7　Abs（Math Operations）

Abs ブロックは入力の絶対値を出力するブロックです。

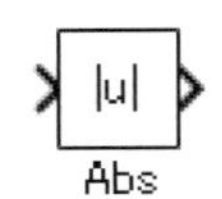

図 4.98　Abs ブロック

下記のブロックを使って、Abs のモデル（図 4.99）を作ってください。

- ◆ Simulink/Sources/Signal Generator
- ◆ Simulink/Math Operations/Abs
- ◆ Simulink/Signal Routing/Mux
- ◆ Simulink/Sinks/Scope

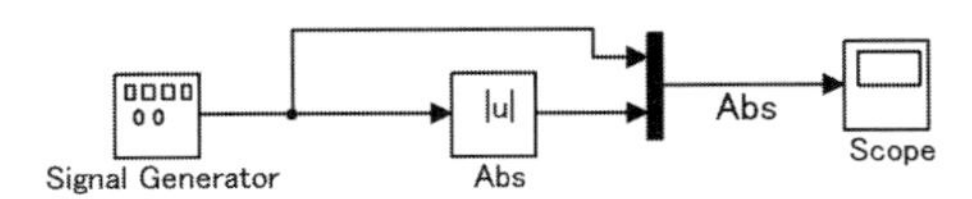

図 4.99　Abs ブロックのテストモデル

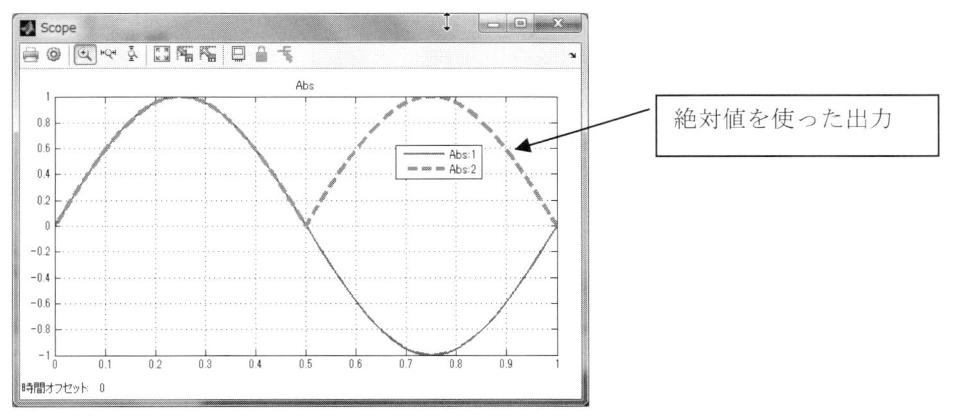

図 4.100　Abs ブロックの出力波形

4.4　信号の切り替えブロック

■ 4.4.1　Switch（Signal Routing）

Switch ブロックは、C 言語などの if-else に相当する信号の切り替えのためのブロックです。

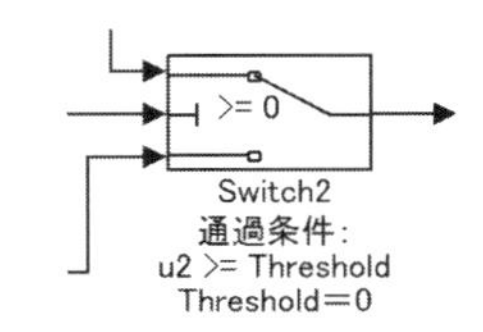

図 4.101　Switch ブロック

下記のブロックを使って、Switch ブロックのモデル（図 4.102）を作ってください。

- ◆ Simulink/Sources/Constant
- ◆ Simulink/Logic and Bit Operations/Relational Operator
- ◆ Simulink/Sinks/Scope

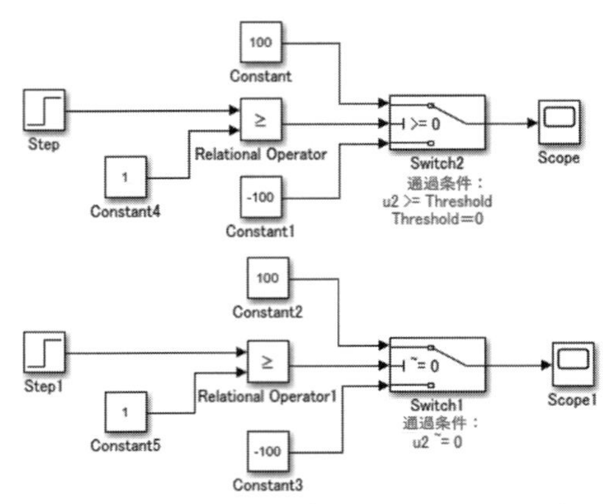

図 4.102　Switch ブロックのテストモデル

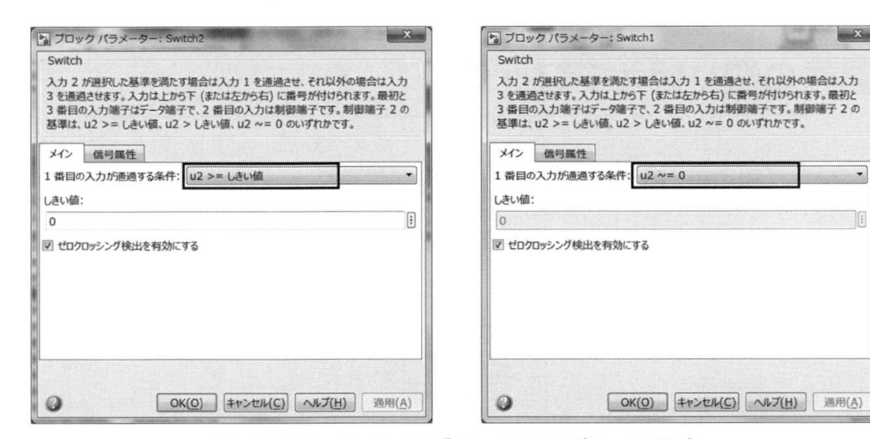

図 4.103　Switch ブロックのオプション設定

Switch ブロックの表示は、第 2 入力の信号の型によっても変わります。実は、Switch の 2 番目の入力値が論理演算の結果の場合、選択した条件は無視され、必ず true が第 1 入力値、false が第 3 入力値の出力となります。オプションスイッチと結果が一緒になるよう、U2~=0 を使うことを推奨します。

これは、MAAB ガイドラインの「jc_0141：Switch ブロックの使用方法」に記載されています。

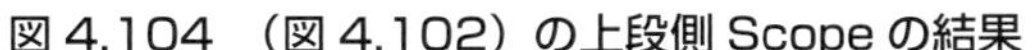
図 4.104 （図 4.102）の上段側 Scope の結果

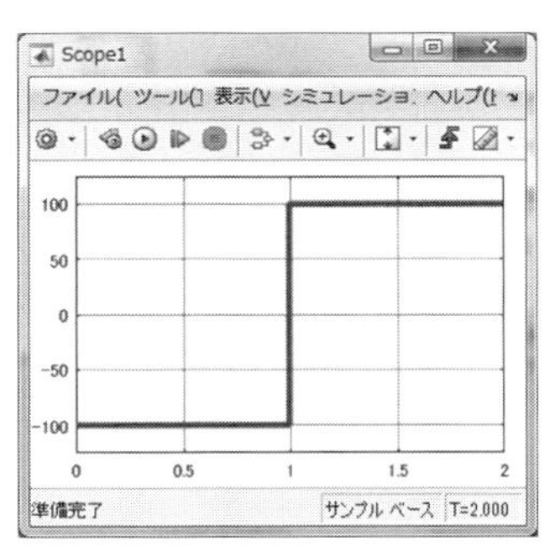

図 4.105 （図 4.102）の下段側 Scope の結果

boolean 型が入力されると、オプションの設定に関係なく、両方とも同じ結果になります。論理演算、比較演算子の出力型が uint8 の場合、Switch ブロックの設定が有効となり、挙動に変化が生じてしまいます。上述のとおり設定を変更して使うことで、意図通りのモデルになります。

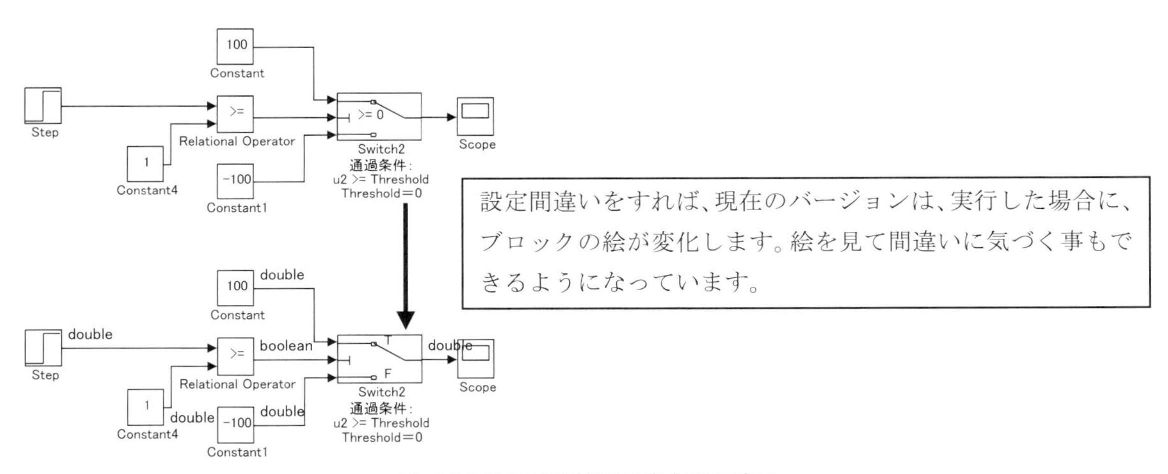

図 4.106 比較演算子の出力型の違い

比較演算子の出力型を uint8、boolean の両方で結果がどのように変わるか確認してください。

■ 4.4.2　Multiport Switch（Signal Routing）

Multiport Switch ブロックも、Index Vector ブロックも元は同じブロックで、設定が異なるだけです。第 1 入力信号に基づいて、入力間での出力を切り替えるブロックで、Multiport Switch ブロックは第 2 入力信号を出力するインデックス番号が 1、Index Vector ブロックは、0 に設定されています。

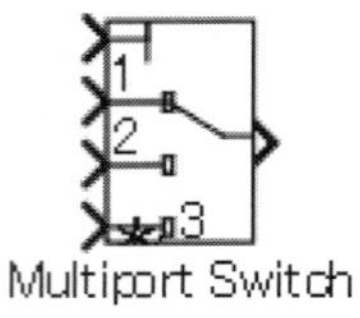

図 4.107　Multiport Switch と Index Vector のブロック

下記のブロックを用いて Multiport Switch、Index Vector のモデル（図 4.108）を作ってください。

- ◆ Simulink/Sources/Constant
- ◆ Simulink/Signal Routing/Multiport Switch
- ◆ Simulink/Signal Routing/Index Vector
- ◆ Simulink/Sinks/Display

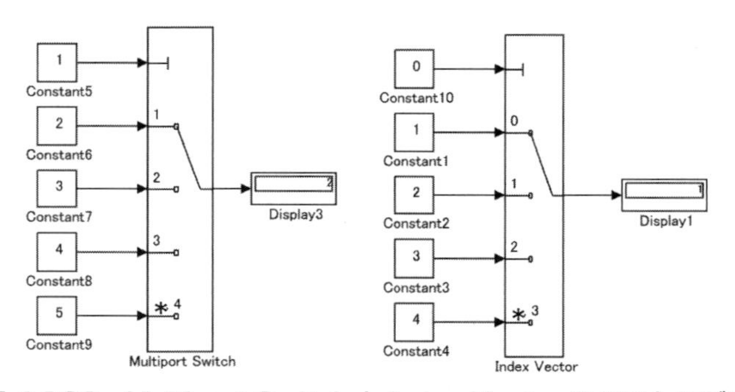

図 4.108　Multiport Switch と Index Vector のテストモデル

オプション設定を変更すれば、お互いのモードを使うことができますが、1 ベースを使う時は Multiport Switch を、0 ベースインデックスの場合は Index Vector を使ってください。C 言語への自動コード生成を行う場合は、Index Vector を使います。また、信号に列挙型を使うこともできます。列挙型の説明は第 7 章（7.7）で説明します。

図 4.109　Multiport Switch ブロックパラメーター設定画面（データ端子の順序：1 ベース）

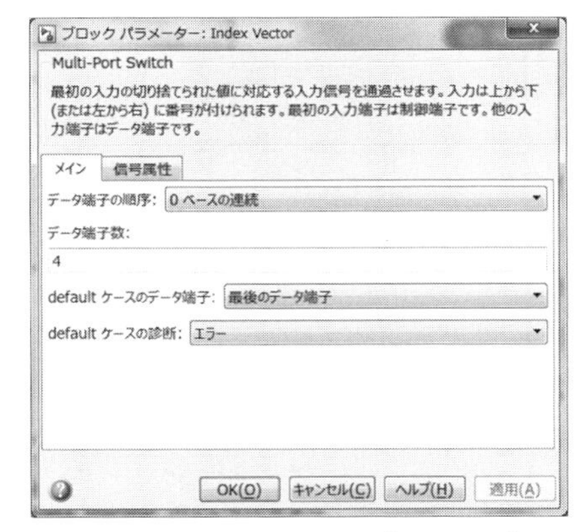

図 4.110　Index Vector ブロックパラメーター設定画面（データ端子の順序：0 ベース）

MAAB ガイドラインの「db_0112: インデックス」に、1 ベースと 0 ベースの使い方が掲載されていますが、ハンドコード相当の C コードを生成する場合のルールなので、本書で詳しい説明はしません。

■ 4.4.3　Manual Switch（Signal Routing）

Manual Switch ブロックはダブルクリックすると、流れる上下の信号が入れ替わるブロックです。Manual Switch は、モデルの検査のときに使用します。

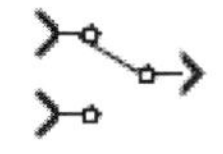

図 4.111　Manual Switch ブロック

下記のブロックを用いて Manual Switch ブロックのモデル（図 4.112）を作ってください。

- ◆ Simulink/Sources/Constant
- ◆ Simulink/Signal Routing/Manual Switch
- ◆ Simulink/Sinks/Display

Manual Switch をダブルクリックする度に結果が変わるか確認してください。

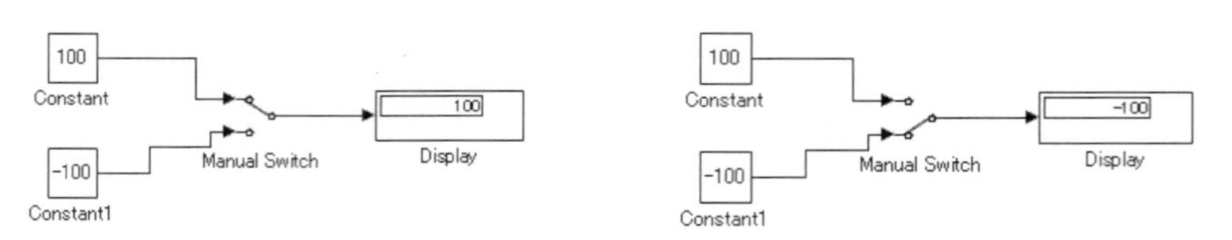

図 4.112　Manual Switch ブロック

■ 4.4.4　Bus Creator & Bus Selector（Signal Routing）

Bus Creator と Bus Selector は、信号名を設定し、グルーピングするためのブロックです。下記のブロックを用いて Bus に関係するモデル（図 4.113）を作ってください。

- ◆ Simulink/Sources/Constant
- ◆ Simulink/Signal Routing/Bus Creator
- ◆ Simulink/Signal Routing/Bus Selector
- ◆ Simulink/Sinks/Display

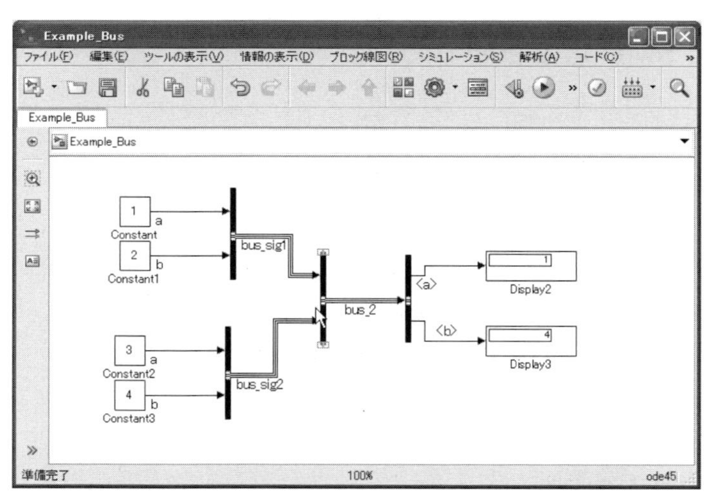

図 4.113　Bus Creator と Bus Selector のテストモデル

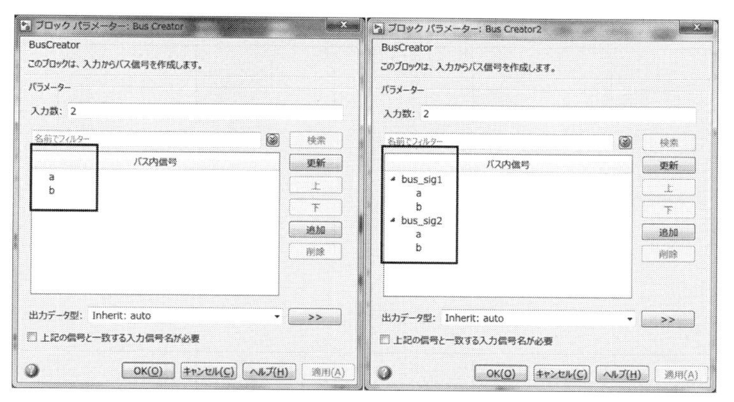

図 4.114　Bus Creator ブロックパラメーター設定画面

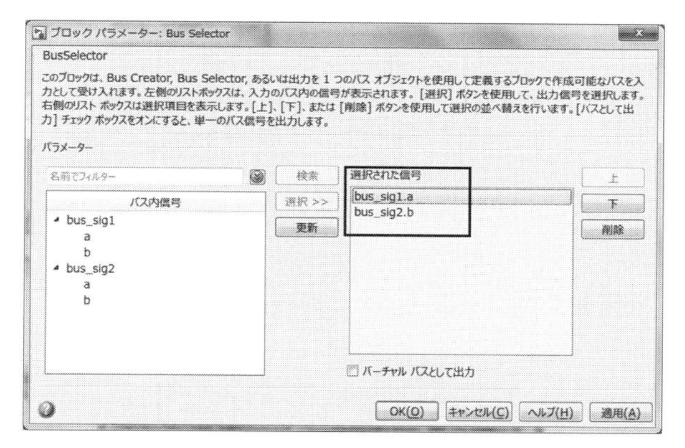

図 4.115　Bus Selector ブロックパラメーター設定画面

■ 4.4.5　Goto & From（Signal Routing）

Goto ブロックは、入力値を From ブロックに渡すブロックです。

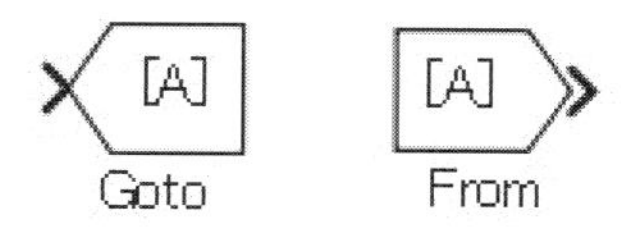

図 4.116　Goto と From のブロック

下記のリストを使って、From と Goto のモデル（図 4.117）を作ってください。

- ◆ Simulink/Sources/Constant
- ◆ Simulink/Signal Routing/Goto
- ◆ Simulink/Signal Routing/From
- ◆ Simulink/Sinks/Display

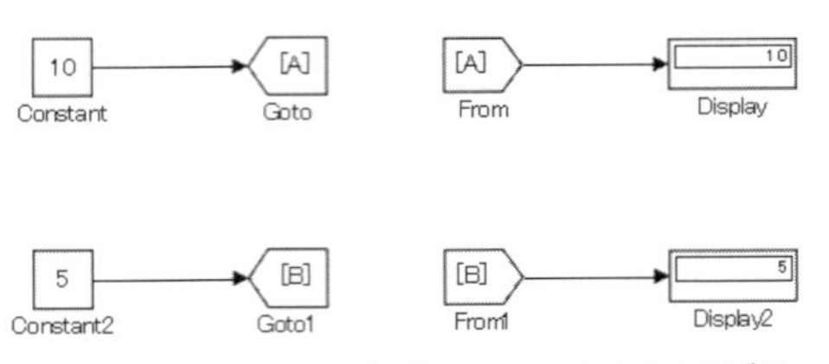

図 4.117　Goto と From のテストモデル

Goto から先にタグ名の入力を行います。

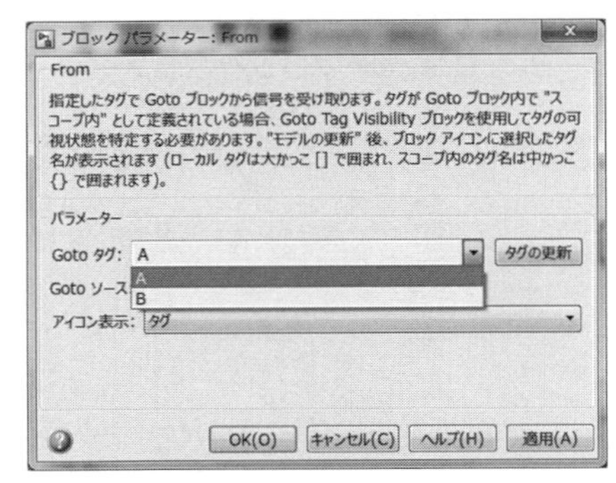

図 4.118　From ブロックパラメーター設定画面

From と Goto は、直接結線すると線が交差する場合に使用します。一つのサブシステムの中で、たくさん使うと線は綺麗になりますがモデルの理解度が下がります。また、サブシステム同士をすべて From と Goto で結線してしまうと、実行順序が解りにくくなりますので、必ず最低 1 本の信号を結線してください。

Goto のタグの種類はローカルのみを使います。グローバルを使用すると、自動コード生成を行う場合にアトミック化という作業ができなくなり、コード生成が不可能なモデルになってしまいます。関連するブロックと共に後の章で再度説明します。

MAAB ガイドラインの「jc_0171:Goto ブロック / From ブロック使用時の結線」と「na_0011: Goto ブロック / From ブロックの可視範囲」にこのルールの記載があります。

4.5　線形補間のブロック

1-D Look-Up Table (Lookup Tables), Look-Up Table (2-D) (Lookup Tables)

“近似” や “補間” を行うブロックです。本書では線形補間を使用します。

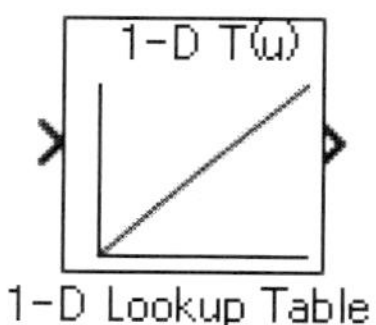

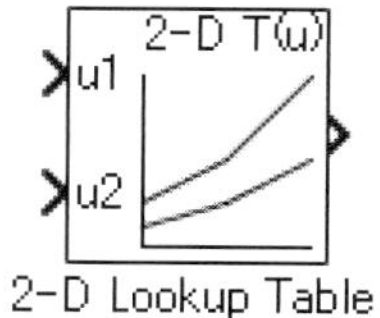

図 4.119　1-D Lookup Table と 2-D Lookup Table のブロック

R2011b より n-D Lookup Table と共通になり、オプション設定の違いだけです。Look-Up Table のモデルを作ってみましょう。

◆ Simulink/Sources/Constant
◆ Simulink/Lookup Tables/1-D Lookup Table
◆ Simulink/Lookup Tables/2-D Lookup Table
◆ Simulink/Sinks/Display

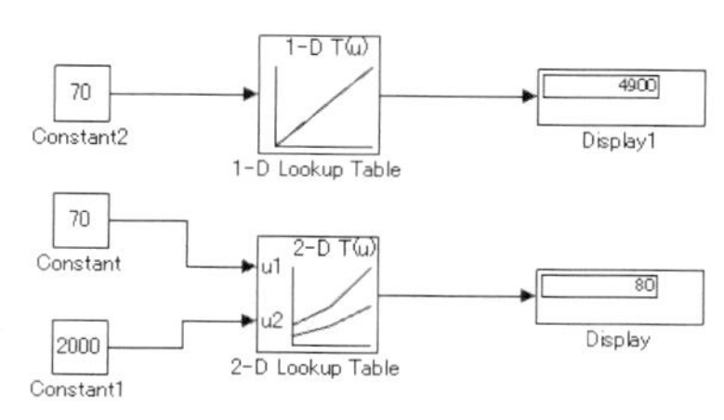

図 4.120　1-D/2-D Lookup Table のテストモデル

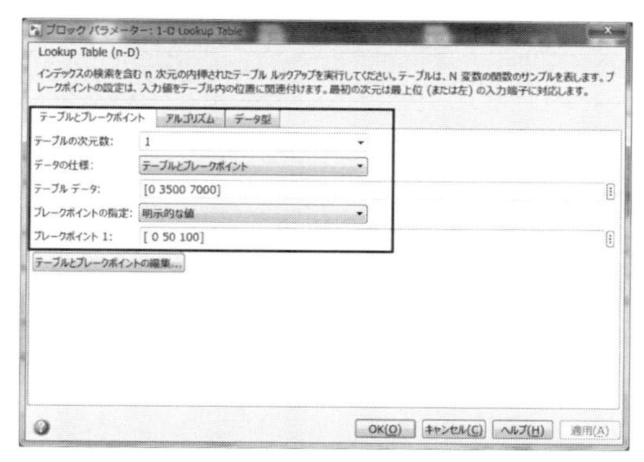

図 4.121　1-D Lookup Table ブロックパラメーター設定画面

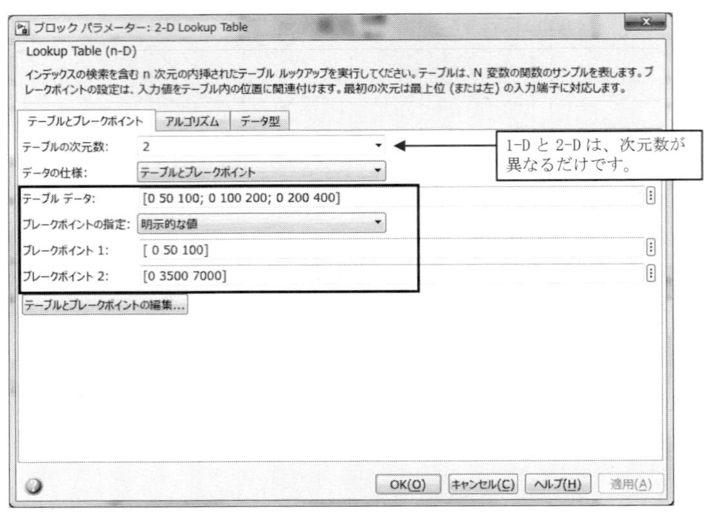

図 4.122　2-D Lookup Table ブロックパラメーター設定画面

ベクトルとして配列要素を記載します。2-D のテーブルデータは X,Y のすべてに対応するマトリクスを 1 行に記載する必要があります。BP1 が 4、BP2 が 3 個の配列であった場合、テーブルデータは 3 × 4 のデータ配列が必要です。テーブルとブレークポイントの編集を押すと下の画面が開かれます。

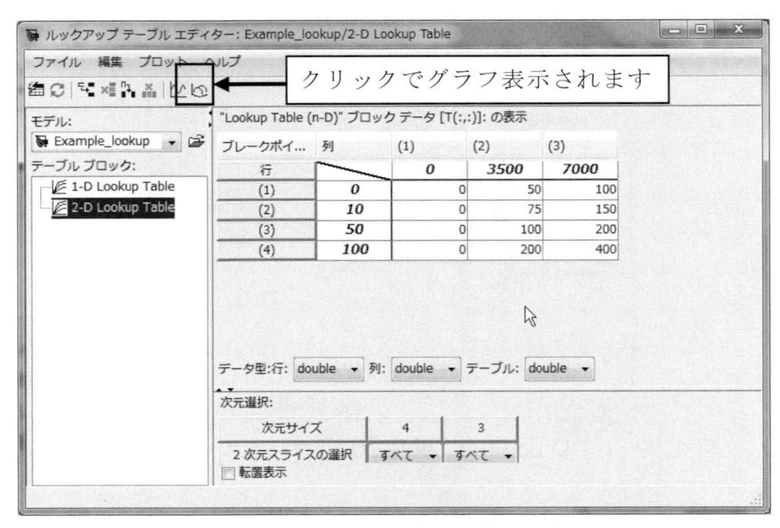

		(1)	(2)	(3)
行		0	3500	7000
(1)	0	0	50	100
(2)	10	0	75	150
(3)	50	0	100	200
(4)	100	0	200	400

図 4.123　ルックアップテーブルエディター

4.6　サブシステム（Ports & Subsystems）

サブシステムに関係するのは、下記のブロックになります。

① Simulink/Sources/In1
② Simulink/Sinks/Out1
③ Simulink/Ports &Subsystems/Subsystem

下記のリストに従って、モデル（図 4.124）を作ります。

◆ Simulink/Sources/Pulse Generator
◆ Simulink/Sources/Repeating Sequence
◆ Simulink/Math Operations/Sum
◆ Simulink/Discrete/Unit Delay
◆ Simulink/Sinks/Scope

図 4.125、図 4.126 に従って、オプションを設定してください。

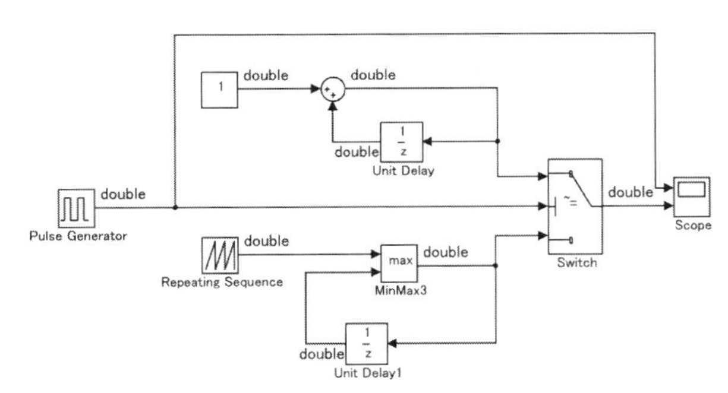

図 4.124　サブシステム化前のモデル（Example_Subsystem1a）

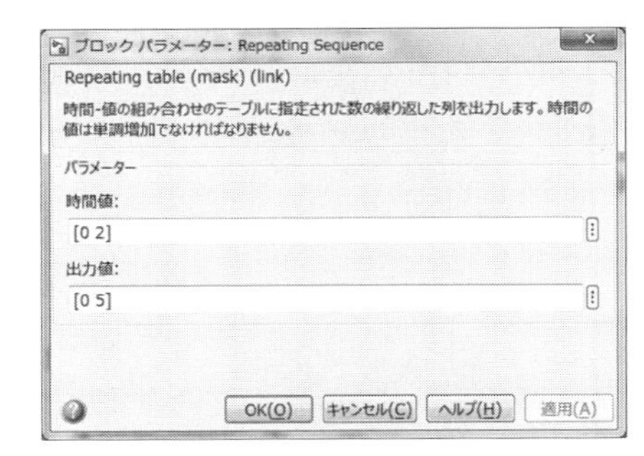

図 4.125　Repeating Sequence のパラメーター設定

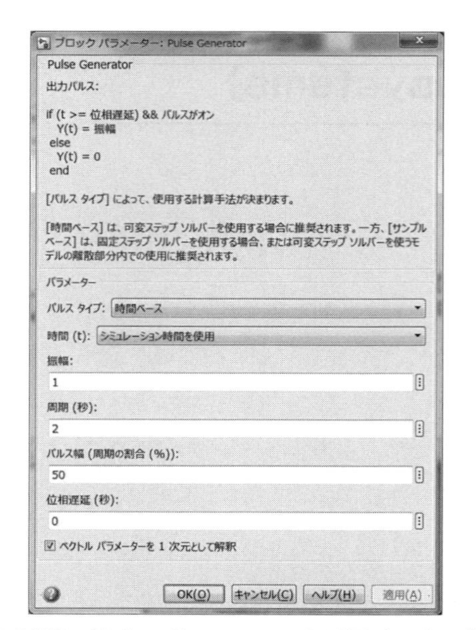

図 4.126　Pulse Generator のパラメーター設定

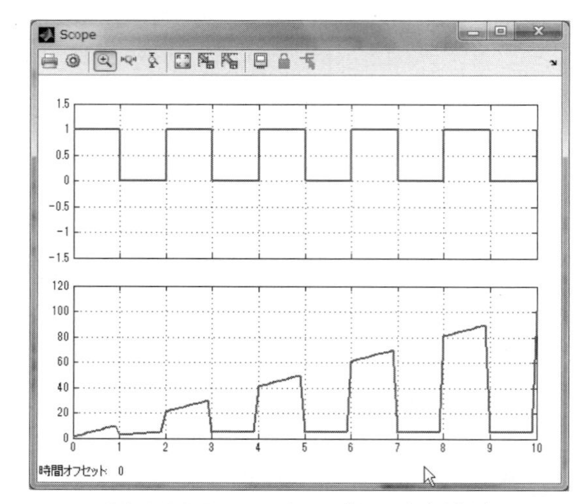

図 4.127　テストモデルの出力波形

次にマウスを使って範囲選択を行います。サブシステム化する対象の左上角からドラッグし、右下へ移動しマウスを放せば範囲が選択できます。Simulink/Math Operations/Sum と Simulink/Discrete/Unit Delay について図 4.128 のように範囲を選択してください。

選択された状態で選択範囲のブロック上で右クリックし、サブシステムの作成を選択します。

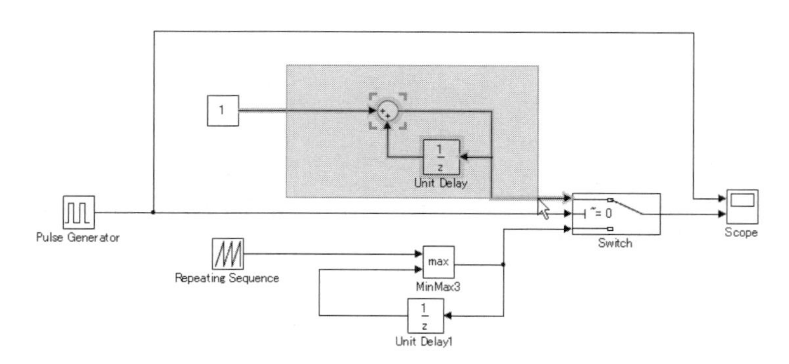

図 4.128　サブシステム化の手順 (1)

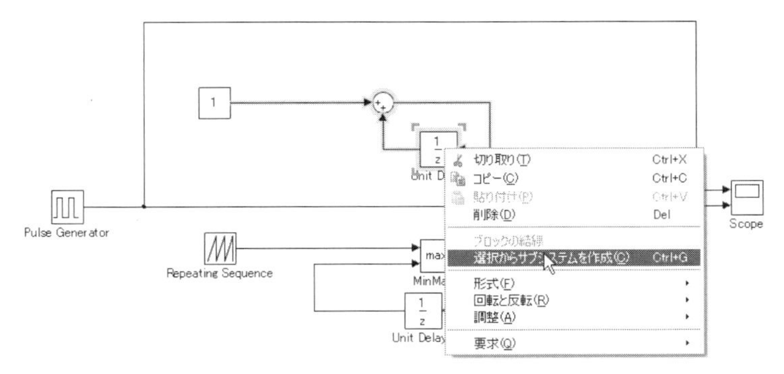

図 4.129　サブシステム化の手順（2）

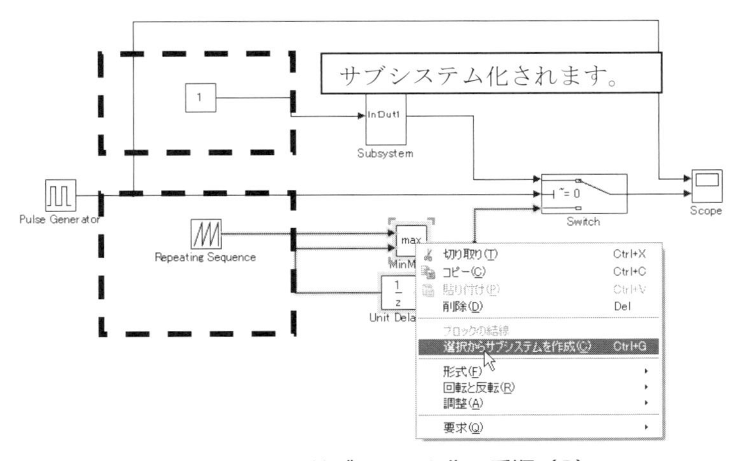

図 4.130　サブシステム化の手順（3）

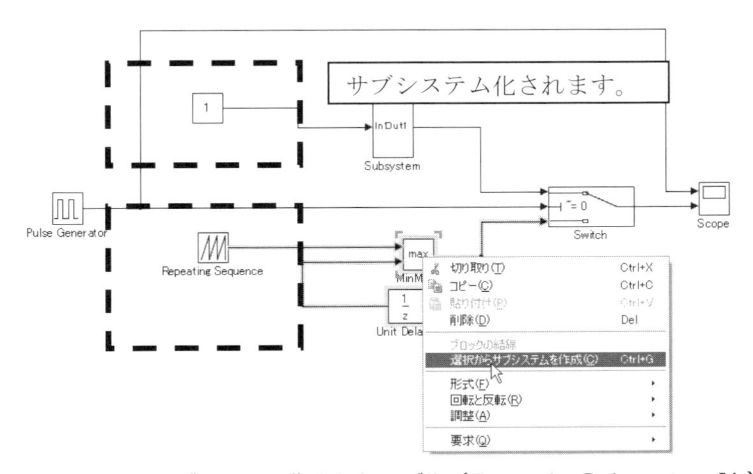

図 4.131　サブシステム化されたモデル（Example_Subsystem1b）

作成されたadd_systemをEnableサブシステムに変更してみましょう。

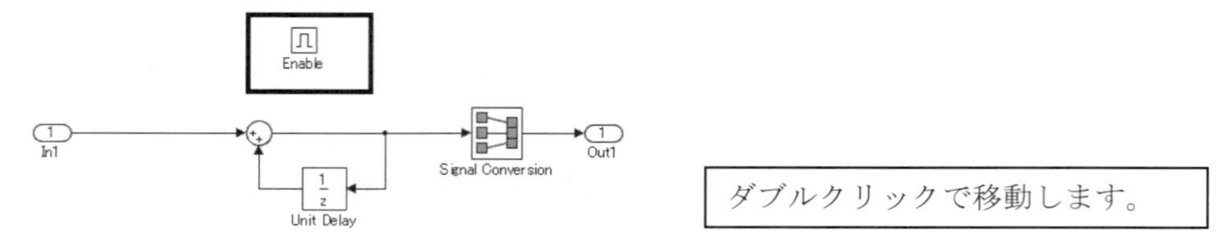

図4.132　add_systemにEnableとSignal Conversionの挿入

enableブロックの配置場所についてはMAABガイドラインの「db_0146：条件付Subsystem内のブロック配置（action, enable, fcn等）」のルールがあります。全体の最上位で全体の中央または、左よりに配置してください。また、Mergeブロックへ接続するサブシステム内部の出力ポートに結線される信号線は、サブシステム内部で分岐することができません。（ガイドラインではなく、Simulinkの機能上できません）ここでは、Signal Conversionを挿入して回避しています。

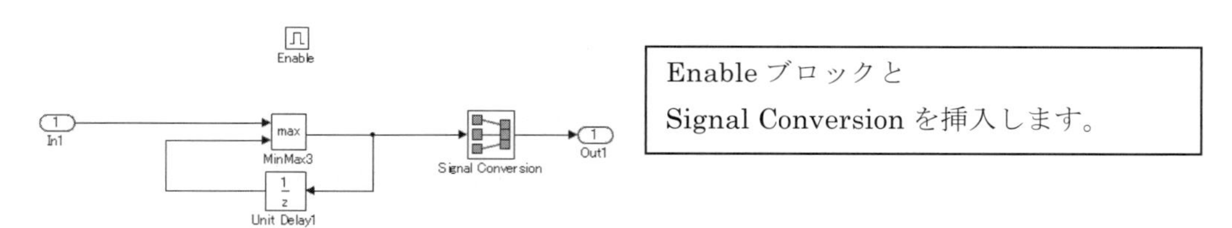

図4.133　max_systemにEnableとSignal Conversionを挿入

変更が終わったら、結線します。

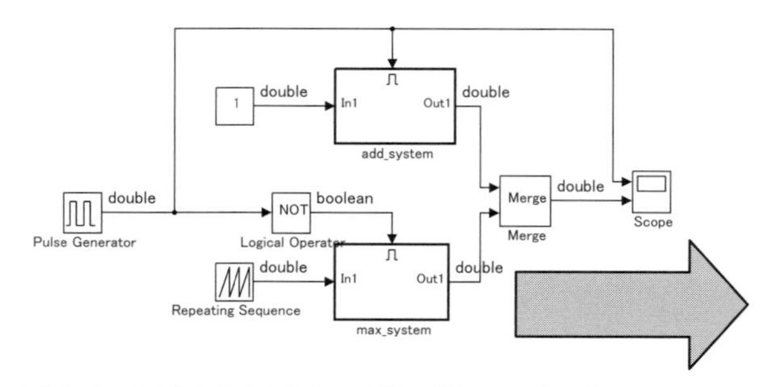

図4.134　完成したテストモデル（Example_Subsystem1c）

データフローの作り方をあらためて説明するとMAABガイドラインの「db_0141」のルールにサブシステムを含め左から右へ流れるように書くことが推奨されています。

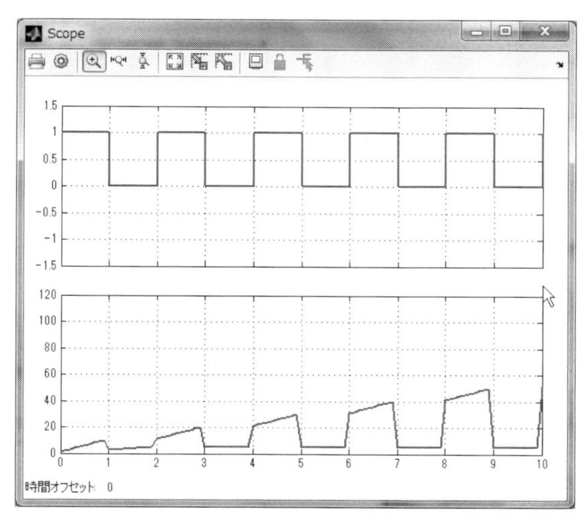

図 4.135　実行結果の確認

図 4.124 と図 4.134 は値が異なります。
次に、Enable ブロックの設定を変更します。

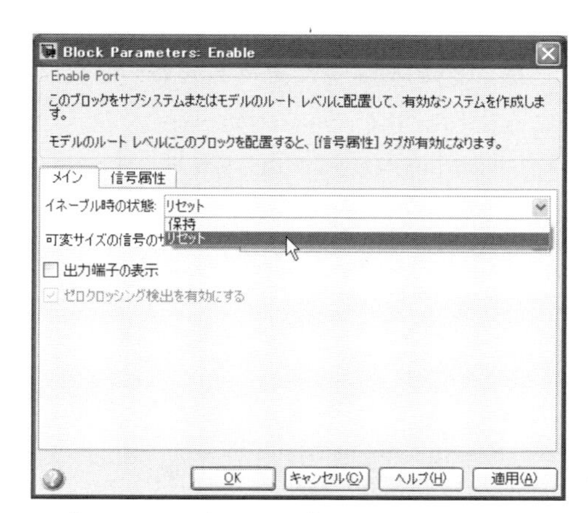

図 4.136　Enable ブロックのダイアログボックス（Example_Subsystem1d）

Enable ブロックの設定を図 4.136 を設定のように変更すると結果が変わります。動作すべきサブシステムが切り替わるたびに、サブシステムの中の Unit Delay がリセットされます。

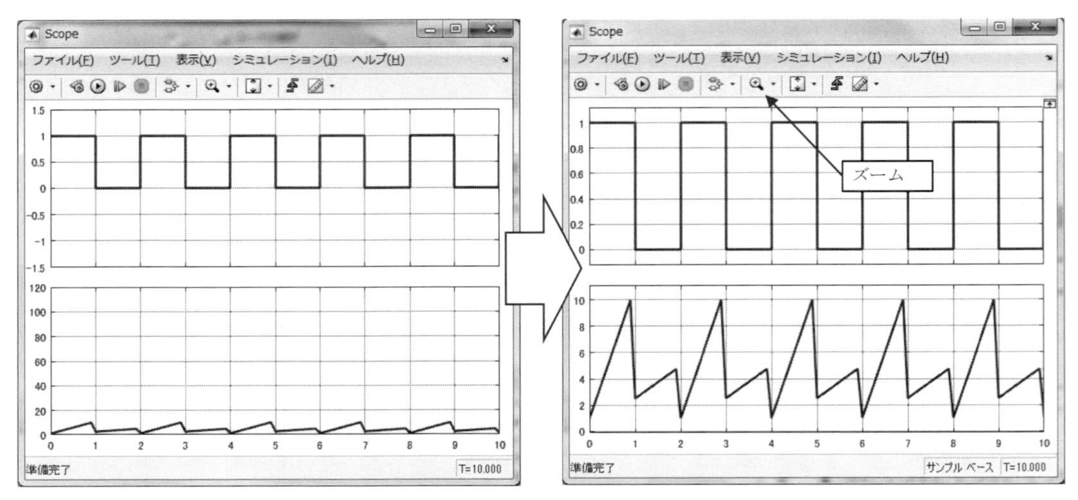

図 4.137　出力波形の変化

Enable サブシステムは、幾つかの条件がある場合に使ってください。

- 内部に状態変数（Unit Delay 等）を持つブロックが存在する。
- 外部から状態変数のリセット信号を入力するのが困難である。

Merge ブロックを使う場合は、Enable の設定をリセットに設定し、Merge の直前のサブシステムは、どれか一つがアクティブになるように作ってください。Merge ブロックとサブシステムの間にはブロックを挿入してはいけません。常にアクティブになるブロックが存在すると、そのブロックの出力結果が有効となりますので注意して使ってください。

同様の機能は、if-then-else-action サブシステムも同様です。

if-then-else-action サブシステムは状態変数が関係しない場合、Switch ブロックと全く同じ動き、つまり条件成立側しか実行されません。同一の動きをする場合は Switch や Multiport-Switch ブロックを使い、不要な階層は減らしましょう。

Switch ブロックと、if-then-else-action の使い分けについては、JMAAB ガイドライン Ver5 の 11.1.1.2「状態変数が関係する分岐構文」に記載がありますので、ご参照ください。

4.7　メニュー操作まとめ

■ 4.7.1　Simulink モデルの情報表示

メニューバーの情報表示に各種の表示機能が集まっています。たとえば、〈ブロック〉〈ソートされた実行順序〉を選択するとブロックの計算順序を表示します。数字が小さいほど先に計算することを示します。メニューから選択したら、シミュレーション実行ボタンを押して確認してください。

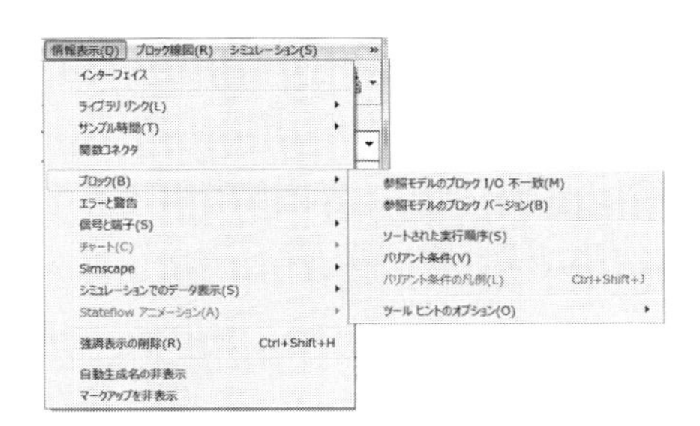

図 4.138　メニューバーから実行順序を選択

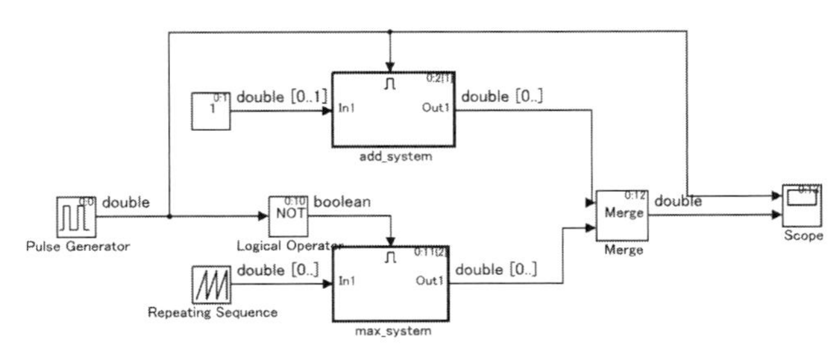

図 4.139　モデル上の実行順序の表示

メニューバーの情報表示から〈信号と端子〉〈端子のデータ型〉を選択すると端子のデータ型を表示することができます。

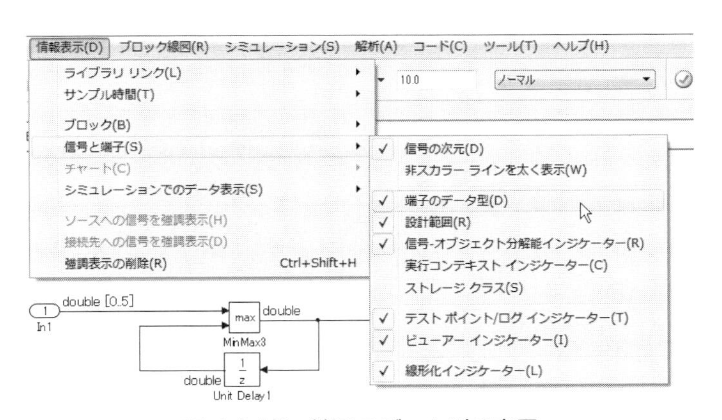

図 4.140　端子のデータ型の表示

メニューバーの情報表示から〈信号と端子〉〈設計範囲〉を選択すれば、設計範囲を設定することができます。設計範囲については、図 4.141 に示すように、入出力ポートに最小、最大値を埋め込み、コンフィギュレーション パラメーターの変更を行ってください。メニューから選択したらシミュレーション実行ボタンを押して確認してください。

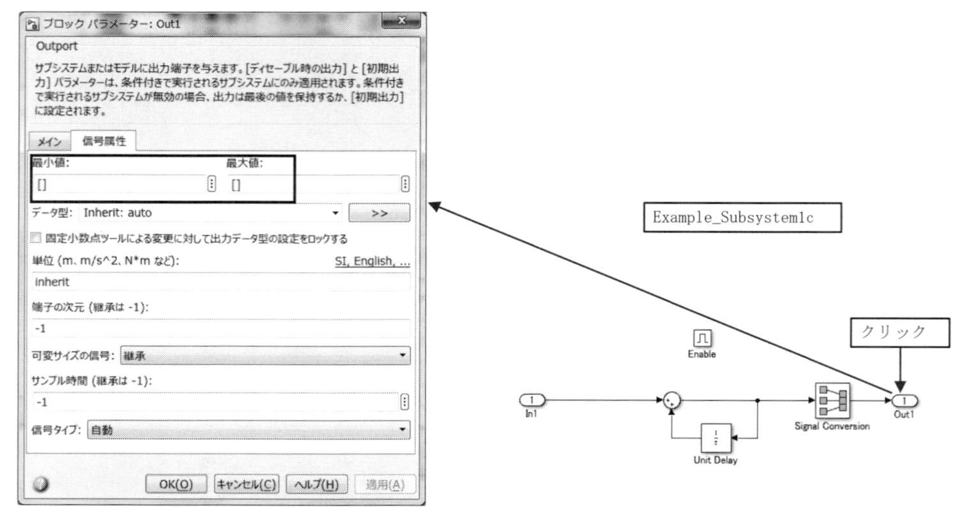

図 4.141 Out1 ブロックパラメーター設定画面

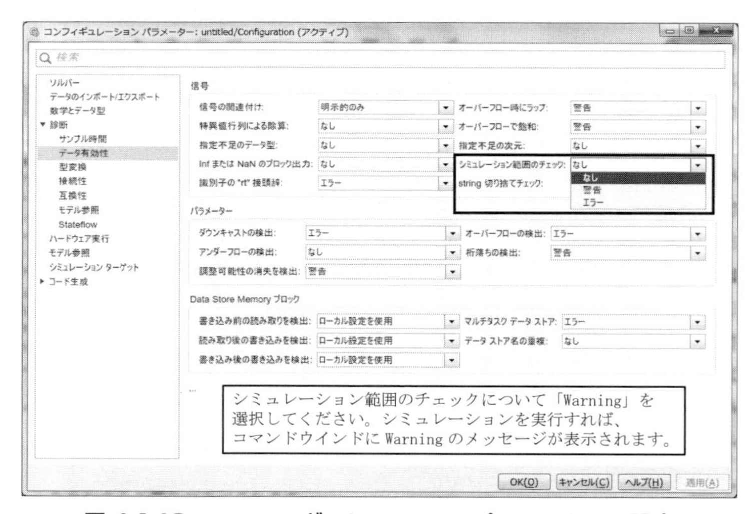

図 4.142 コンフィギュレーション パラメーターの設定

実際にシミュレーションを実行すると警告が表示されます。

>Warning: 'Example_Subsystem1c/add_system/Signal Conversion' の端子 1 に対する数値が一致しません: major のタイム ステップ 8.9 での出力値 (50.0) は、'Example_Subsystem1c/add_system/Out1' からの最大値 (10.0) より大きいです (Warning は、環境

によって警告と表示されることがあります)。

コンフィギュレーション パラメーターを変更し、ワーニングのメッセージを出力するようにしてください。この例のように、ポートに最大値、最小値を書き込んでおくと仕様の確認に有効です。

メニューバーの情報表示から〈シミュレーションでのデータ表示〉〈クリック時に値ラベルを切り替え〉を選択するとシミュレーション実行後の出力値を確認できます。クリックするだけで値を表示するので、デバッグのためにDisplayブロックを配置し、確認が終わるとブロックを削除するという工数が削減されます。

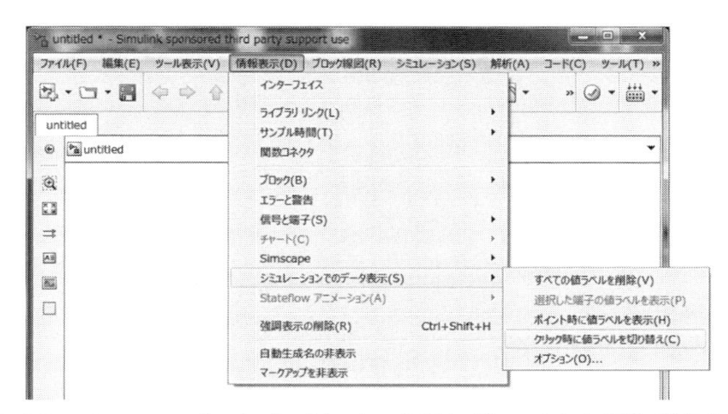

図 4.143 メニューバーから［クリック時に値ラベルを切り替え］の選択

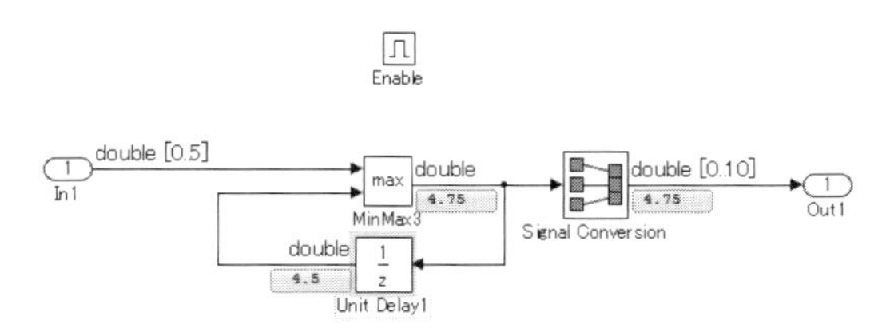

図 4.144 クリック時に値ラベルを切り替え、結果を表示

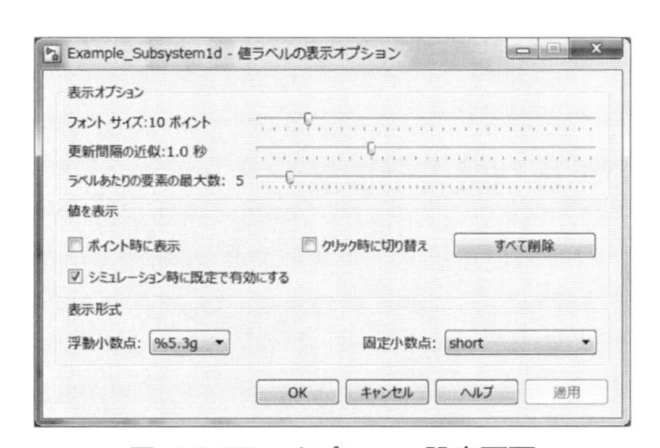

図 4.145 オプション設定画面

「ソースへの信号を強調表示」は階層の深いサブシステムのソースまでたどる機能です。Simulink のラインを選択していなければ使えません。「接続先への信号を強調表示」は接続先を検索できます。

画面全体の色が変わり対象ブロックがハイライトされます。同一メニュー内の〈強調表示の削除〉を選択して元の色に戻します。

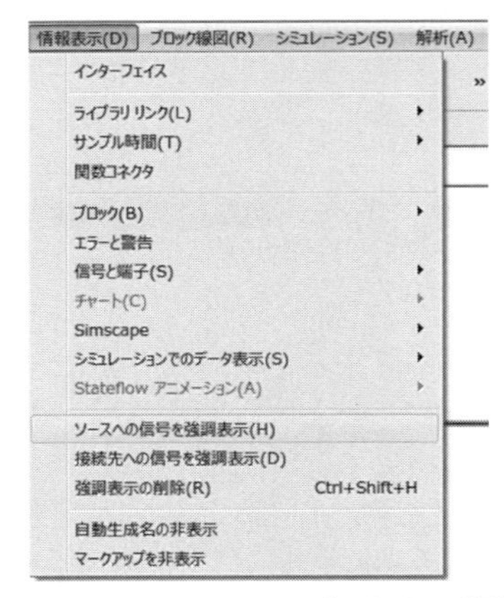

図 4.146　メニューバーからの選択

Simulink のラインを選択していれば、右クリックのメニューに同じ項目が表示されます。

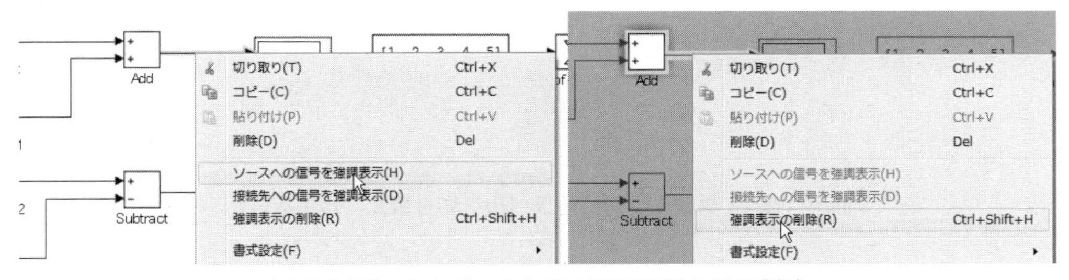

図 4.147　右クリックからの強調表示とその削除

■ 4.7.2　ブロック線図の各種情報表示機能

ブロック線図には、フォントの変更、ブロック回転、反転、整列機能が揃っています。メニューバーから〈ブロック線図〉〈調整〉を選択するとブロックのサイズを統一したり、配置をそろえたりできます。

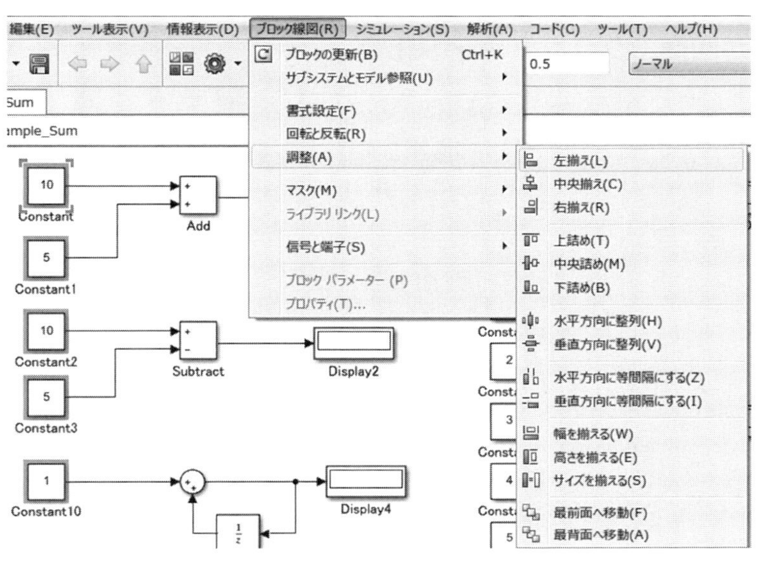

図 4.148　ブロックの左揃え

上記の一部機能は、ブロックを選択して右クリックのメニュー画面にもあります。たとえばブロックを選択して右クリックし〈回転と反転〉を選択して、ブロックの方向を変えることができます。

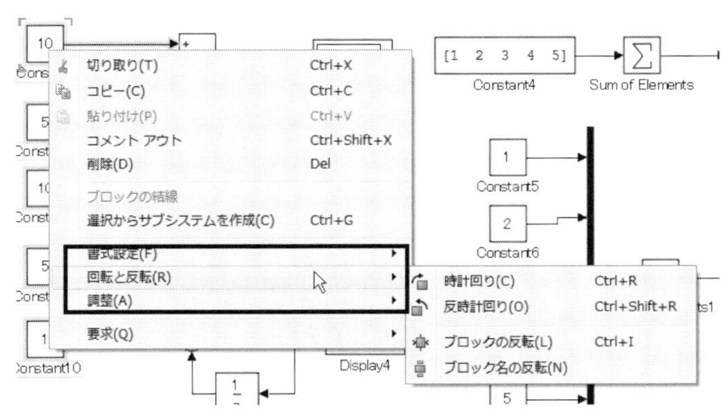

図 4.149　ブロックの回転と反転

■4.7.3　モデル画像のクリップボード化

メニューバーの〈編集〉〈現在のビューをクリップボードにコピー〉を選択するとモデルの画像をコピーする機能があります。作成したモデルの画像をドキュメントにコポーするなど様々な用途で利用できます。

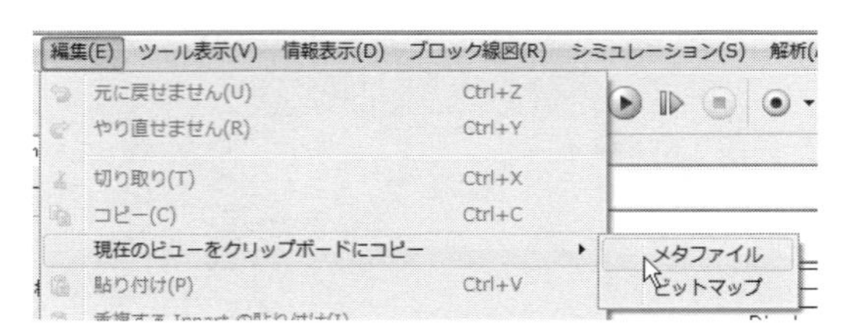

図 4.150　モデル画像のコピー

注意点は、画面サイズをあらかじめ切り取りたい部分に合わせて小さくしておくことです。

4.8　R2018b 新機能紹介

■4.8.1　描画の拡張

●予測クイック挿入（キーボードを使ったブロック挿入）

ブロックを追加する場所でダブルクリックして、ブロック名を入力します。候補のブロックがリストで表示されまので、ブロック名をクリックするか、ブロック名が強調表示されている状態で Enter キーを押します。

●ブロックアイコンで編集（ダイアログボックスを開かずにブロックパラメーターを変更）

選択したブロックにカーソルを合わせると、編集可能なパラメーター値に下線が付きます。

下線付きのテキストをクリックして値を編集します。

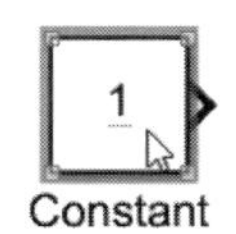

●自動端子作成（簡単なマウス操作だけでポートを増やします）

ブロックのアウトラインをクリックまたはドラッグして端子を作成します

ポートをクリックした後、作成したいポートの種類を選択できます。クリックしてポートを追加します。

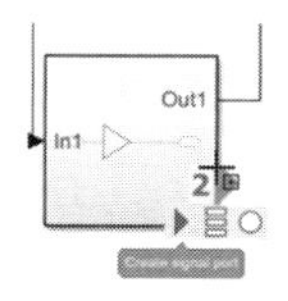

■ 4.8.2　転置抑制機能

転置が抑制されたコードを得られる R2018b からの新機能です。

例えば、4 行 3 列の行列 A を考えます。

A = {1 2 3;
4 5 6;
7 8 9;
10 11 12}

コンフィギュレーションの設定による違いを表記します。

- Code Generation > Interface>Array layout

Column-major 列優先　従来と同一

生成されるソースコードのイメージ　[1 4 7 10 2 5 8 11 3 6 9 12]

Row-major 行優先　R2018b 以降でのみ選択可能

生成されるソースコードのイメージ　[1 2 3 4 5 6 7 8 9 10 11 12]

下記以外の関連パラメーターは、ヘルプを参照してください。

表 4.5　配列処理の設定

設定パラメーター名	従来通り	行優先
配列のレイアウト	Column-major	Row-major
行優先の配列レイアウトに最適化されたアルゴリズムを使用	チェック無し	チェック有り

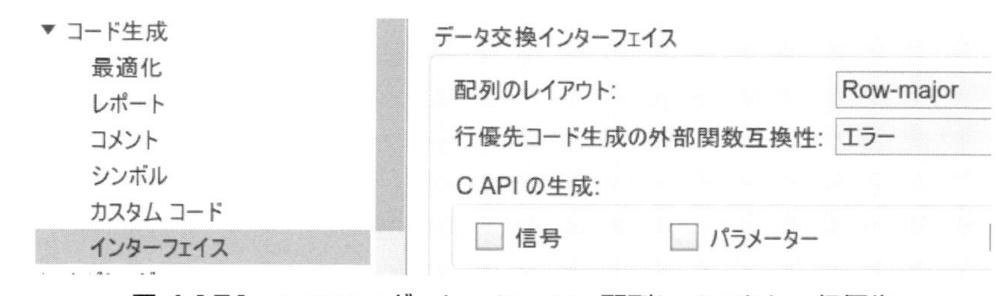

図 4.151　コンフィギュレーション　配列レイアウト　行優先

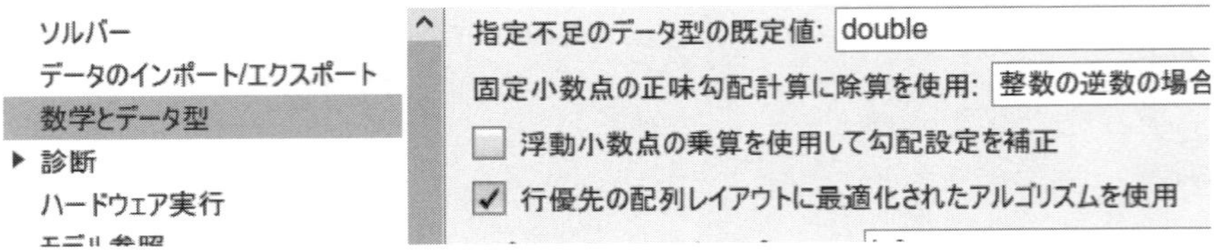

図 4.152　コンフィギュレーション　行優先の配列レイアウトに最適化　行優先

第5章　シミュレーションを習得する

この章では、前章で習ったブロックを使って、簡単な例題のシミュレーションモデルを作成します。Simulink がどのような仕組みでシミュレーションを行うのか、また物理現象をシミュレーションするには、どのような数式が必要なのかを学んでもらいます。各例題は、自分で考える時間を最大 20 分程度に設定して演習を行ってください。時間通りに進めれば、1 時間前後で、少し長めに時間をとっても約 2 時間で終了できます。

5.1　水道から水を流してバケツを満水にする

Simulink の特徴を使って、何ができるのか演習で学びましょう。

例題：水道の流量よりバケツが満たされるまでのシミュレーション

下記の仕様を定義します。

- 水道からの流量は常に 0.2 [ℓ/sec] の流量がある。
- バケツの容量は 5 [ℓ] である。

では、バケツに水が溜まるシミュレーションしてください。できる人は、下の答えを見ずに作業を進めてください。何をやれば良いか解らない人は、いっしょに回答を進めましょう。

■ 5.1.1　入力の設定

まずは入力の定義を行います。この場合の入力は何になるでしょうか？もちろん水道からの流量が入力となりますので、水道の流量を定義しましょう。Sources/Constant をモデルウィンドウにコピーしたら Constant ブロックをダブルクリックして、0.2 [ℓ/sec] を定義してください。

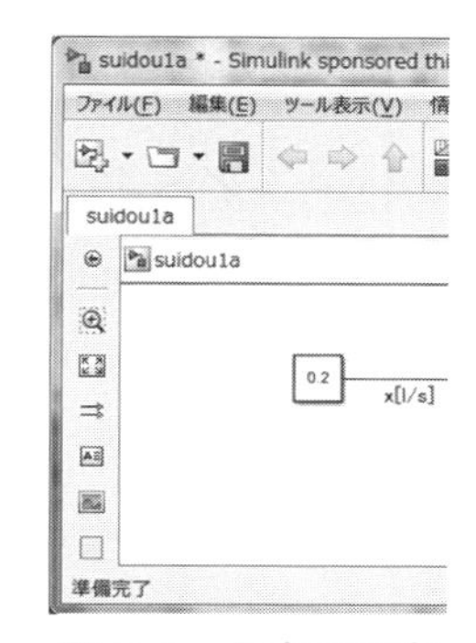

図 5.1　入力の設定

■ 5.1.2　出力の定義

出力について考えましょう。この例題は、「バケツに水が溜まる」のシミュレーションなので、出力は水の総量です。つまり、流量を積分して体積を求めれば答えになります。つまりX [ℓ/sec] の流量を時間で積分すれば体積になります。では積分器ブロックであるContinuous/Integratorをモデル内に配置して、モデルを完成させてください。

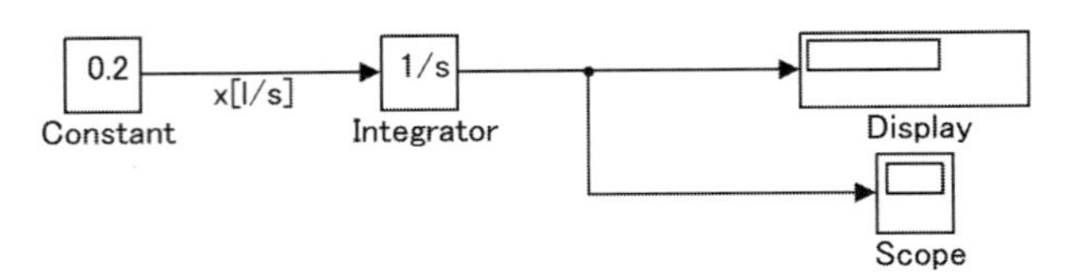

図 5.2　作成したモデル（suidou1a.mdl）

結果を表示できるようにSinks/ScopeとSinks/Displayもモデルに配置します。シミュレーションを実行して、結果をScopeで表示してみてください。10秒後に2 [ℓ] の水が溜まっています。

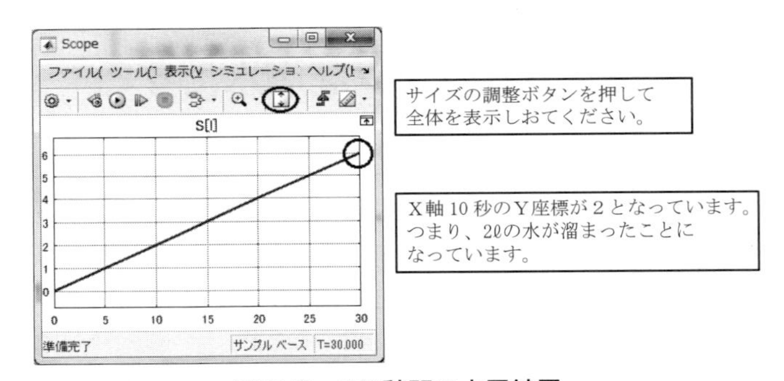

図 5.3　10秒間の水量結果

課題の整理

バケツの容量は5 [ℓ] です。5 [ℓ] まで溜めるには、どうしたらよいでしょうか？現在は1秒間に0.2 [ℓ] しかたまらないので、5 [ℓ] の水が溜まるのは25秒後になります。つまり、5 [ℓ] 水が溜まるシミュレーションを行うには、25秒以上のシミュレーション時間が必要になります。では、30秒間のシミュレーションをしてみましょう。

■ 5.1.3　シミュレーション時間の変更

図5.4、図5.5、図5.6を参考にコンフィギュレーション パラメーター設定で「シミュレーション時間」の「終了時間」を変更しましょう。設定が変更できたら、再度シミュレーションを実行し、結果を見てみましょう。（図5.7）

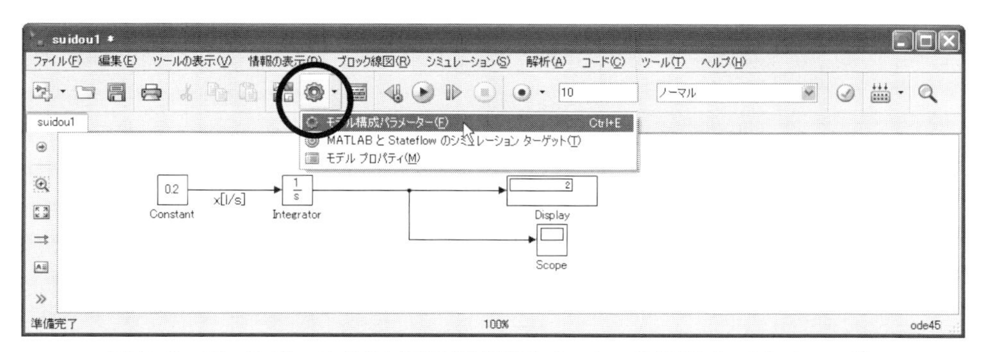

図 5.4　ツールバーからのモデル構成パラメーターを選択（suido1a.mdl）

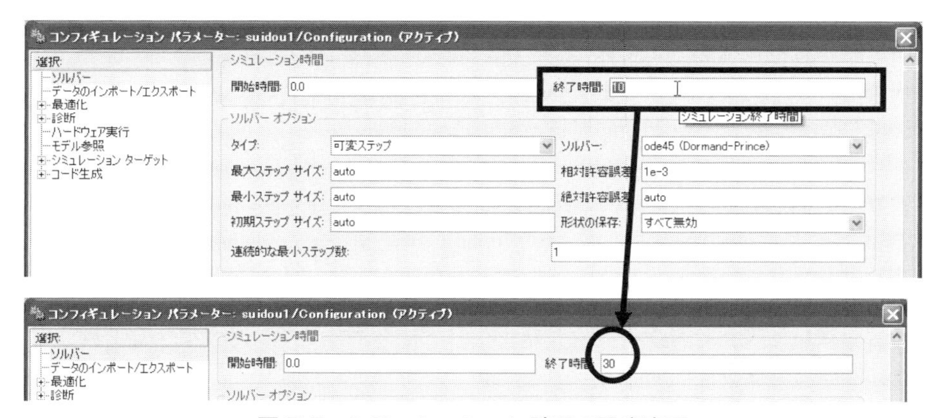

図 5.5　シミュレーション時間の設定変更

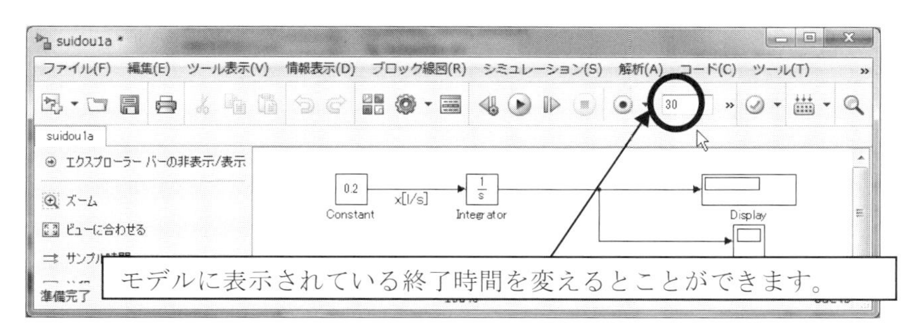

図 5.6　モデルウィンドウの表示

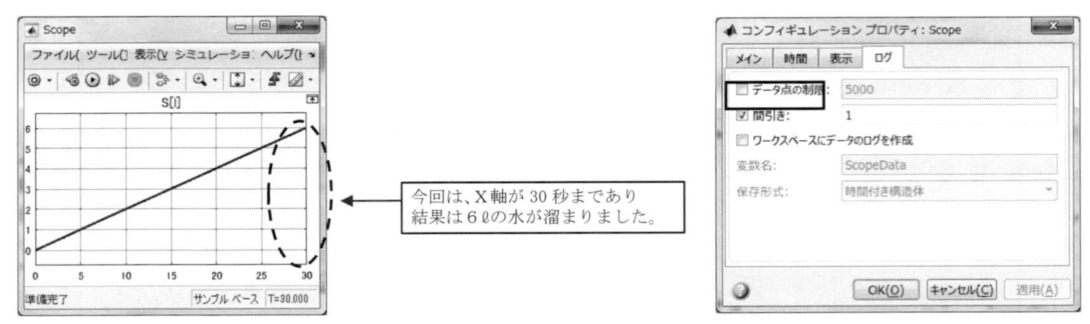

図 5.7　シミュレーション結果

Scope にデータが表示しきれない場合は、「Scope のパラメーターアイコンをクリックしてパラメーター設定画面を開いたら履歴タブを選択して、〈データ点の制限〉のチェックを外してください。」

課題の制約条件をもう一度再確認しましょう。バケツの容量は5ℓです。つまり、バケツには5ℓ以上水が溜まるのはシミュレーションとして間違っています。

解決方法としては、MinMax ブロックで上限設定を設けることで対応が可能です（図 5.8）。その他の対応方法として、Integrator ブロックで上限設定することもできます。（図 5.9）

Simulink には、同じ結果を得る手段が複数あります。これだけが正しいという答えはありません。同一の結果が得られるならば、それでも良いでしょう。答えにあわせて作り直す必要がありません。いろいろな手法を勉強しスキルが上がれば、それぞれのメリットデメリットを理解して最善の方法を見つけられるようになるでしょう。

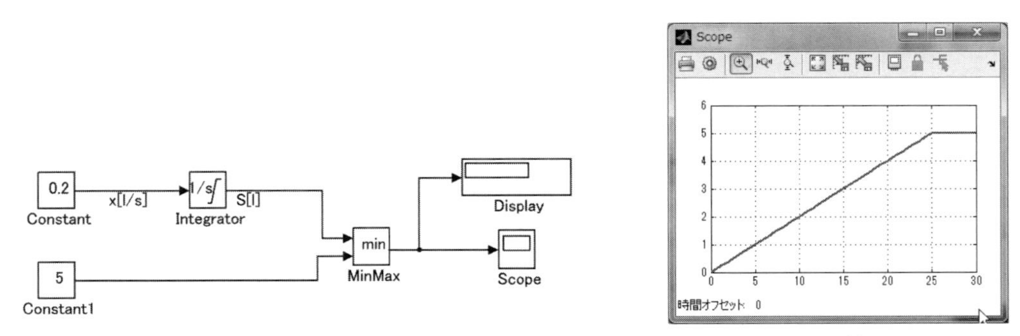

図 5.8　上限設定後のモデル（suidou1b.mdl）とシミュレーション結果

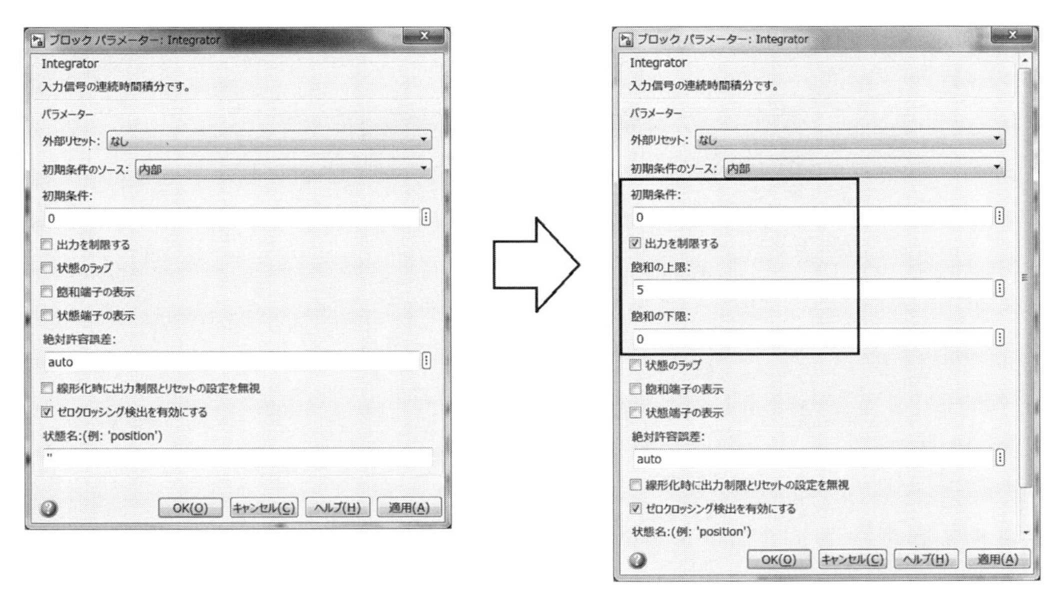

図 5.9　Integrator ブロックのパラメーター設定の変更

■ 5.1.4　流量変化のシミュレーション

ここまでで学習した内容を確認してみましょう。

学習内容の整理

- 流量を積分して体積を計算しました。（ℓ/sec を積分して、ℓ と言う単位に変換しました。）
- シミュレーションの終了時間の変更をしました。
- Integrator ブロックの出力に上限の設定をしました。

次にサンプリング時間の影響について勉強するため、水道の流量設定を変更します。

下記の仕様を定義します。

- 0.2 [ℓ/sec] を中心として 0 ～ 0.4 の sin 波による変化がある。
- 周波数は 0.5 [Hz] です。
- バケツの容量は 5 [ℓ] です。
- 30 秒間のシミュレーションを実行せよ。

最初は、入力側から設計します。Sin 波を作るために、Sources/Signal Generator（図 5.10）を新規のモデルウィンドウにコピーしてください。パラメーターの設定を行いましょう（図 5.11）。元々の入力である定数 0.2 と加算する必要がありますので、Math Operations/Add（図 5.12）を使用します。図 5.8

に Signal Generator、Math Operations/Add をモデルに追加して、図 5.13 が完成します。

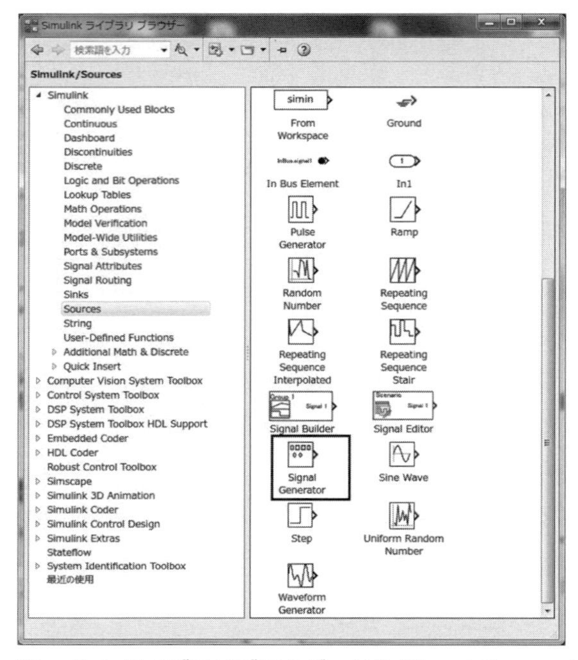

図 5.10　Simulink ライブラリブラウザーから Signal Generator を選択

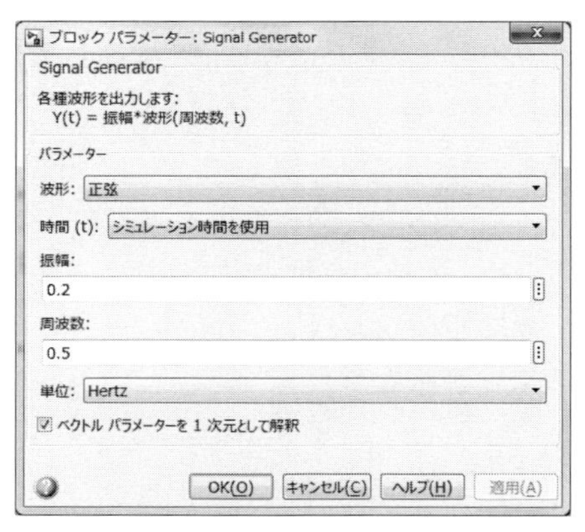

要求に従って
波形、振幅、周波数を設定します。
単位も確認してください。

図 5.11　Signal Generator のパラメーター設定

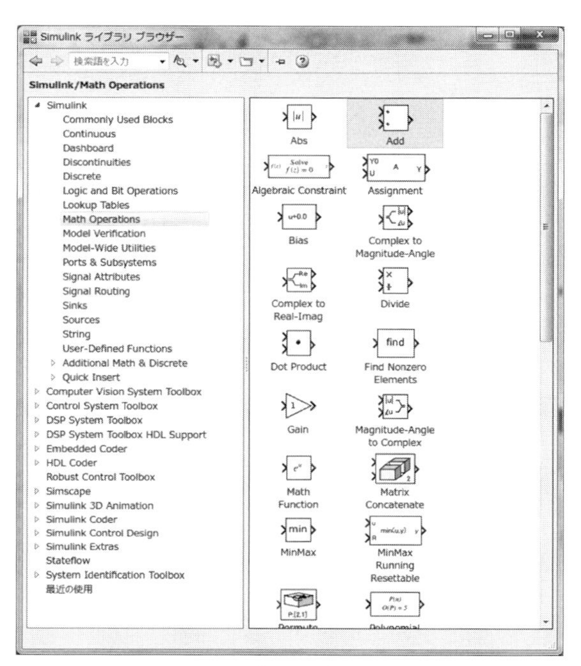

図 5.12　Simulink ライブラリブラウザーから Add を選択

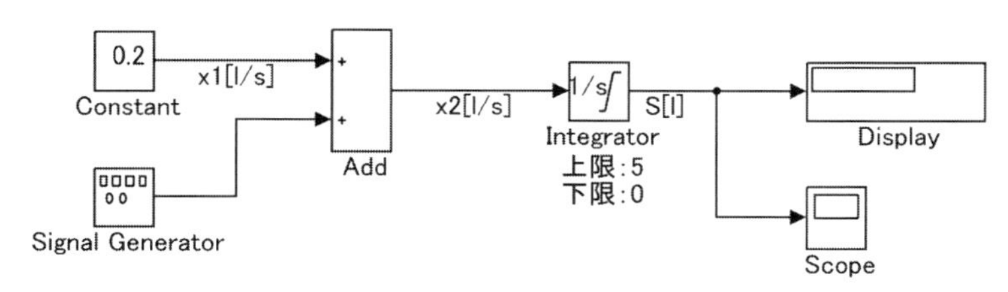

図 5.13　suidou2 のモデル

今回は、Integrator ブロックに下限 0、上限 5 を設定しています。ブロックの内部パラメーターを変更しただけでは、見た目で設定しことが解りません。見た目でも解るようにブロック注釈を追加します。

Integrator ブロックの上で　右クリックして、プロパティを選択してください。ブロックプロパティのブロック注釈のタグを選択し、ブロックプロパティトークンから、UpperSaturationLimit と LowerSaturationLimit を選択してください。

テキスト内部を編集し

上限：%<UpperSaturationLimit>

下限：%<LowerSaturationLimit>

と記載してください。（MAAB ガイドライン：「db_0140」、これ以降は番号だけを記載し、タイトル名を省略します。）

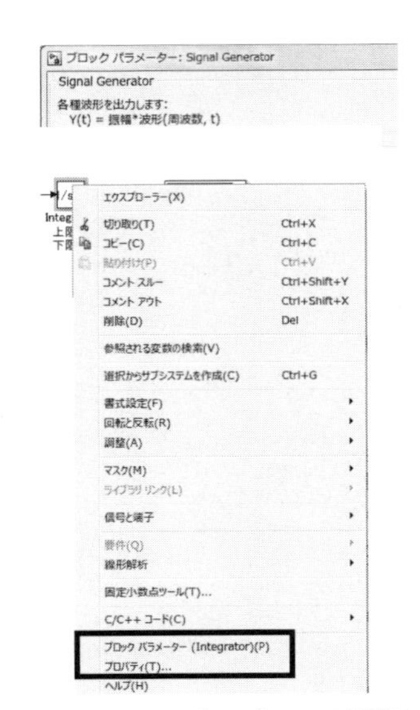

図 5.14　プロパティの選択

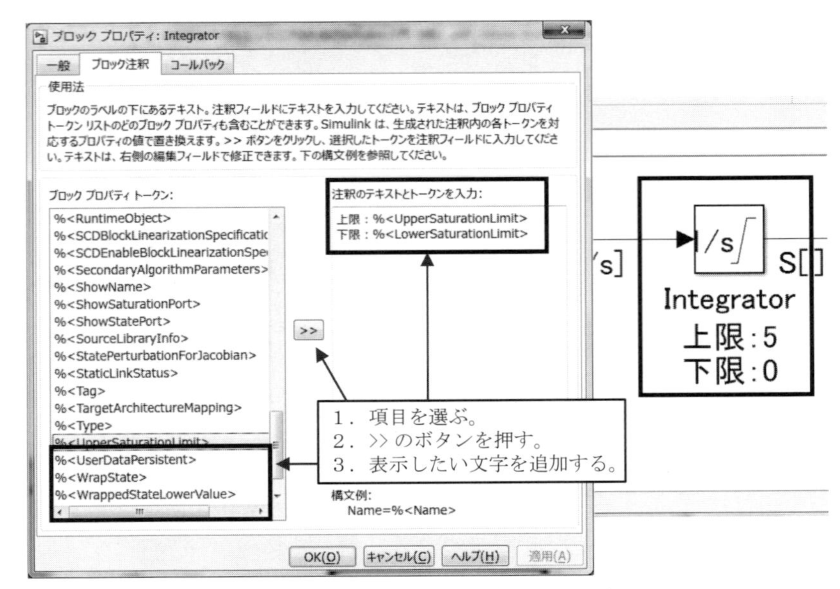

図 5.15　ブロックプロパティの設定

モデルが完成したら、シミュレーションを実行してみましょう。

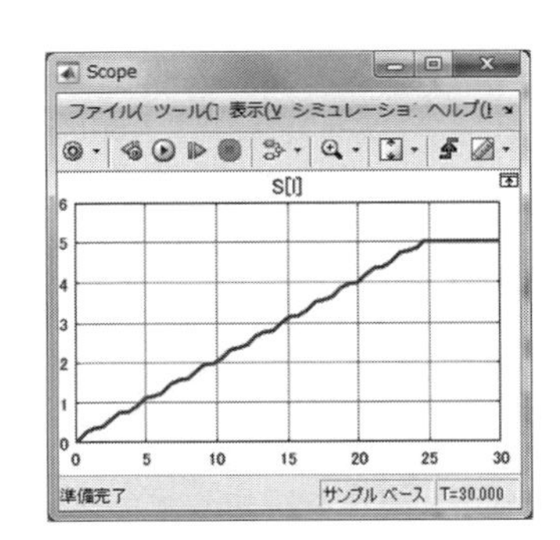

図 5.16　(suidou2) シミュレーション結果

結果を確認すると 0.5 [Hz] の周波数で、0.2 [ℓ/sec] を中心として 0 ～ 0.4 の sin 波が入力されています。拡大してみるとあまり綺麗な sin 波になっていません。綺麗な波として表示するには、コンフィギュレーション パラメーター設定で、最大ステップサイズを変更してください。(図 5.18)

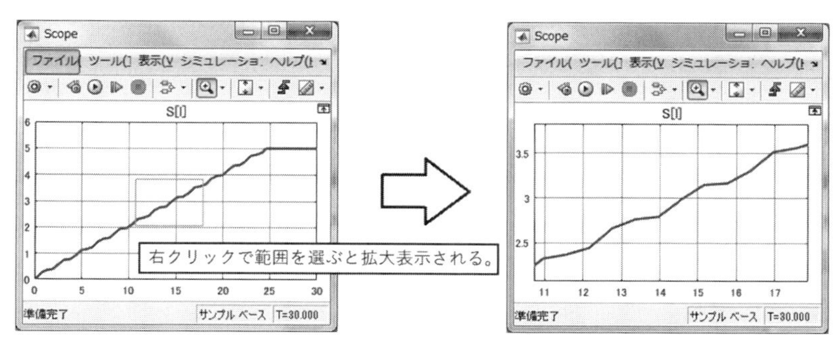

図 5.17　Scope の拡大操作

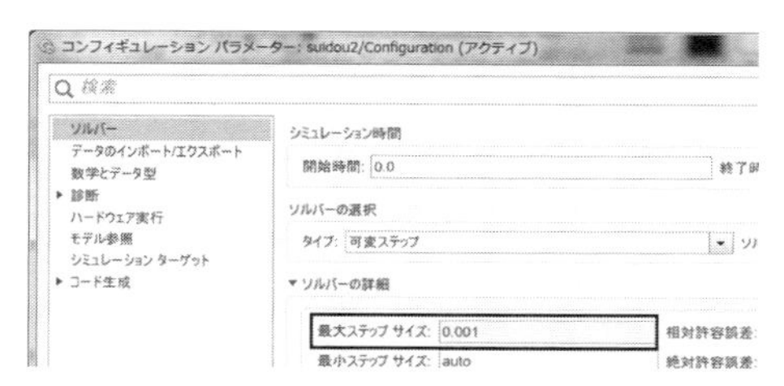

図 5.18　コンフィギュレーション パラメーターの変更

タイプを固定ステップにして、ステップサイズを小さく、全体のシミュレーション時間を少し短くして波形を確認してください。

5.2　自由落下のシミュレーション

■ 5.2.1　一般式を使ったモデル

ここでは、説明にあわせてモデルを作成してください。まず、ここで扱う自由落下の数式は下記の 2 つになります。

$$V\,[m/s] = g\,[m/s^2] \times t\,[s] \tag{5.1}$$

$$Y\,[m] = 1/2 \times gt^2 \tag{5.2}$$

g は重力加速度 $[m/s^2]$、V は物体の速度 [m/s]、Y は距離 [m] です。ただし、計算表示を解り易くするため、g は 9.81 $[m/s^2]$（正の値）とします。上記の（5.1）式、（5.2）式を Simulink で作成しましょう。t は、シミュレーション時間のことなので、Sources/Clock のブロックを使います。

ヒント 1：使うブロックは、下記の 3 種類です。

Sources/Constant

Sources/Clock

Math Operations/Product

ヒント 2：(5.2) 式は、Y = 1/2 × V × t と書くこともできます。

ヒント 1、ヒント 2 を参考に、図 5.19 のモデルを作成してください。

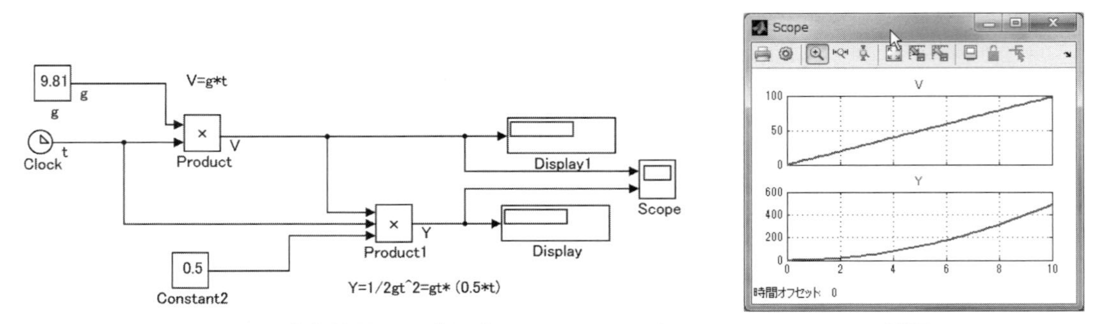

図 5.19　自由落下のモデル（Subject1a.mdl）とシミュレーション結果

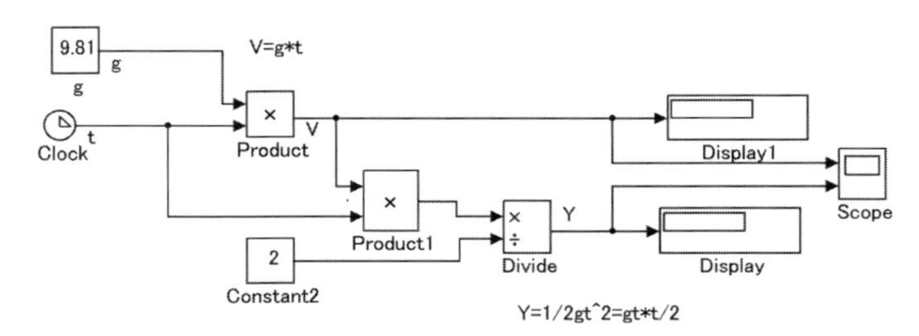

図 5.20　自由落下のモデル（Subject1a_divide.mdl）

モデリングの注意点：

信号名、単位を書きましょう。物理モデルは、Product, Gain など単位の変わり目で単位変化について書きましょう。制御モデルは、重要な機能の前後、Inport, Outport ブロックに接続される信号には名前をつけることに注意しましょう。(MAAB ガイドライン：「na_0008」)

■ 5.2.2　差分方程式を使ったモデル

先ほどのシミュレーションは、一般的な計算方法ではありません。ある時刻を抜き出して直接計算しても答えが得られます。過去の計算値に影響されず、常にある時刻の計算ができてしまいます。実際のシミュレーションでは、時刻 t を使って、その瞬間だけの結果を求めても意味がありません。過去の値に基づいて現時刻の振る舞いを求める必要があります。

そのような計算手法が差分方程式を用いた計算方法です。時刻 t ではなく、サンプリング時間を使って計算を行います。(3 章の基礎力チェックの内容と同一です。)

計算方法

- ある時刻の速度 V は V [k] とする。
- ある時刻の距離 Y は Y [k] とする。

サンプリング時間を Ts とすると微小時間 Ts の間での変化を計算すればよいです。従って、(5.3) 式、(5.4) 式を得ることができます。これをもとにモデル（図 5.21）を作ります。

$$V[k] = V[k-1] + gTs \tag{5.3}$$

$$Y[k] = Y[k-1] + V[k-1]\,Ts \tag{5.4}$$

ただし、Ts = 0.001 [sec] とする。

この差分方程式を使う場合は、ソルバータイプを固定ステップに変更し、Ts はコンフィギュレーション パラメーターのサンプリング時間にも設定します。

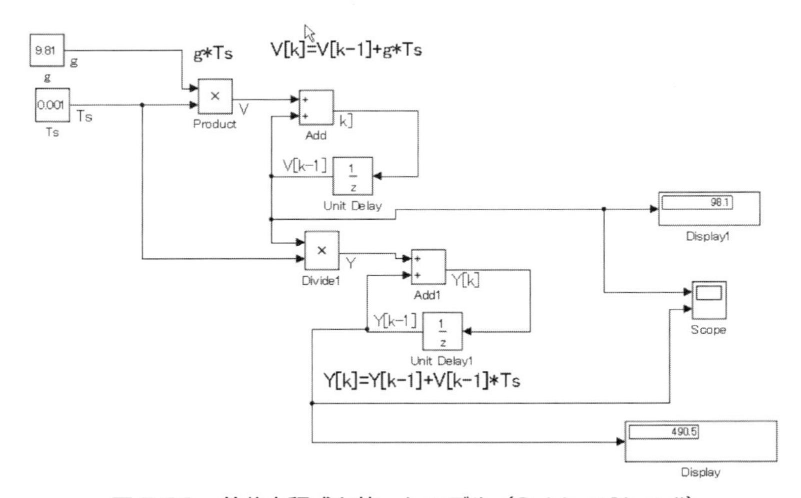

図 5.21　差分方程式を使ったモデル（Subject1b.mdl）

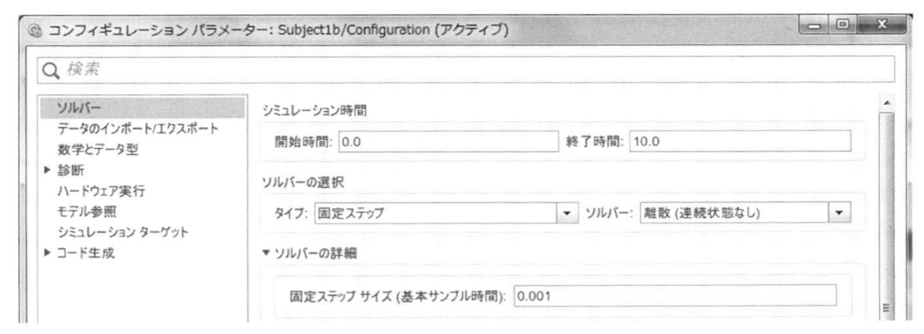

図 5.22　Subject1b のコンフィギュレーション パラメーター

■ 5.2.3　微分と積分の関係を活用

微分と積分を活用するため、先ほどのモデルを少し変更しましょう。まずは、V [m/sec] と Y [m] の微分を下にまとめます。

ΔY [m] / Δt [sec] = V [m/sec]　　　Y の微分が V　　　(5. 5)

ΔV [m/sec] / Δt [sec] = g [m/sec^2]　　　V の微分が g　　　(5. 6)

Y、V を求めるので、上式を逆から計算します。微分値は積分すればもとに戻ります。したがって、V を計算するには g の積分することになります。Y を計算するには V を積分します。よって（5.3）式と（5.4）式をそれぞれ以下の式に置き換えができます。

V [m/sec] = $\int$ (g [m/sec^2])　　　(5. 7)

Y [m] = $\int$ (V [m/sec])　　　(5. 8)

上記の考えを使うと、先ほどのモデルは、図 5.23 のようになります。

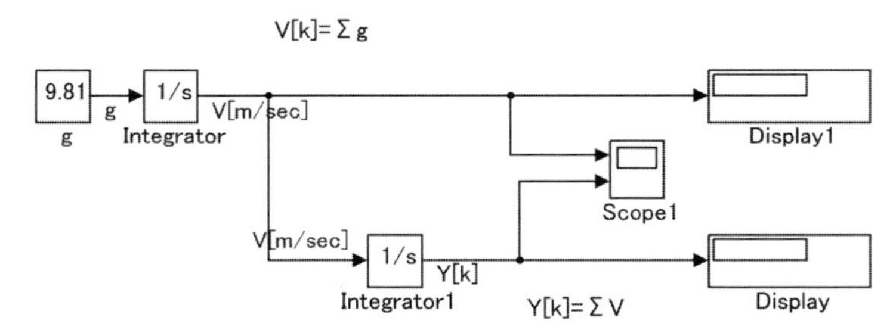

図 5.23　積分を使ったモデル（Subject1c.mdl）

図 5.23 は図 5.21 と比べると簡単なモデルになりましたが、変更前後で数式の対応が理解できていますか？微分、積分と書いてありますが、単純なことです。速度を積分すれば距離になる。速度を微分すれば加速度になる。そして逆は距離を微分すれば速度になる。2 次関数の部分は傾き。傾きを積分すれば 2 次関数になります。この先で積分と差分方程式の関係について説明しますが、この基本的な考え方を理解してこの先に進んでください。

■ 5.2.4　サンプリング時間の影響

Subject1b、Subject1c モデルに対して、サンプリング時間の影響を調べて確認してください。Ts とコンフィギュレーション パラメーターのサンプリング時間を変更して、結果を確認しましょう。Subject1b、Subject1c 共に同じ結果になるはずです。

表 5.1　サンプリング時間と計算結果

	サンプリング時間	
サンプリング時間 [sec]	0.001	0.2
V [m/sec]	98.1	98.1
Y [m]	490.5	480.7

■ 5.2.5　ソルバーの違いの影響を調べよう

図 5.24 に示すモデルを開いて、ソルバーの種類を ODE1,ODE3,4 など変更して結果を確認してください。それぞれの結果を表にまとめましょう。あわせて、サンプリング時間も表 5.1 を参考に変更してソルバー、サンプリング時間でどのように結果が変るのか確認してください。

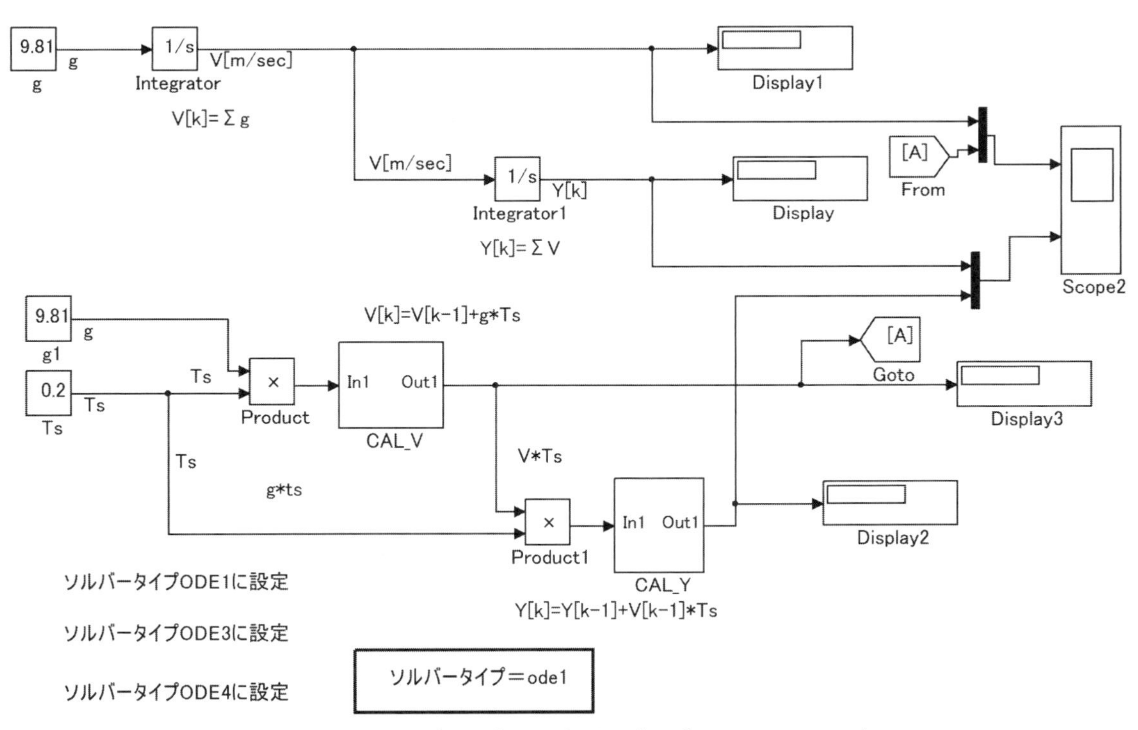

図 5.24　ソルバーの違いの確認モデル（Subject1d.mdl）

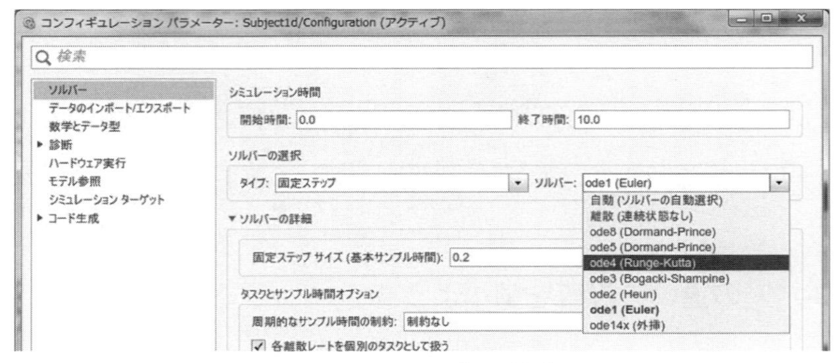

図 5.25　ソルバーの設定

モデル上段側差分方程式と下のブロックを使った結果がぴったり一致するのは、ODE1 です。つまり、差分方程式を使った計算方法は ODE1 の積分計算方法と同一です。ソルバーの変更によって、積分器 Integrator ブロックの計算方法が変わります。

制御モデルでは、固定ステップを選択し、ソルバーは、離散（連続状態なし）または、ODE1 が使われます。制御対象モデルも、HILS で実行するためには、ODE1 が良く使われます。本書ではソルバーの種類による計算式を細かく説明はしませんが、まずはソルバーを変えると自動的に計算式が変わると覚えておいてください。ここでは、固定ステップと可変ステップの違いだけ説明を行います。

◆固定ステップとは

固定ステップでは、常にサンプリング間隔は一定です。

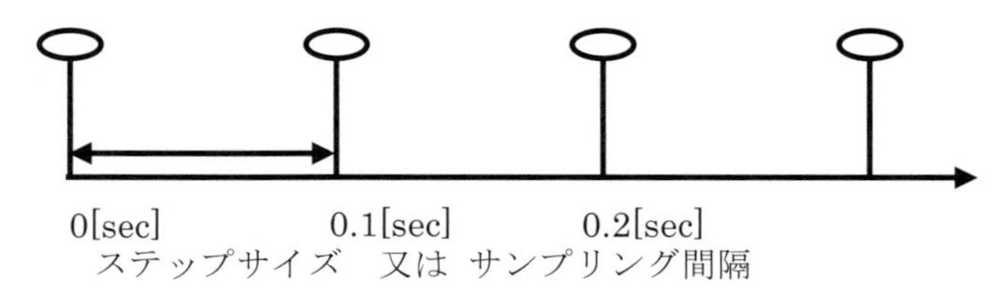

図 5.26　固定ステップのサンプリング間隔

制御系のコントローラは一般的に固定ステップを用いた計算を行います。よく使われる固定ステップのソルバーは以下のとおりです。

- ▶離散：数値積分を行わない固定ステップソルバーです。デジタル信号処理などの状態量を持たないシステムが使用されます。
- ▶ode1：Euler の公式に基づきます。累積誤差が大きいため長時間の計算には不向きです。計算が軽く、HILS 等モデルベース開発では、一般的にこちらの ode1 を使います。
- ▶ode4：Runge-kutta 公式に基づきます。ode1 よりも計算量が多くなりますが、数値精度が良くなります。

◆可変ステップとは

可変ステップでは、出力値の変化が大きい時ステップサイズが短くなり、変化があまりない時はステップサイズが長くなり、サンプリング間隔は状態によって変化します。

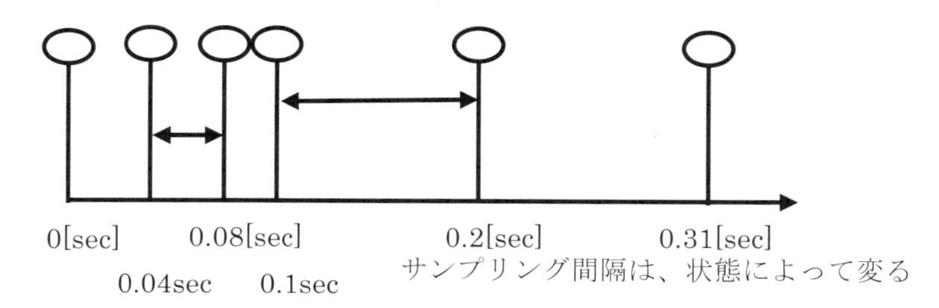

図 5.27　可変ステップのサンプリング間隔

可変ステップでは、値が急激に変化する周辺でサンプリング間隔（計算間隔）が細かくなり、変化が少ないところではステップが大きくなります。

表 5.2　可変ステップのメリットデメリット

利　　点	デメリット
●トータルの計算時間が早い場合がある。 ●結果が正確です。	●リアルタイムでの評価ができない。 ●モデルベース開発では、あまり使用されません。

5.3　回転系のシミュレーション

回転系の数式は、下記の式で表現できます。

$$T\,[\mathrm{Nm}] = I\,[\mathrm{kgm^2}]\ \dot{\omega}\,[\mathrm{rad/sec^2}] \tag{5.9}$$

T は入力トルク、I は回転体のイナーシャ、$\dot{\omega}$ は、角回転加速度です。

■ 5.3.1　差分方程式を用いた角回転速度の計算

課題

●物体 A の 10sec 後の角回転速度 V [rad/sec] を差分方程式を用いて設計してください。

条件

●物体 A のイナーシャ量 1 [$\mathrm{kgm^2}$]

●入力トルク 100 [Nm]

●サンプリング間隔 0.001 [sec]

●ヒント $\dot{\omega} = T/I$ [$\mathrm{rad/sec^2}$]

●$V[k] = V[k-1] + \dot{\omega} \times$ サンプリング周期（Ts）

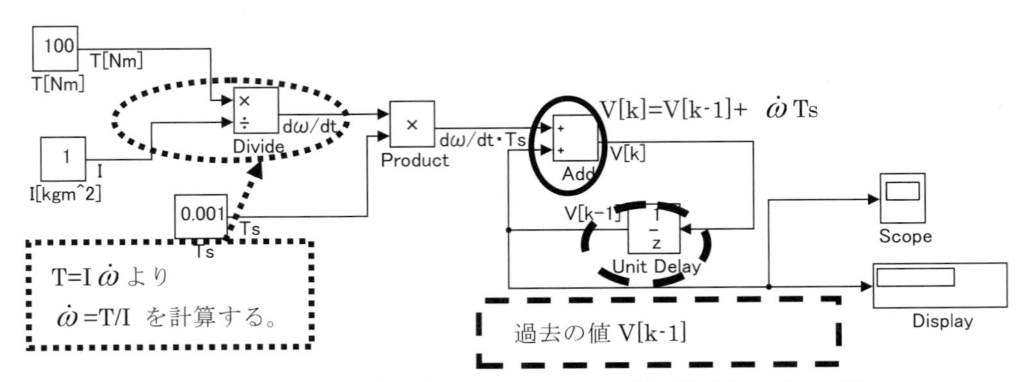

図 5.28　角回転速度を求める Simulink モデル（Subject2a.mdl）

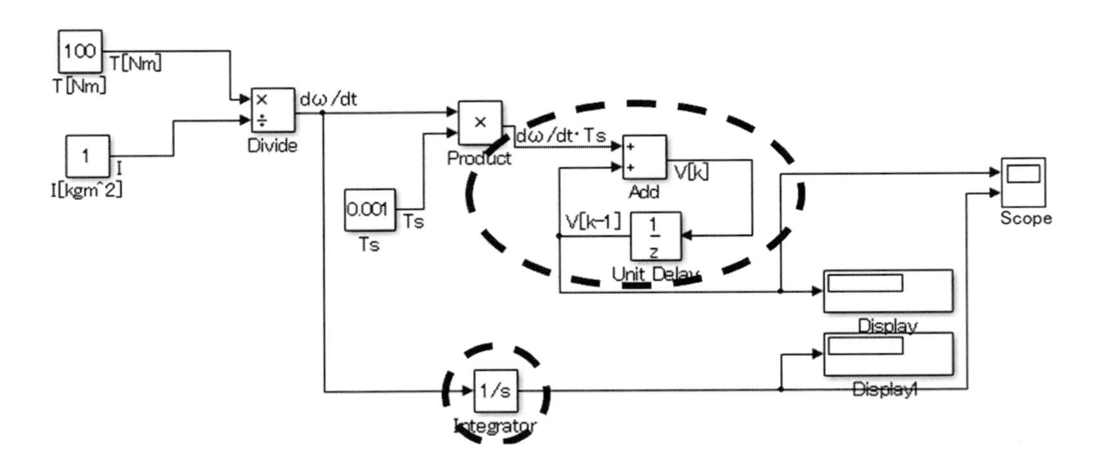

図 5.29　Integrator ブロックを使った場合との比較（Subject2b.mdl）

計算結果の検証

$$\dot{\omega} = T/I = 100\ [rad/sec^2] \tag{5.10}$$

入力トルクが一定なので、加速度は一定です。

$V = \int \dot{\omega}$ は、10sec 間積分なので、100 [rad/sec^2] *10 [sec] = 1000 [rad/sec] となります。

■ 5.3.2　距離の計算

課題

- A が回転している速度 V2 [m/sec] を計算してください。
- A が回転した距離 L [m] を計算してください。

条件

- 物体 A のイナーシャ量：1 [kgm^2]
- 入力トルク：100 [Nm]
- サンプリング間隔：0.001 [sec]
- 物体 A の半径：0.1m

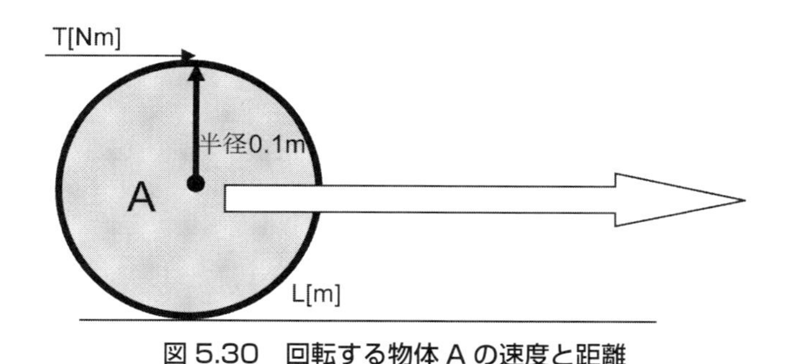

図 5.30　回転する物体 A の速度と距離

速度 V [rad/sec] を求める計算は、5.3.1 で（5.4）式わかっています。[rad/sec] を [m/sec] に変換できれば、それを積分することで [m] の答えを得ることができます。[rad/sec] を [m/sec] に換算できれば良いわけです。

2π は 1 回転で、半径 0.1m の場合、1 回転で $2\pi \times r$ (0.1m) 進みますので、[rad/sec] → [m/sec] の変換は、$1/(2\pi) \times 2\pi r$ で求めることができます。したがって、V2 [m/sec] = V [rad/sec] / $(2\pi) \times 2\pi r = V \times r$ で計算ができ、その積分で、L [m] = $\int V2$ も計算できます。

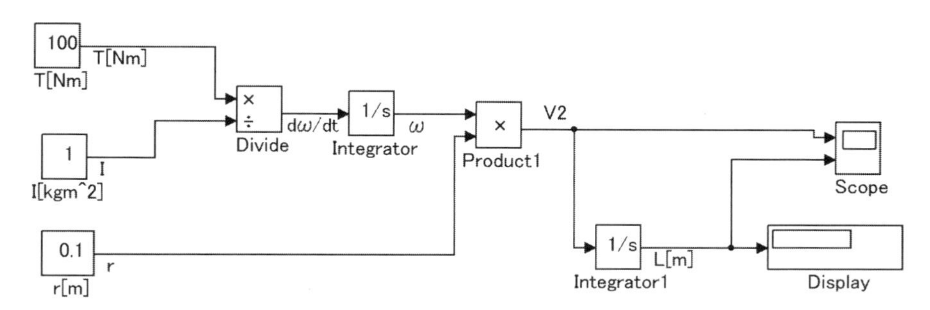

図 5.31　回転系のシミュレーションモデル（Subject2c.mdl）

■ 5.3.3　定数のパラメーター化

入力トルク、イナーシャ、タイヤ半径をパラメーターとして設定します。MATLAB に移動して、MATLAB の左上のアイコンを選択します。(Simulink のライブラリブラウザーではありません。)

図 5.32　MATLAB のツールバー

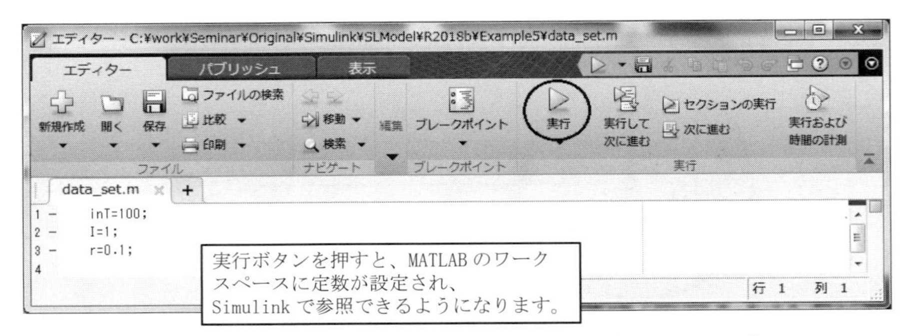

図 5.33　MATLAB のスクリプトファイル（data_set.m）

新規のスクリプトファイルを作成し、data_set.m というファイル名で保存してください。data_set.m ファイルは、図 5.33 のように記載します。

MATLAB の画面内ワークスペースの領域に、上のコマンド実行結果が表示されます。

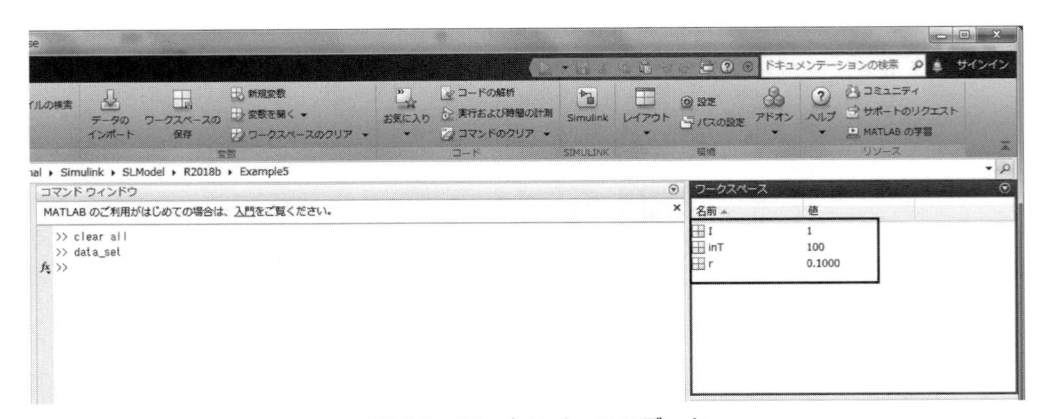

図 5.34　ワークスペースのデータ

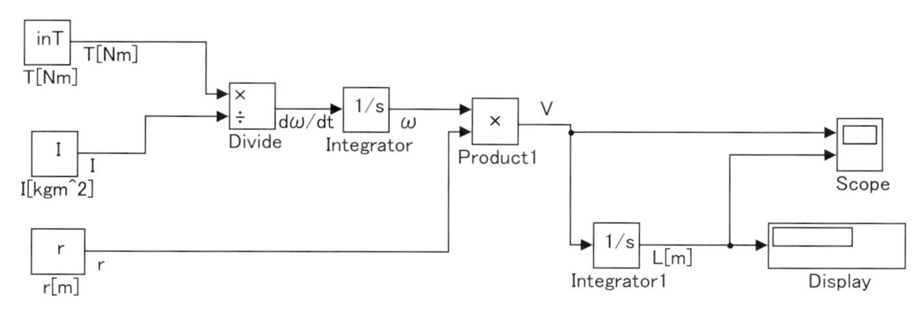

図 5.35　回転系シミュレーションモデル（Subject2d.mdl）

このように、Simulink は、MATLAB のワークスペースに定義されている定数を使って、シミュレーションを実行することができます。このままでは、毎回、起動後に毎回データを読み込みが必要です。Simulink の読み込みと同時にデータをワークスペースに設定する方法があります。

Simulink モデルのメニューバーのファイルからモデルプロパティを選択し、コールバック関数の PreLoadFcn に「data_set；」と記載してください。これで、モデルを読み込むと同時に、data_set が実行され、データがワークスペースに上書きされます。もし、パラメーターを変更したい場合は、コマンドウィンドウにデータの変更を打ち込むか、data_set.m の中身を変更して実行させてください。

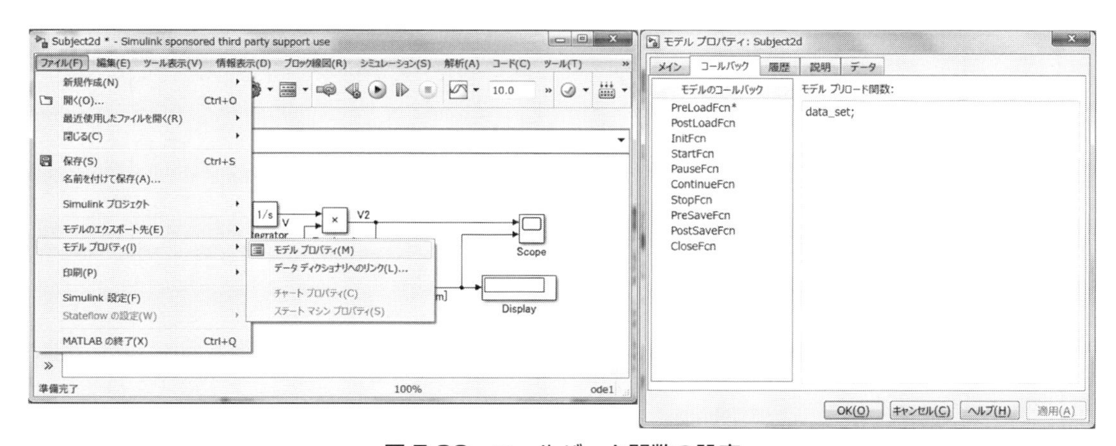

図 5.36　コールバック関数の設定

5.4　パラメーター名の命名規則

■ 5.4.1　パラメーター名の使用可能文字

5.3.3 のようにパラメーターを設定する場合、使用可能な文字に制約があります。まず使える文字は、半角英数字です。

-ABCDEFGHIJKLMNOPQRSTUVWXYZ

-abcdefghijklmnopqrstuvwxyz

-0123456789

- 特殊文字は _ , [,]

更に、先頭に数値を使った記述できません。長すぎるパラメーター名は、C ソースのコーディング規約 MISRA の違反することになります。自動的に数値が割り付けられる可能性もありますので、使用可能な文字の長さをきちんと決めて使ってください。

C コード上の名前で 32 文字までしか認識しない種類のマイコンがあります。現在の 32bit マイコンと最新の C コンパイラ環境では 128 文字まで使えるものが一般的です。自社の規約に従ってパラメーター名を作ってください。

■ 5.4.2 使用できないパラメーター名

パラメーターの名前に使えないものがあります。前章の Logical Operator（Logic and Bit Operations）の所で、論理演算結果について、true, false の話をしました。MATLAB には、MATLAB がすでに定義し使っている名前があります。定義ができない名前は、iskeyword とコマンドに打てば、確認できます。

これらは定義できないので直接打ち込めばエラーになります。問題は定義できてしまうが、定義しなくても使えるパラメーターです。例えば、pi,true,flase がそれになります。例を記載します。

表 5.3 定義なしで使えるパラメーター

演算定数	eps 浮動小数点相対精度 i 虚数単位 Inf 無限大 j 虚数単位 NaN 不定値 pi 円周と直径の比 ans 計算結果が入る
論理演算	false 偽（0） true 真（1）

intmin、intmax は MATLAB 上にそのまま打ち込めば、intmax ('int32') と同じ答えが返ってきます。怪しいパラメーター名は、使う前に MATLAB のコマンドウィンドウ上でそのまま打ち込んで答えが返ってくるか確認してください。

第6章　車両モデルの作成

前章までがSimulinkの操作知識でした。ここから自力で**簡易車両モデル**を作ってもらいます。この章は、早い人だと約3日でモデルを完成させることができると思います。終了目標は長くても2週間です。

この章では、課題を順に解くことによって、レベル1の力を確実に得ることを目標とします。本章ではブロックの細かい使い方は説明しません。要求文面から数式を導き出し、それをSimulinkで表現するにはどのようにすれば良いかを習得します。要求を理解し、どのようなテストが必要なのかを考えながら演習を進めてください。

初心者が車両モデル全体の仕様を読んで、モデルを作ることはまず不可能です。しかし、大きな機能は小さな機能に分解できます。小さな機能と小さな機能をつなぎ合わせることで大きなモデルを作成できることを理解してもらいます。どんな大きなシステムも分割すれば作成できることを体験し、「問題を簡単にする」という手法を学んでもらいます。

まず中間目標は、小さな機能をつなぎ合わせることでトルクコンバータ（T/C）のモデルを作成することです。最終的には、車両全体のモデルを設計します。個人の能力を上げることが目標ですが、一人で取り組むよりチームで議論を行い、その結果をモデルに反映するという反復を行うと、スキルの定着率が高くなることが最新の教育手法として提案されています。一人で黙々とやれば3日でできるかも知れませんが、自分の勘違いということもあります。全体の演習時間は延びてしまいますが、もし複数人で学習できる環境にある場合は、できれば3名ほどのチームを組み、毎日設計したテストやモデルについて議論したり、次に作るべき仕様や検査内容などを議論したりしながら進めてください。

6.1　単位変換

回転角速度[rad/sec]から自動車系で使われる回転数[rpm]に変換しなさい。

Q1：入力と出力を整理した表を作成しなさい。

Q2：どのような数式が必要か、要求を明記しなさい。

Q3：作ったブロックの機能が要求どおりか証明しなさい。

1. どのようなテストパターンが必要ですか？
2. その根拠を説明してください。
3. どのような結果が予想されますか？

この章の課題の意図と解答パターンを理解するため、最初は一緒に解答例を見ていきましょう。

解答例

Q 1：入力と出力を整理した表を作成しなさい。

表 6.1　入出力の表

	意味	単位
入力される信号	回転する物体の回転角速度	[rad/sec]
出力する信号	回転する物体の回転数	[rpm]

Q 2：どのような数式が必要か、要求を明記しなさい。

ラジアン（radian）とは、円の角度を表す単位です。1 周が 2π と規定されています。角度を表す単位としては、「度」も使われますが、まずは度とラジアンの関係を説明します。360 度 = 2π は、360 [度/sec] と 2π [rad/sec] は同意であり、1 秒間に 1 回転するという意味です。100 [rad/sec] とは、1 秒間に 100 [rad] 回る。100 [rad] とは、π が 3.1 の場合、1 周が $2\pi = 6.2$ となります。したがって 100 [rad/sec] は以下のとおりとなります。

$$100\ [\mathrm{rad/sec}] = 100/6.2 = 16.1 \tag{6. 1}$$

100 [rad/sec] は、1 秒間に約 16 回転するということがわかります。(6.1) 式を一般数式に書き直せば、（回転角速度/2π）が 1 秒間に回転する回数となります。

[rpm] とは 1 分間に回転する回数のことです。120 [rpm] とは 1 分間に 120 回転することです。1 秒間では、120 [rpm]/60 秒となるので 2 回転です。ブロックの作成をする場合は、[rad/sec] を [rpm] に変換するために、2π で割って 60 倍すれば良いことになります。

要求

- 回転数 [rpm] = 回転角速度 [rad/sec]/(2π) × 60 [sec]　　(6. 2)　　を作ること

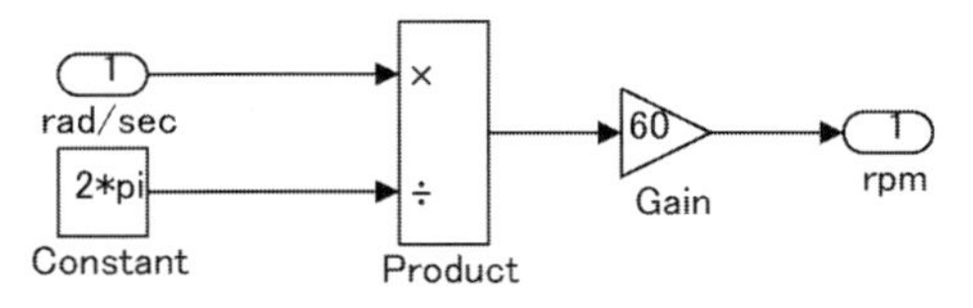

図 6.1　(6.2) 式のモデル作成例

Q 3：作ったブロックの機能が要求どおりか証明しなさい。

1. どのようなテストパターンが必要ですか？
2. その根拠を説明してください。
3. どのような結果が予想されますか？

一般的にグラフ上で1本の直線で表すことにできる数式を評価する場合は、2点のポイントを計算し、結果を検証することでモデルが完成したということができます。では、どのような2点を選べば良いのでしょうか？

最も少ない数で評価をすると最大値、最小値の2点になります。一般的なエンジンの最高回転数は7000 [rpm] ～ 9000 [rpm] です。今回は、検証時の最高回転数としては、10000 [rpm] を使ってください。最小値は0です。今回は、0と10000 [rpm] の2点で結果を評価すれば、正しい結果が得られていることがわかります。

もう少しポイントを増やしても良いならば、中間値を検証する、あるいは、100 [rad/sec] 刻みで計算すると言った方法もあります。最小ポイントだけで安心するか、全体をチェックした方が良いかは、内部で使われる型の影響もあります。今回は、全体のモデルが実数なので、特に点を増やして検証する必要はありません。

表 6.2　テストパターン

入力信号 [rad/sec]	期待値 [rpm]	判定
0	0	
1047	9998.113 ～ 10003.185	

6.2　回転数から速度への変換

入力を回転数 [rpm] として、半径 0.5 [m] のタイヤを回した場合の車両速度 [km/h] を計算しなさい。

Q 1：入力と出力を整理した表を作成しなさい。
Q 2：どのような数式が必要か、要求を明記しなさい。
Q 3：作ったブロックの機能が要求どおりか証明しなさい。

1. どのようなテストパターンが必要ですか？
2. その根拠を説明してください？
3. どのような結果が予想されますか？

解答例

Q 1：入力と出力を整理した表を作成しなさい。

表 6.3　入出力の表

	意味	単位
入力される信号	回転数	[rpm]
出力する信号	車両速度	[km/h]
定数	タイヤ半径　0.5	[m]

Q 2：どのような数式が必要か、要求を明記しなさい。

rpm は 1 分間に回転する回数です。km/h は 1 時間に進む距離です。タイヤが 1 回転すると何メートルになるかは、円周の計算式は 2π × 半径 [m] で計算できます。[rpm] から [km/h] に単位を変換する場合、距離の変換と時間の変換が必要です。回転する回数から距離 [m] に、その後 [m] から [km] に変換します。時間は分 [m] から時間 [h] に変換します。

要求

- (6.3) 式を作成すること。

回転数 [rpm] × (2π × 半径 [m])/1000 × 60　　(6. 3)

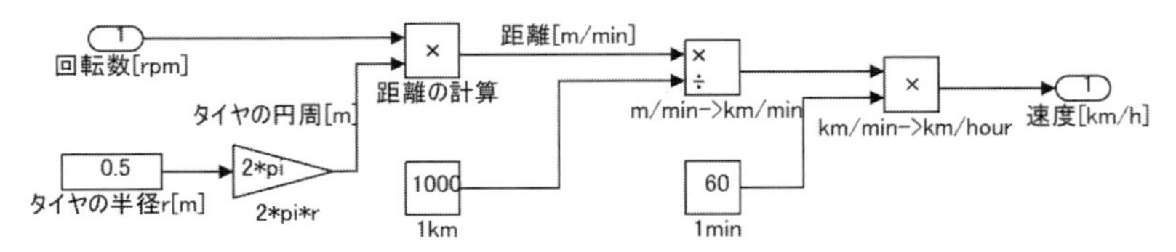

図 6.2　(6.3) 式のモデル作成例

Q 3：作ったブロックの機能が要求どおりか証明しなさい。

1. どのようなテストパターンが必要ですか？
2. その根拠を説明してください。
3. どのような結果が予想されますか？

検査の最小数は 2 点です。入力引数として 0 と 10000 [rpm] をチェックしてください。

表 6.4　テストパターン

入力信号 [rpm]	期待値 [km/h]	判定
0	0	
10000	1884 ～ 1885	

6.3　加速度から速度への変換（積分系）

回転角加速度[rad/sec^2]から回転角速度[rad/sec]に変換しなさい。また、下記の観点を整理してから、モデルを作成してください。

Q 1：入力と出力を整理した表を作成しなさい。
Q 2：どのような数式が必要か、要求を明記しなさい。
Q 3：作ったブロックの機能が要求どおりか証明しなさい。

解答例

Q 1：入力と出力を整理した表を作成しなさい。

表 6.5　入出力の表

	意味	単位
入力される信号	回転角加速度	[rad/sec^2]
出力する信号	回転角速度	[rad/sec]

Q 2：どのような数式が必要か、要求を明記しなさい。

回転角加速度 [rad/sec^2]、回転角速度 [rad/sec] の関係を数学的に微分・積分の関係を用いて表記すると下記のように表すことができます。

回転角加速度 [rad/sec^2] = δ 回転角速度 [rad/sec]　(6. 4)
回転角速度 [rad/sec] = $\int$ 回転角加速度 [rad/sec^2]　(6. 5)

(6.5) 式のモデルを作成しましょう。

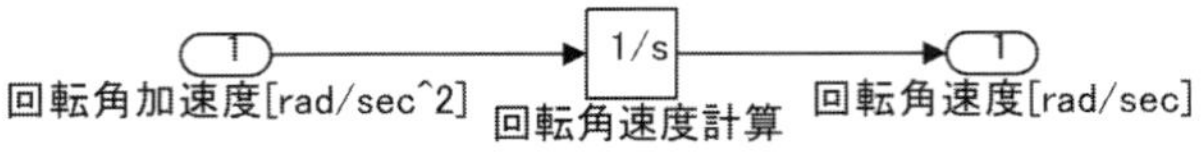

回転角加速度[rad/sec^2]　1/s　回転角速度計算　回転角速度[rad/sec]

図 6.3 (6.5) 式のモデル作成例

Q 3：作ったブロックの機能が要求どおりか証明しなさい。

積分器が使われているので、時間系の検証が必要です。単純に 1 秒後に 1 になれば良いシステムです。入力値として 1 を入力し、1 秒後に出力値が 1 になれば OK です。

6.4 自動車の速度から、距離の計算

与えられた自動車の速度パターン（表 6.6）から距離の計算を行います。

Q：どのような数式が必要か、要求を明記しなさい。

表 6.6 パターン

時間 [秒]	0	300	3300	3600
速度 [km/h]	0	60	60	0

この問題のモデルの作成自体は復習です。テストケースを実際にモデルに設定する方法を勉強します。自分でできる人は、Repeating Sequence、Signal Builder で実装してください。Excel からデータを読み込む方法も記載したので、作った後でこちらの解答も確認してください。

解答例

表 6.7 入出力の表

	意味	単位
入力される信号	車両速度	[km/h]
出力する信号	車両走行距離	[km]

図 6.4　入力のパターンに対応する図

Q：どのような数式が必要か、要求を明記しなさい。

要求

- (6.6) 式を作成すること。

車両走行距離 [km] = ∫車両速度 [km/s] = ∫車両速度 [km/(h/60/60)]　(6.6)

モデルは先ほどの単なる積分ブロック 1 個と時間 [h] を [s] に変換するブロックを使用します。解答例のモデルは、車両速度から走行距離と加速度の両方を計算しています。

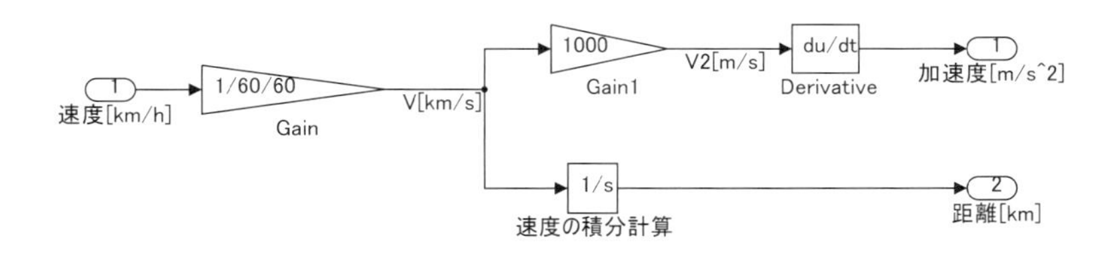

図 6.5　モデル作成例

上記のモデルでは全体で 1 時間のシミュレーションが必要です。シミュレーションの終了時間を変更してみましょう。

図 6.6　コンフィギュレーション　パラメーターの設定

入力信号のパターンを作りましょう。ここでは2つの手法を紹介します。

◆ Repeating Sequence を使う場合

Repeat Sequence ブロックの時間値と対応する出力値を入力することで、入力信号のパターンを設定することができます。

図 6.7 を参考にパラメーターを設定してください。

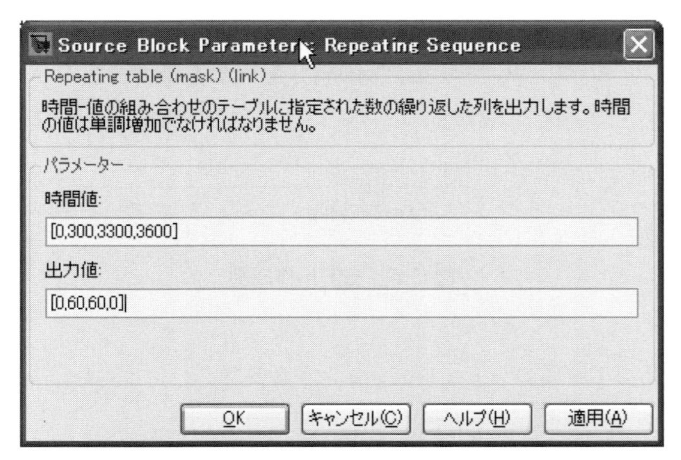

図 6.7　Repeating Sequence 設定画面

◆ Signal Builder を使う場合

Signal Builder を直接編集する方法を説明します。まず、Signal Builder のメニューバーから、〈座標軸（A)〉〈時間レンジを変更（T)〉を選択して、時間レンジを設定します。（図 6.8）次に端から順に入

力すべきテストデータのポイントをクリックして入力していきます。（図 6.8）

図 6.8　Signal Builder 時間レンジの変更

表 6.8　入力すべきテストデータ

時間 [秒]	0	300	3300	3600
速度 [km/h]	0	60	60	0

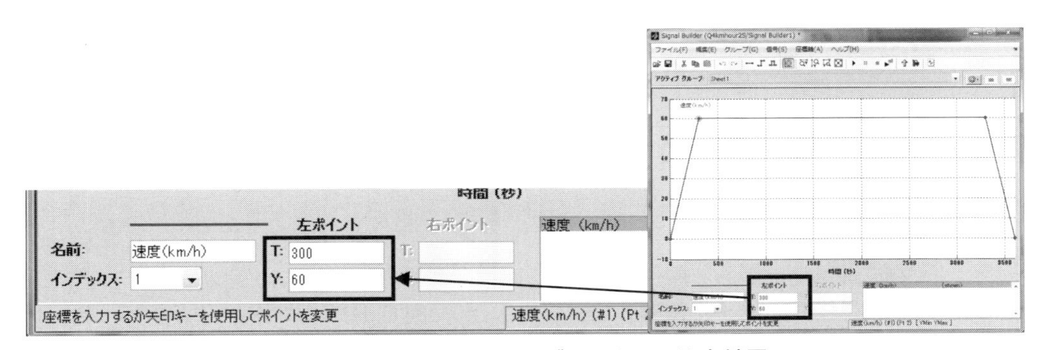

図 6.9　Signal Builder ブロックへの入力結果

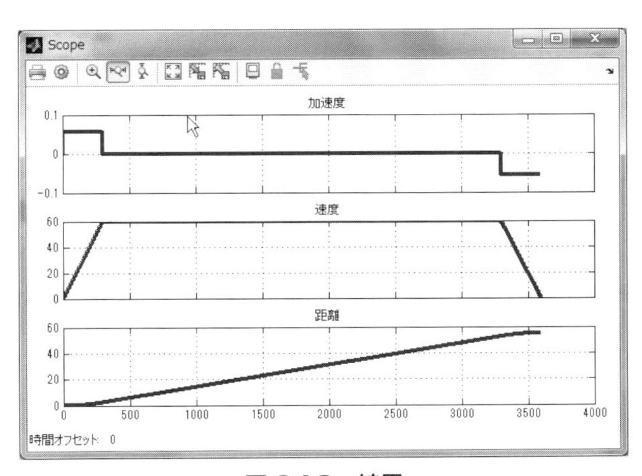

図 6.10　結果

Signal Builder へ Excel からテストデータを読み込む場合を説明します。まず、Excel 上にデータを図 6.11 のように定義します。左側に時間、右側にテストデータです。今回は、1 パターンだけなので対象のシート以外は削除してください。

次に、Signal Builder のメニューから〈ファイル〉〈ファイルからインポート〉を選択し、Signal Builder から Excel ファイルを読み込みます。図 6.13 で、選択したデータの一覧からパターンを選択し、選択の確認を押します。最後に適用を押せば、Excel からデータが読み込まれます。

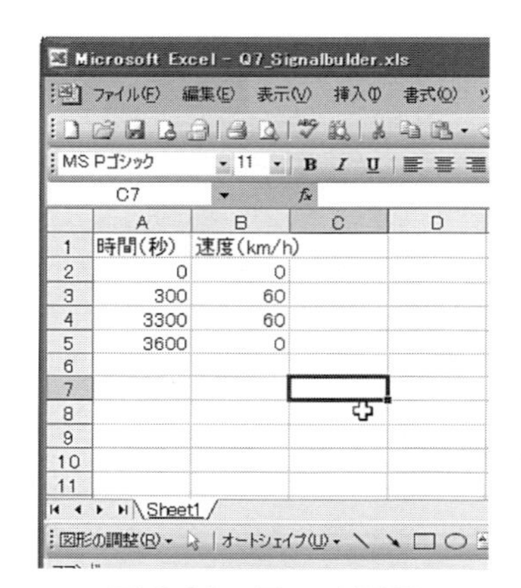

図 6.11　Excel 画面

図 6.12　選択画面

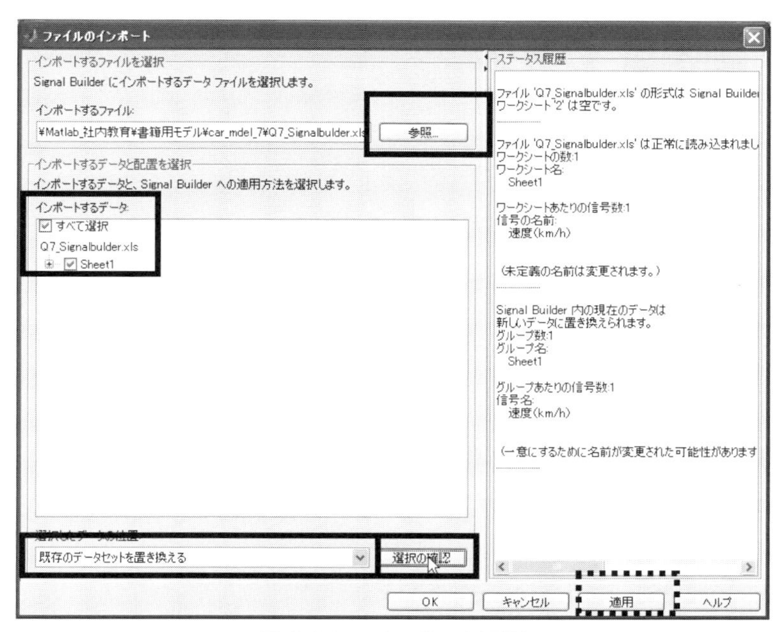

図 6.13　インポート画面

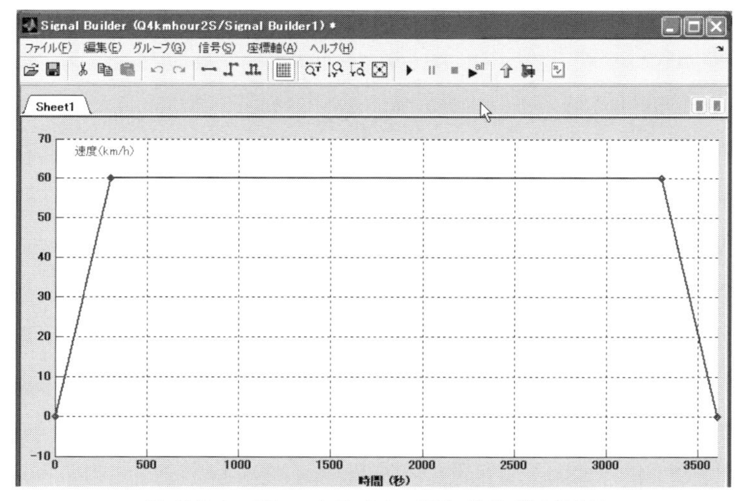

図 6.14　Signal Builder 取り込み後の画面

6.5 【0 割防止】の割り算

課題

- 入力 x1、x2 を用いて、出力 y が x1/x2 となる数式を作成しなさい。

要求

- x2 が 0 のとき、出力 y は 0（設定した定数値）が出力される。
- 入力 x1、x2 は、数式の直前で最小値 0、最大値 10,000 の制限をつけること。
- 出力 y は、計算結果に対して、最小値 0、最大値 1 の制限をつけること。

6.6 【0 割防止】の割り算と逆数の切り替え

課題

- 入力 x1、x2 を用いて、出力 y が x1/x2 となる数式を作成しなさい。

要求

- x1 < x2 のときは、x1/x2 である。
- x1 > x2 のときは、x2/x1 である。
- x1、x2 のどちらかが 0 のとき、出力 y は 0（設定した定数値）が出力される。
- 入力 x1、x2 は、数式の直前で最小値 0、最大値 10,000 の制限をつけること。
- 出力 y は、計算結果に対して、最小値 0、最大値 1 の制限をつけること。

6.5 の解答例

割り算は非線形です。更に 2 入力の関数なので数個のテストではわかりません。非線形関数のチェックは多くの点で検査が必要になります。割り算は特に非線形性が強いので、検査点数を増やした検査を行うべきです。

更に要求にあるとおり、x2 = 0 もテストが必要です。下記のモデルは、x1/x2 の 0 割の防止の方法として、除算の直前で x2 は 1 から 10,000 の制約条件を入れました。

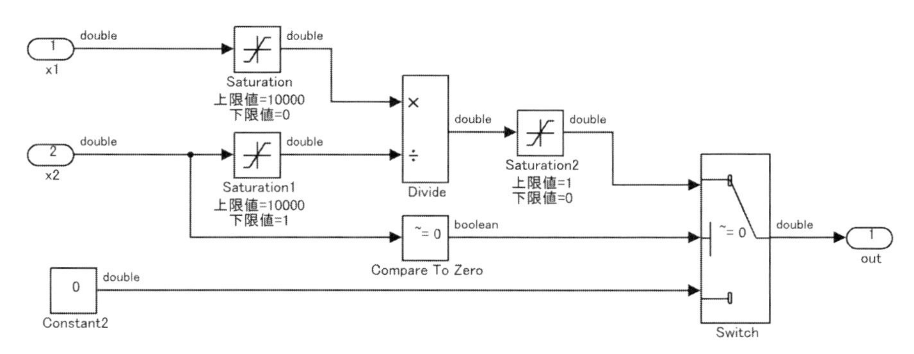

図 6.15　モデル作成例

x1、x2 共に、0、5000、10000、10001 の 4 つの組み合わせを評価します。出力 y は、0 から 1 です。1 以上になるケースをたくさん評価しても、同じことを検査しているだけです。ここでの機能を検査する場合は、1 個見れば大丈夫です。x2 が 0 のとき、分岐があるので、すべての x1 の組み合わせを評価する必要はありません。下記の表にしたがって検査を行えば、機能としては十分検査できているでしょう。

表 6.9　テストパターン

入力 x1	入力 x2	出力値	判定
0	0	0	
10000	0	0	
0	1000	0	
10000	1000	1.0	
1000	10000	0.1	

入力 x1	入力 x2	出力値	判定
5000	10000	0.5	
10000	10000	1.0	
1000	10001	0.1	
10001	10001	1.0	

6.6 の解答例

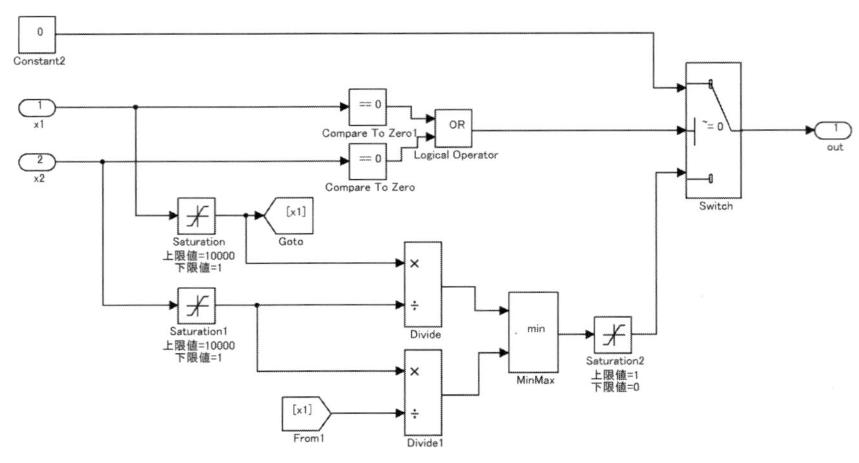

図 6.16　モデル作成例

表 6.10　テストパターン

入力 x1	入力 x2	出力値	判定
0	0	0	
10000	0	0	
0	1000	0	
1000	1000	1	
1000	10000	0.1	
5000	10000	0.5	
10000	1000	0.1	
10000	5000	0.5	
1000	10001	0.1	
10001	10001	1.0	

x1 = x2 のときにどちらの計算をするか要求に書いていないことに気づいたでしょうか？　x1 = x2 のときは、x1/x2 も、x2/x1 も同じ 1 となります。どちらで計算しても結果は同一です。また、今回のモデルは、x1 > x2 と x2 > x1 で答えが異なると書いてありますが、解答例事例では、x1/x2 と x2/x1 の小さい方を出力するとなっています。どちらでも結果は同一です。

要求として書いてある事実の見方を変え、最適化したモデリングします。そのまま実装した方がよければ文面のままでも良いですし、変えた方がよければ、要求文面どおりに作る必要はありません。

正解は一つではありません。常に答えは複数個あります。幾つかの計算手法を提案しましょう。その中でどれが最適なのか検討します。どのシステムが安全か、効率が良いか、後の仕様変更がある可能性があるなら、自由度を持たせることを検討してください。

6.7　回転体の運動

課題

- 物体 A の速度 [km/h] を計算しなさい。

要求

- イナーシャ [kgm^2] と入力トルク [Nm] を用いて、回転角加速度 [rad/sec^2] を計算すること。
- 回転角加速度 [rad/sec^2] から速度 [km/h] に変換して最終出力とすること。
- 下記のパラメーターを使用すること。
  - ▶イナーシャは 1 [kgm^2]
  - ▶入力トルクは、100 [Nm]
  - ▶半径 0.3 [m]

$T = I\dot{\omega} \rightarrow \dot{\omega} = T/I$ です。

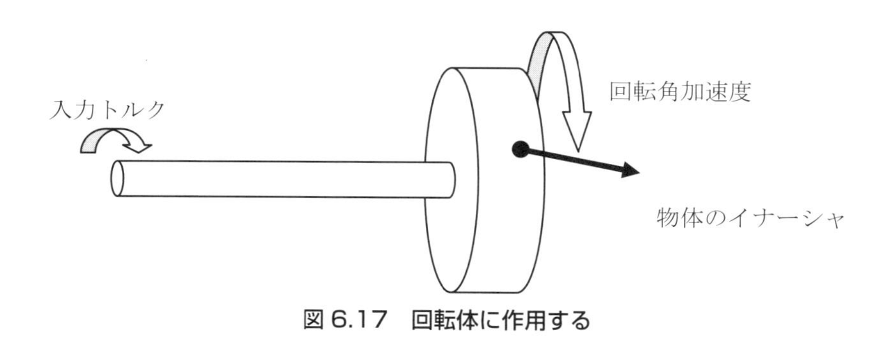

図 6.17　回転体に作用する

解答例

今までの解答を結合していけば、解が得られます。

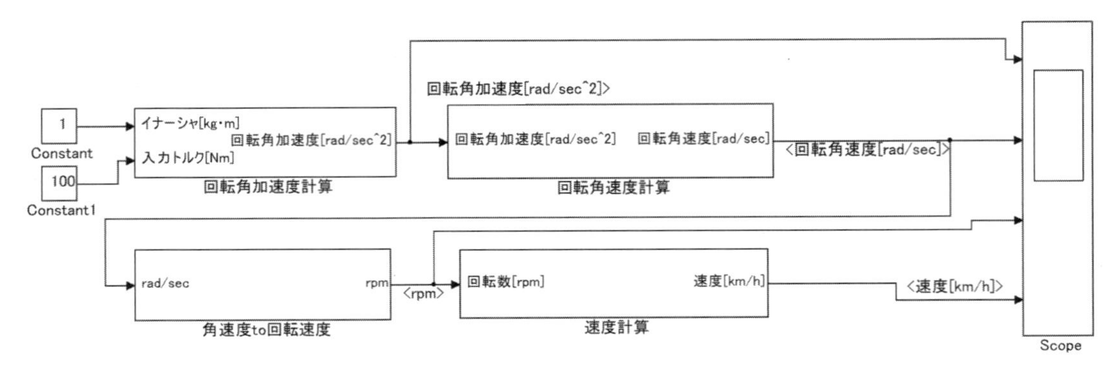

図 6.18　モデル作成例

6.8　走行抵抗の計算

課題

● 車両速度 [km/h] に応じた、空気抵抗 R1 [N] の計算をしなさい。

要求

● 下記のパラメーターを使用して、入力車両速度 [km/h] に応じた R1 [N] を出力すること。

▶ 大気圧 [hPa]　　　：1013.25 [hPa]

▶ 前面投影面積　　　：2.8 [m^2]

▶ 空気抵抗係数 CD 値：0.35

▶ 気温　　　　　　　：25 [度]

空気抵抗 R1 は、車両速度に応じた走行抵抗が計算できます。(6.7) 式の抵抗力を詳しく書くと、(6.8) 式になります。空気密度、は (6.9) 式によって計算します。その根本は (6.10) 式となります。

空気抵抗 = 抵抗力 × 車両速度^2　　(6. 7)

空気抵抗 = 空気抵抗係数 × 前面投影面積 × 空気密度 × (速度 [km/h] × 1000/3600)^2 ÷ 2　　(6. 8)

空気密度 [kg/m^3] = 1.293 × (273.15/(273.15 + t)) × (P/1013.25)　　(6. 9)

P：大気圧 [hPa]、t：気温 [度]

空気密度 = 1.293 × (273.15/(273.15 + 気温 [度])) [kg/m^3] × 大気圧 [hPa]/1013.25 [hPa]　　(6. 10)

参考：空気密度　0 度 1 気圧　1.293

解答例

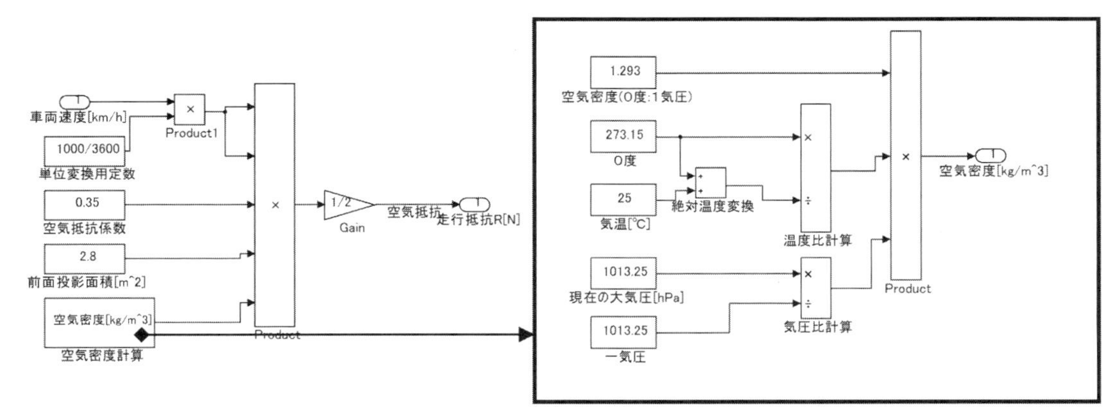

図 6.19　モデル作成例

注意：この章では Constant ブロックに数値を直接打ち込んでいます。これは回答例として解りやすくするために、ブロックに直接数値を書き込み表示しました。自身でモデリングする時は、すべての数値にパラメーター名をつけて、Constant ブロックに、パラメーター名を書き込んで作成してください。

6.9　走行抵抗（傾き考慮）

課題

● 走行抵抗 R を計算するモデルを作成しなさい。

要求

● 車両速度 [km/h] と勾配 θ を入力変数とし走行抵抗 R を出力すること。

● 走行抵抗 R = R1 + R2 + R3 とする。

● 車両重量 W は 1200 [kg] とする。

勾配を θ とすると外力は

▶ 空気抵抗 R1：抵抗力 × 車両速度^2 [N]：(6.8 を参考にしてください)

▶ 勾配抵抗 R2：車両重量 [kg] × 重力加速度 × sin θ [N]

▶ 道路抵抗 R3：車両重量 [kg] × 重力加速度 × cos θ × 転がり抵抗係数 [N]

▶ 転がり抵抗係数：0.01 （= 1%）

〈転がり抵抗の例〉

1 ～ 2%：通常のアスファルト

3%：砕石または砂利舗装
5%：固い粘土の走路、タイヤの沈下 5cm 程度
8%：走行した跡が付く柔らかな走路（タイヤの沈下 10cm 程度）
10%：柔らかでぬかるんだ走路または砂地
※タイヤの空気圧によるが通常は無視できる。

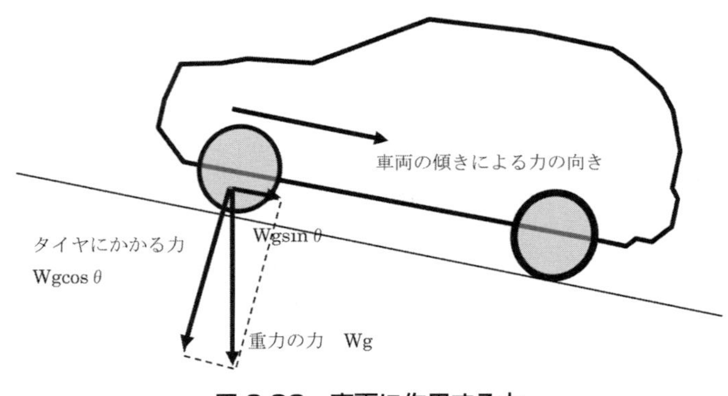

図 6.20　車両に作用する力

ヒント：sin,cos については、Simulink/Math Operations/Trigonometric Function を使ってください。

解答例

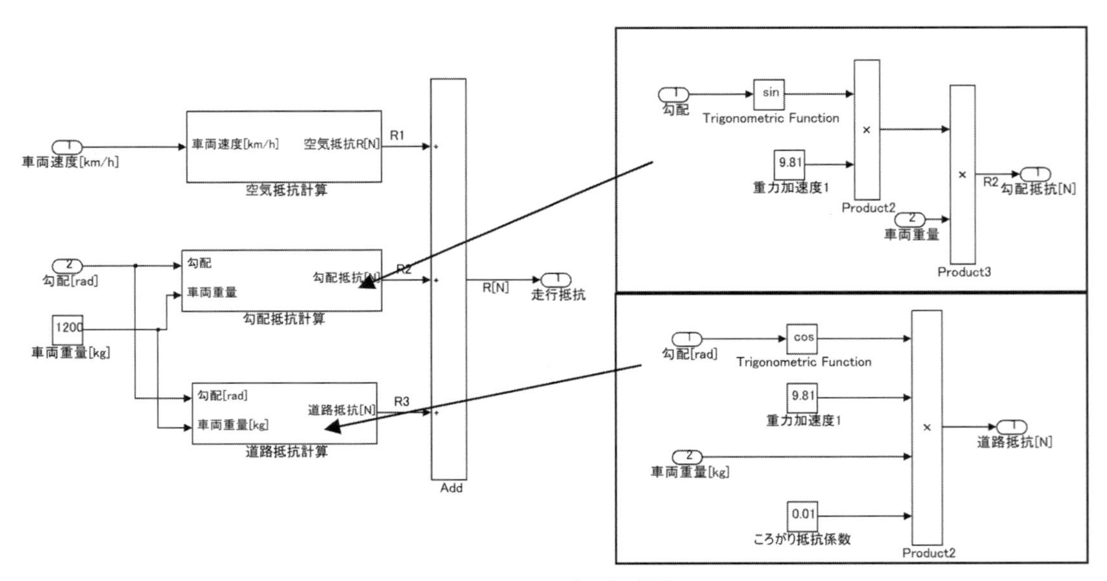

図 6.21　モデル作成例

6.10 車両状態のシミュレーション

課題

- 出力角加速度、出力角速度、車両速度を計算しなさい。

要求

- タイヤに入力トルクが入り、損失として走行抵抗も考慮すること。
  - 入力トルクは 1000 [Nm] 固定でテストすること。
- 走行抵抗は、図 6.21 を使用すること。
- 車両速度の初期値は 0 とする。
- 下記のパラメーターを使用すること。
  - 車両重量 1200 [kg]
  - タイヤ半径 0.3 [m]

上記より車両イナーシャは、$1200 \times 0.3^2 = 108$ [kgm^2] とする。

ヒント：走行抵抗 R [N] は、タイヤの外側から力がかかり Tr = R [N] × タイヤ半径 [m] で [Nm] に変換できる。

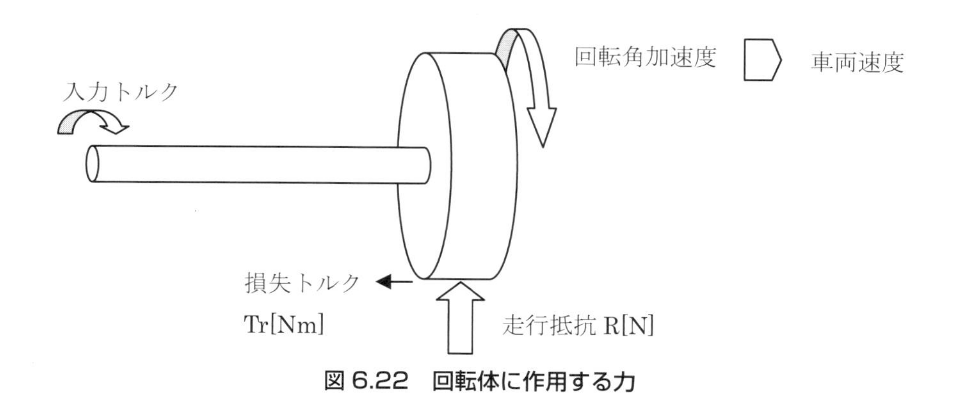

図 6.22　回転体に作用する力

車両のイナーシャを考慮し、入力トルクと走行抵抗のバランスを考えるモデルです。ほとんどの部分は、今までの作ったモデルで既に出来上がっています。ポイントとなる点はタイヤの速度が車両速度となり、その速度を用いて走行抵抗が決定されます。そして、タイヤの速度を計算するために使うトルクは走行抵抗の影響を受けます。

少し時間をかけてもいいので、自分で考えることが大切です。モデルから作らず、数式を整理してください。入力と出力を整理してください。それでわからない人は、先に進むのではなく、今までのモデルをヒントなしでもう一度作ってみてください。

解答例

「車両速度の初期値は0とする。」と書いてあるので、車両速度－回転角速度計算サブシステム内部のIntegratorの初期条件を0と設定します。その後に車両速度を使われる信号へフィードバックの線を結線します。

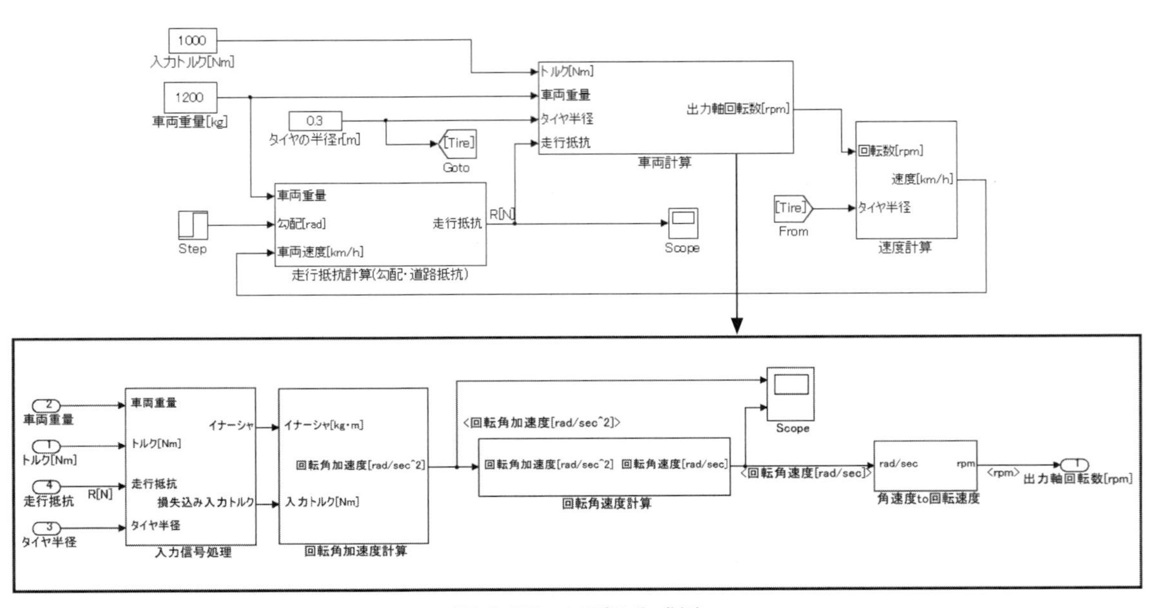

図 6.23　モデル作成例

6.11　トルクコンバータ（T/C）のモデル作成

トルクコンバータは、読者の皆さんにはまだ聞きなれない言葉だと思いますので、簡単に説明しておきます。トルクコンバータ（T/C）は、流体を用いたトルク伝達装置です。T/Cの入力回転はエンジン回転数と出力はギヤを通してタイヤに接続されています。車両が停止していると車両速度が0 [km/h]なので、エンジンが直結の場合エンストしてしまいます。自動変速機はT/Cがあるからエンストせずに発進することができます。

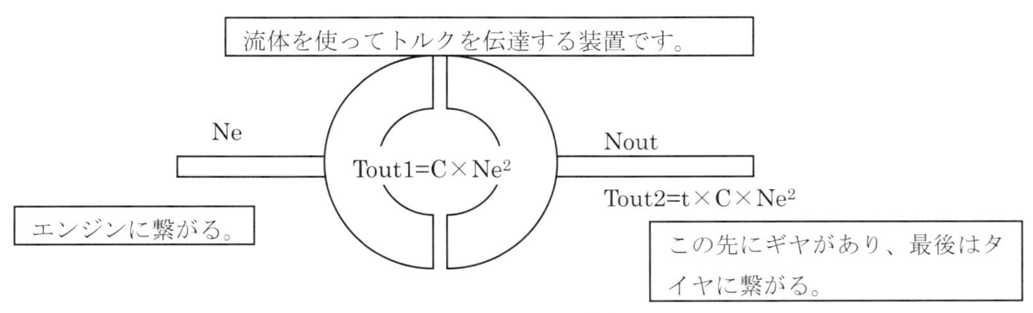

図 6.24　T/C の構成図

課題

- Tout1 [Nm]、Tout2 [Nm] を出力するモデルを作成しなさい。

要求

- 入力、エンジン回転数 Ne[rpm]、出力回転数 Nout[rpm] とし以下の数式を満たす

駆動側速度比	$e = Nout/Ne$	[0 ～ 1]	(6. 11)
被駆動側速度比	$e = Ne/Nout$	[0 ～ 1]	(6. 12)
ただし、Nout = 0 の時、e は 0 とする。			
容量係数	$C = f1\ (e)$	[Nm/rpm^2]	(6. 13)
トルク増幅比	$T = f2\ (e)$	[Nm]	(6. 14)
釣り合いトルク駆動側	$Tout1 = C \times Ne^2$	[Nm]	(6. 15)
釣り合いトルク被駆動側	$Tout1 = -C \times Nout^2$	[Nm]	(6. 16)
出力トルク	$Tout2 = Tout1 \times T$	[Nm]	(6. 17)

ここで、細かい設計順序に沿って必要な計算をしていただきます。

①エンジン回転数（Ne）と出力回転数（Nout）の速度比（e）を計算します。
②エンジン回転数と出力回転数の速度比（e）から、容量係数（C）を計算します。
③エンジン回転数と出力回転数の速度比（e）から、トルク比（T）を計算します。
④ T/C 釣り合いトルク（Tout1）：容量係数 × エンジン回転数 ^2 を計算します。
⑤ T/C 出力トルク（Tout2）：T/C 釣り合いトルク × トルク比を計算します。

速度比 e について：

- 0 ～ 1 の間の変数です。
- Ne > Nout のときは、駆動側と呼ばれ、エンジンからトルクを受け取り加速する状況です。

● Ne < Nout のときは、被駆動側と呼ばれ、エンジンが燃料を噴出していない減速側です。
● 速度比 e は、駆動側では Nout/Ne、被駆動側では、Ne/Nout となります。
● Nout = 0 は、通常停止状態でしか発生せず、出力回転数が 0 のとき、速度比 e は 0 として計算します。
● Ne = 0 は、エンジンがストップしている状態です。求めるべき出力トルクの計算式 $C \times Ne^2$ にて 0 との乗算となります。速度比 e はどのような出力値でも問題はありません。

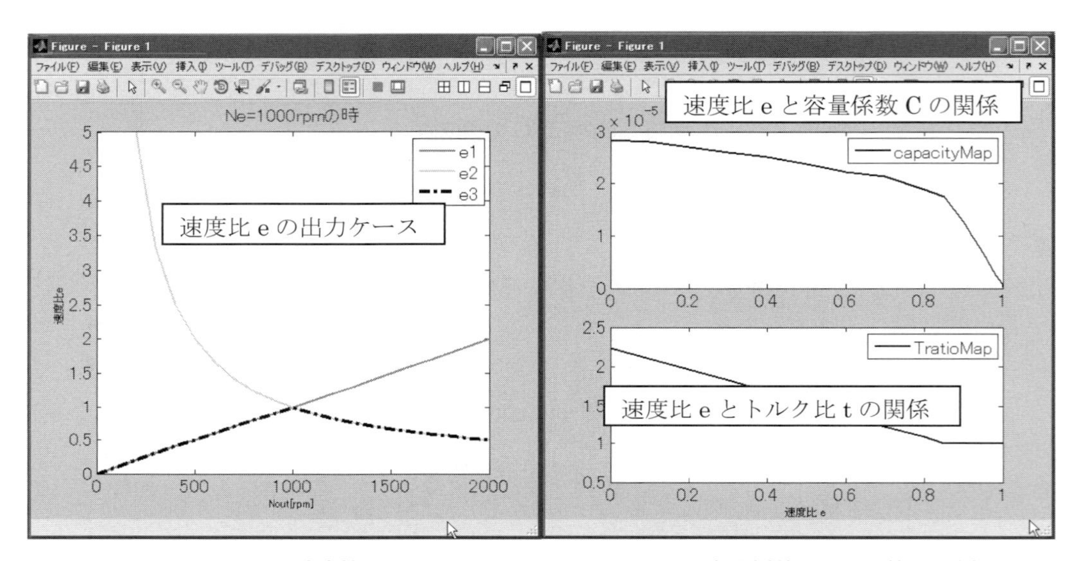

図 6.25　速度比 e　　　図 6.26　容量係数、トルク比の関係図

パラメーター設定：

容量係数のマップ設定（入力変数　速度比 e）

　% 速度比

　SpeedRatioMap=[0.00 0.10 0.20 0.30 0.40 0.50 0.60 0.70 0.80 0.85 0.90 0.95 0.98 1.00];

　% 容量係数

　capacityMap=[0.00002835 0.000028100 0.000027040 0.000026070 0.000025080 0.000023830 0.0000222600 0.000021350 0.000018810 0.000017410 0.000012450 0.000006500 0.000002600 0.0];

　% トルク比

　TorqueRario=[2.240 2.100 1.970 1.835 1.685 1.530 1.370 1.220 1.085 1.005 1.000 1.000 0.997 1.000];

マップは、m ファイルに定義し、モデルではパラメーター名を使ってください。

ヒント：x^2 については、Simulink/Math Operations/Math Function を選んでください。

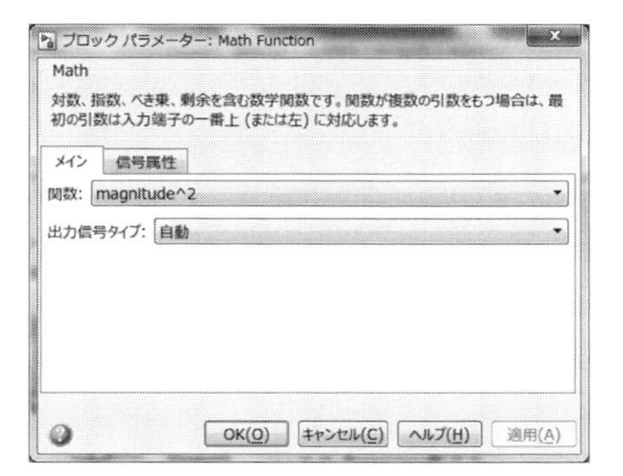

図 6.27　設定の例

解答例

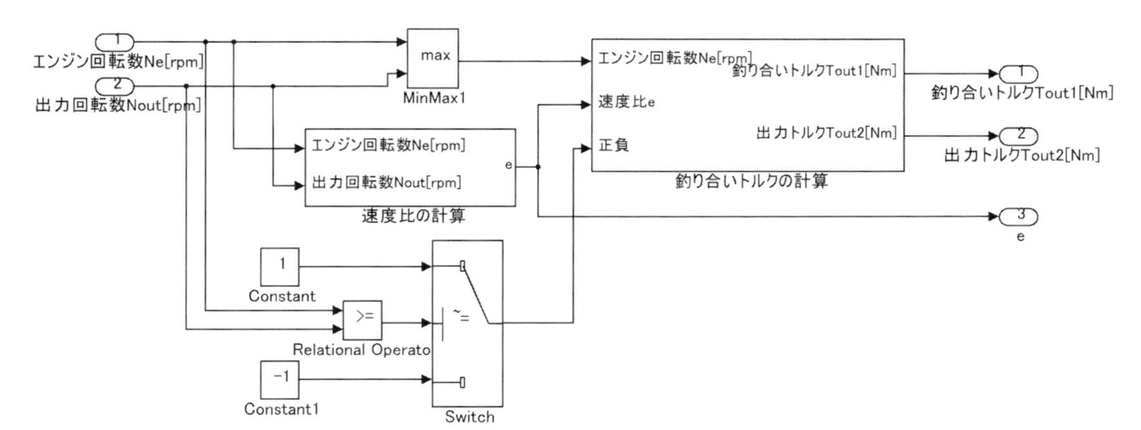

図 6.28　全体構成図

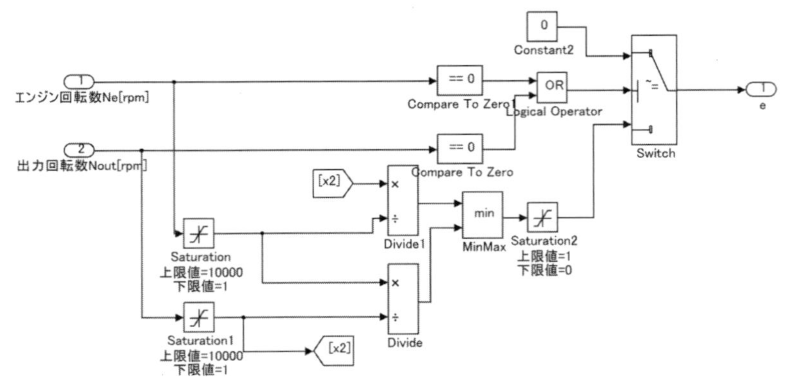

図 6.29　速度比の計算

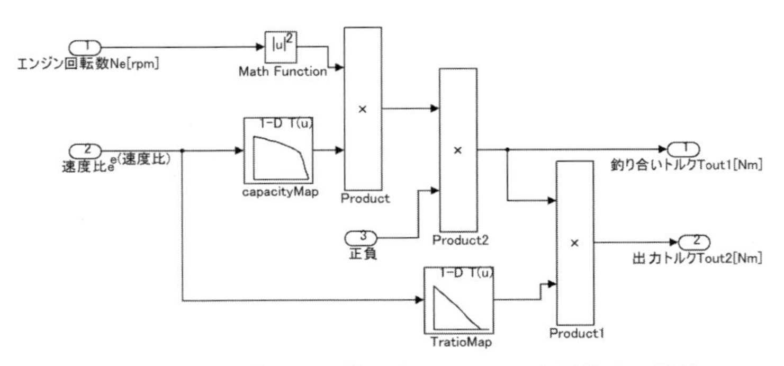

図 6.30　速度比から、釣り合いのトルクを計算する部分

正負の符号を切り替える手法について、エンジン回転数と出力回転数が正負に切り替わる場所で –1 と 1 が入れ替わります。–1 と 1 切り替え前後は容量係数 C が 0 に近いため誤差が少なく、急に入れ替えても精度上の問題はありません。

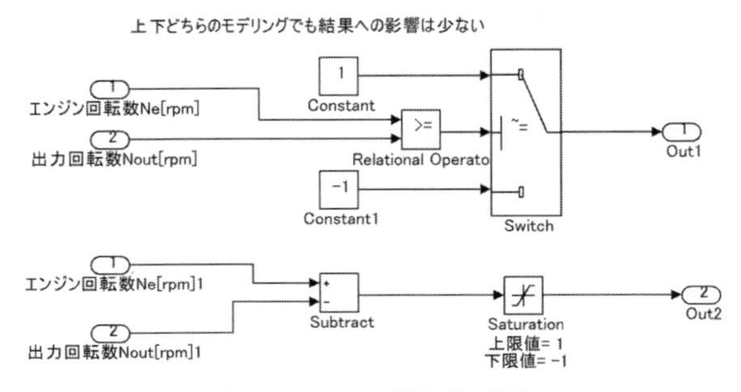

図 6.31　モデル作成例

6.12 T/C モデル　イナーシャ考慮

6.11 で作成した T/C のモデルに回転変化を考慮した回転数計算を組み込みます。

課題

●下記のパラメーターで 2 秒間のシミュレーションを行い、エンジン回転数がどこで安定するか確認しなさい。

要求

●エンジン回転数 Ne は、Tout1 と T/C に入力されるトルクを Te とすると、Ne は釣り合いトルク（$C \times Ne^2$）と Te の差を使用して計算できる。

● Ne の計算式は、(6.18) 式で計算すること。

$$Ne = \int (Te - Tout1)/Ine \qquad (6.18)$$

式の意味：入力したトルク Te は、釣り合いトルク（$C \times Ne^2$）が出力トルクとして伝達される。余剰トルクは、エンジン回転数 Ne の回転上昇に使用されます。

●T/C の出力側回転数は、車両がブレーキを踏んでいるので、車両速度 0 [km/h] に固定する。

●入力イナーシャ Ine 0.2 [kgm^2]

●入力初期回転数 Ne0 = 0、出力初期回転数 Nout0 = 0

●エンジントルクは常に 100 [Nm] が入力される。

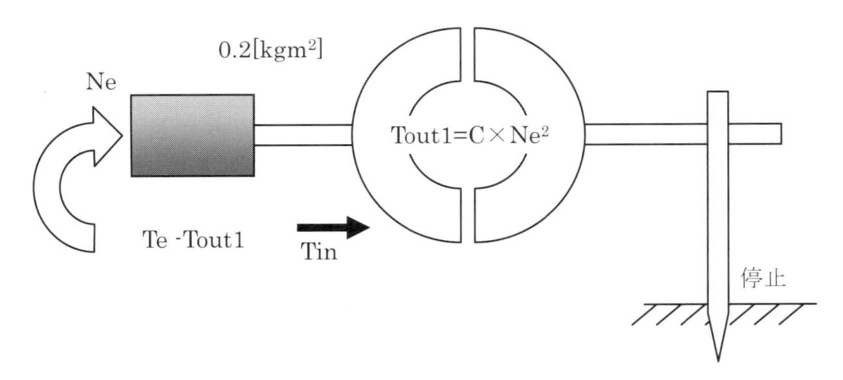

図 6.32　T/C の構成図

解答の正しさを検証する方法：

時間が経過し、安定した回転数を計算しましょう。安定ということは、回転変動が 0 となるので、$Te = CNe^2$ の逆計算で Ne を計算できます。C = 0.00002835 とすると、Ne = sqrt (100/C) = 1878 [rpm] となり、出力トルクは、100 [Nm] × 2.24 = 224 [Nm] となる。

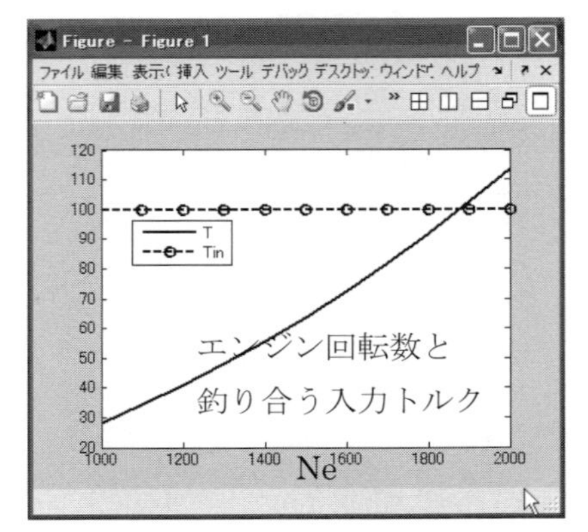

出力回転数が 0 のとき
エンジン回転数と、釣り合いトルクの図
100[Nm]の時のエンジン回転数は下の式

$$100 = C \times Ne^2$$

$$Ne = \sqrt{100 / C}$$

図 6.33　出力回転数が 0 ときの回転釣り合い

解答例

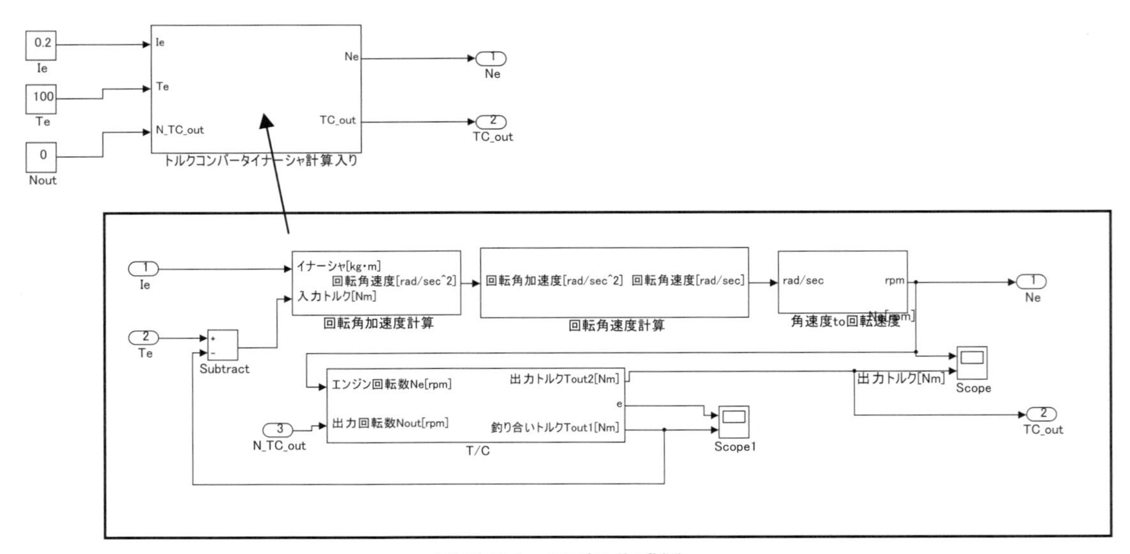

図 6.34　モデル作成例

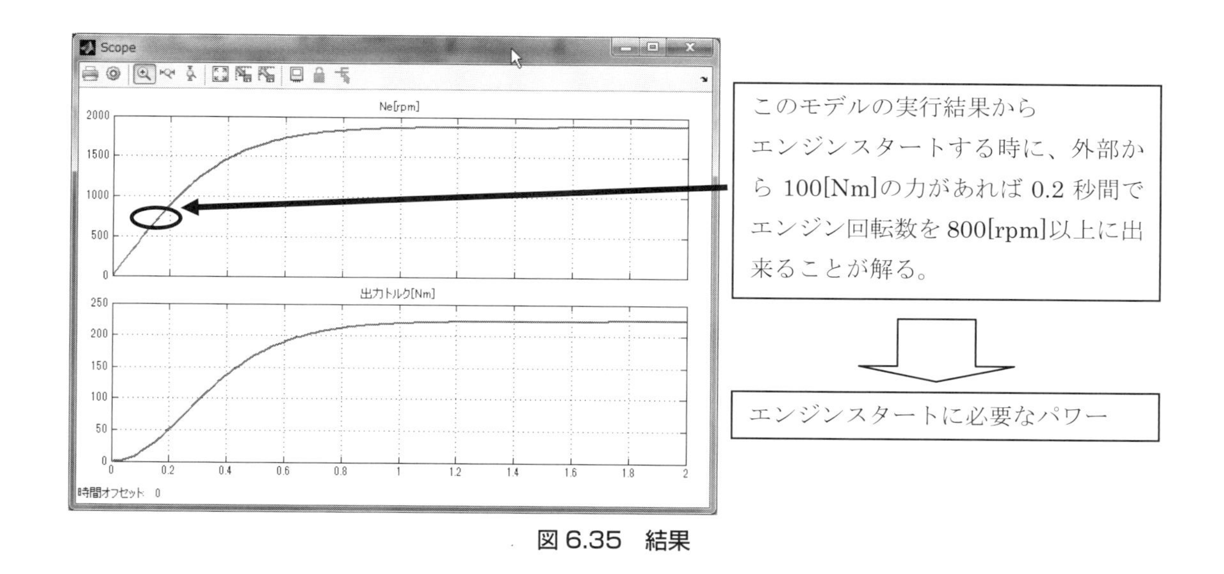

図 6.35　結果

6.13　変速点制御

ここまで制御対象のモデルを扱ってましたが、ここで簡単な制御を一つ作成しましょう。変速制御という機能は、適切な時期にどのギヤ段を使うか判断する制御モデルです。簡単な流れを説明します。

1st のときは、現在の車両速度が 1-2UP 線よりも早い場合に 2nd にアップします。車両が発進すると、ペダルを踏み増します。ある程度最初に踏み込み、車両速度が変化していくと①のシフトがおこります。1st から 2nd に変化する場面です。

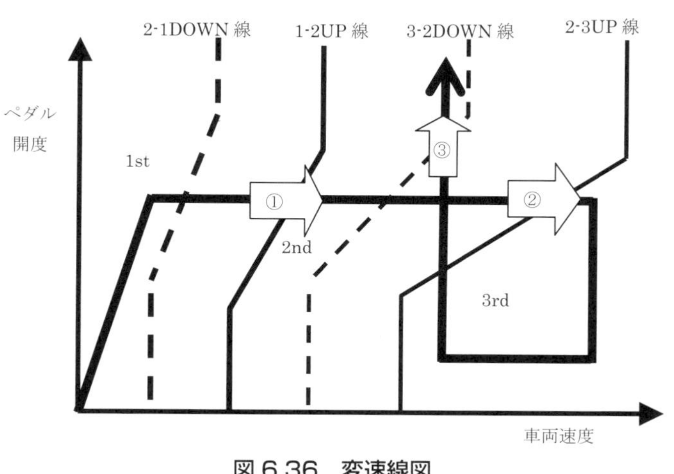

図 6.36　変速線図

次に②のシフトが2ndから3rdに変化する場面です。その後、車両速度がある一定車速まで到達するとペダル開度が下がります。パワーが無いので車両の速度は減少していきます。

減少したポイントからアクセルを踏み込んだ時が③のシフトが3rdから2ndにダウンシフトする場面です。

例として、下記のように要求を設定しギヤ段毎に制御を設計します。

- 3rdのときは、現在の車両速度が、3-4アップ線よりも高い場合、4thにアップシフトする。
- 現在の車両速度が、3-2ダウン線よりも低い場合、2ndにダウンシフトする。

表6.11 動作のまとめ

現在のギヤ段	判定	次のギヤ段	優先
1st	1-2線より車両速度が高い	2nd	
2nd	2-3線より車両速度が高い	3rd	○
2nd	2-1線より車両速度が低い	1st	
3rd	3-4線より車両速度が高い	4th	○
3rd	3-2線より車両速度が低い	2nd	
4th	4-5線より車両速度が高い	5th	○
4th	4-3線より車両速度が低い	3rd	
5th	5-6線より車両速度が高い	6th	○
5th	5-4線より車両速度が低い	4th	
6th	6-7線より車両速度が高い	7th	○
6th	6-5線より車両速度が低い	5th	
7th	7-8線より車両速度が高い	8th	○
7th	7-6線より車両速度が低い	6th	
8th	8-7線より車両速度が低い	7th	

同時成立について：5thのときに、6thへのアップと4thへのダウンが同時に発生することはありません。アップ側の処理を優先すれば良いです。

設計のヒント：事前のギヤ段ごとに何を処理するかグルーピングします。つまり、事前のギヤ段が1速の時は、1速の処理（1-2線の比較）を実行し、1速の時の出力結果を出力する。2速の時は、2-3線と3-2線の比較を行い、結果を出力します。これを8速まで現在のギヤ段ごとに箱を用意し、それぞれの設計と検査を行います。

変速線データ

アップシフトのデータ：MATLAB上の定義

```
thrup=    [0   4   8   20  25   30   45   75   85   95   100];  %[%]
shift12SP=[7   7   11  14  16   20   29   41   47   47   47 ];  %[km/h]
```

```
shift23SP=[12  12  16  19  23   29   38   60   77   87   87 ];
shift34SP=[18  18  24  27  29   38   56   89   114  134  134];
shift45SP=[33  33  33  34  36   43   73   118  154  174  174];
shift56SP=[41  41  42  53  70   90   114  175  208  208  208];
shift67SP=[49  49  55  65  85   115  150  200  235  255  255];
shift78SP=[65  65  65  75  110  142  186  223  310  310  310];
```

ダウンシフトのデータ：MATLAB 上の定義

```
thrdown= [0   10  15  20  35  45   55   65   85   95   100];  %[%]
shift21SP=[5   5   5   5   5   5    5    5    20   25   30 ];  %[km/h]
shift32SP=[10  10  10  10  10  10   10   25   35   50   75 ];
shift43SP=[14  14  20  20  20  30   40   50   80   122  122];
shift54SP=[24  24  25  28  30  35   50   68   135  166  166];
shift65SP=[34  34  36  40  50  60   70   80   178  199  199];
shift76SP=[43  43  43  43  60  70   80   135  211  225  225];
shift87SP=[59  59  60  65  90  120  150  155  220  280  280];
```

TechShare のサイト (www.techshare.co.jp/mbdbooks/) からモデルファイル一式をダウンロードすると、MATLAB のコマンドウィンドウで、Q13_data_set の m ファイルを実行できます。これを実行すると図 6.37 の変速線図が表示されます。上記の定数は m ファイルに定義してワークスペース変数とします。Simulink のブロックで使用するときにはパラメーター名をブロックパラメーターへ記載して使用します。数値を直接ブロックパラメーターに記載しないようにしてください。

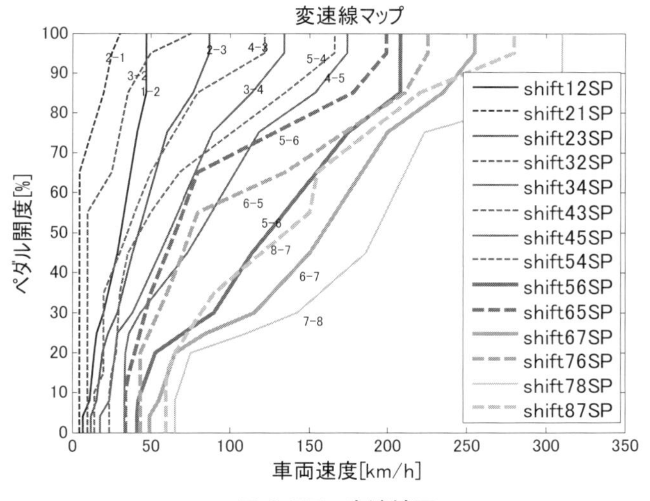

図 6.37　変速線図

例えば2nd用のサブシステムについてテストを行います。3つの領域（図6.38）の検査を行います。

▶領域A必ず1stになる。

▶領域Bは事前のギヤ段が2ndなら2ndを保持する。

▶領域Cは必ず3rdが出力される。

関係するデータは下記のデータから考えてください。

```
thrup=      [0   4   8   20  25  30  45  75  85  95  100];  %[%]
shift23SP=[12  12  16  19  23  29  38  60  77  87  87 ];
thrdown=  [0   10  15  20  35  45  55  65  85  95  100];  %[%]
shift21SP=[5   5   5   5   5   5   5   5   20  25  30 ];  %[km/h]
```

領域	ペダル開度	車両速度	前回のギヤ段	出力
A	10	3	2nd	1st
B	10	6	2nd	2nd
C	20	20	2nd	3rd

これは機能が満たされていることを確認するテストなので、最小のポイントだけを検査しています。カバレッジ検査というソフトウェアの実装前で行う検査は閾値の前後できちんと動作する確認をしますが、今回のモデルは、実装用のコントローラではないので、深く検査する必要はないでしょう。

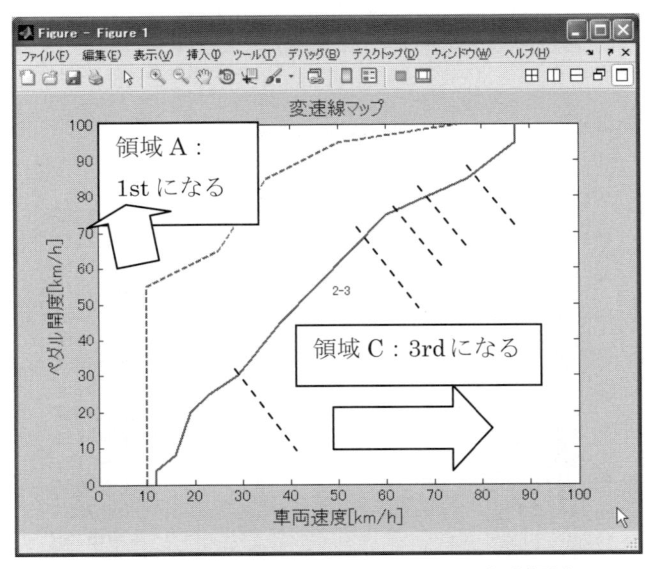

図6.38　現在が2ndのときについて変速領域

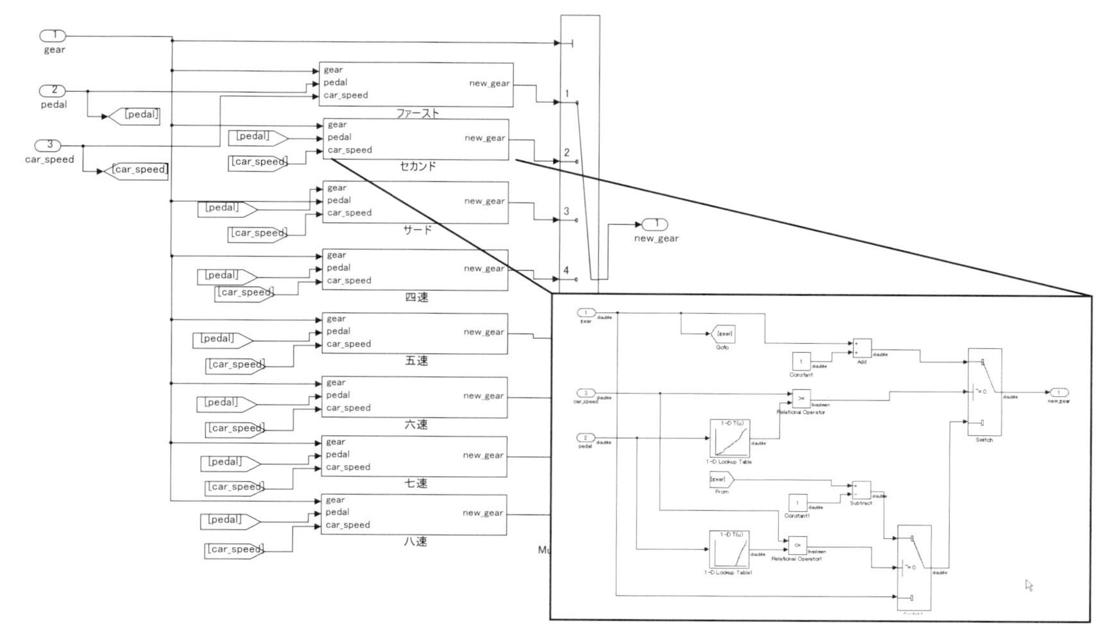

図 6.39　モデル作成例

6.14　エンジンモデル

課題

●下記に示すエンジントルクマップを用いてエンジントルクを算出するモデルを設計しなさい。

要求

●入力はエンジン回転数とペダル開度とし、エンジントルクを求めること。ただし、エンジントルクはシミュレーションスタート後はマップと無関係に 0.2 秒間 100 [Nm] のトルクを発生すること。0.2 秒経過した後は、マップから計算した値に切り替えること。

解説

エンジンは下記のマップで表現され、現在のエンジン回転数とペダル開度から平均的なトルクが算出されます。エンジンの初期回転数が 0 だとすると、マップ上では、0 [Nm] のトルクが出力されるので、エンジンがスタートできません。シミュレーションスタート時に、エンジン回転数を上昇させる必要があります。つまり、マップ＋エンジンスタート機構の設計が必要となります。

エンジン：ペダル開度 [%] と現在のエンジン回転数 [rpm] からマップによりエンジントルク [Nm] が出力される。

エンジン回転数

[-10,450,500,750,1000,1250,1500,1750,2000,2500,3000,3500,4000,4500,5000,5500,6000,6300,6500]

ペダル開度

[0 2 5 10 15 20 25 30 35 40 50 60 70 80 90 100]

エンジントルク

[0,0,7,16,28,10,-17,-20,-22,-25,-28,-31,-34,-39,-43,-49,-54,-54,-54;
0,0,17,29,46,15,0,-6,-11,-22,-28,-31,-34,-39,-43,-49,-54,-54,-54;
0,0,31,38,51,23,15,8,3,-10,-17,-22,-26,-30,-34,-38,-43,-43,-43;
0,0,55,46,41,36,31,27,23,16,10,3,-5,-8,-10,-13,-15,-15,-15;
0,0,60,56,54,51,48,44,40,32,25,19,13,10,7,5,3,3,3;
0,0,65,66,66,66,64,61,57,48,40,35,30,27,24,22,20,20,20 ;
0,0,70,75,78,81,81,79,75,64,55,49,43,38,34,31,29,29,29;
0,0,75,83,90,96,98,97,93,80,70,63,55,50,44,41,37,37,37;
0,0,79,90,100,109,114,115,112,96,85,77,68,63,58,55,51,51,51;
0,0,82,96,109,121,129,132,130,112,100,91,81,77,72,69,65,65,65;
0,0,103,114,130,148,164,171,170,156,140,128,116,111,105,100,95,95,95;
0,0,148,155,168,189,210,224,224,210,183,167,150,142,133,128,123,123,123;
0,0,150,160,170,190,210,230,260,255,225,203,180,168,156,151,145,145,145;
0,0,150,160,170,190,210,230,260,290,260,233,206,191,176,173,170,170,170;
0,0,150,160,170,190,210,230,260,320,300,276,252,233,213,209,204,204,204;
0,0,150,160,170,190,210,230,260,330,319,302,285,266,246,243,239,239,239]

m ファイルに大きなマップを定義するときの注意：m ファイル内で、一つの行列マップを途中で改行する場合は、"..." 改行　と書きます。

例：

TeNTable=[-10,450,500,750,1000,1250,1500,...（改行）
1750,2000,2500,3000,3500,4000,4500,5000,5500,6000,6300,6500];

図 6.41 は、どのテキスト文字が書かれているか解りやすくする為に直接文字を打ち込んでいます。上記の定数は、m ファイルに定義して、ワークスペース変数とします。Simulink のブロックで使用するときにはパラメーター名をブロックパラメーターへ記載して使用します。

表 6.12　テストケース

エンジン回転数 [rpm]	ペダル開度 [%]	出力値 [Nm]
750	0	16
750	50	114
5000	2	-43
5000	50	105

時間での確認事項：0 から 0.2 [sec] は 100 [Nm]、それ以後がマップからの出力値

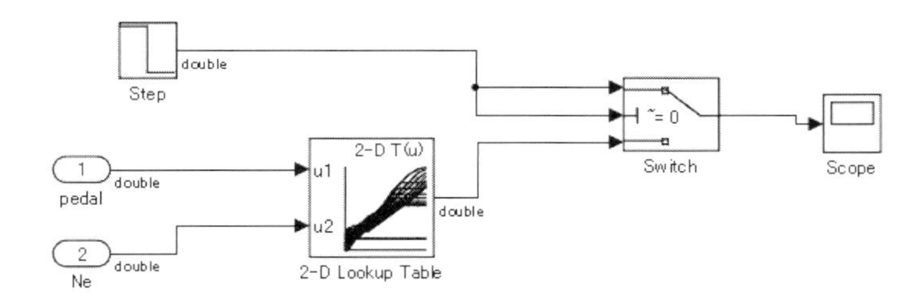

図 6.40　モデル作成例

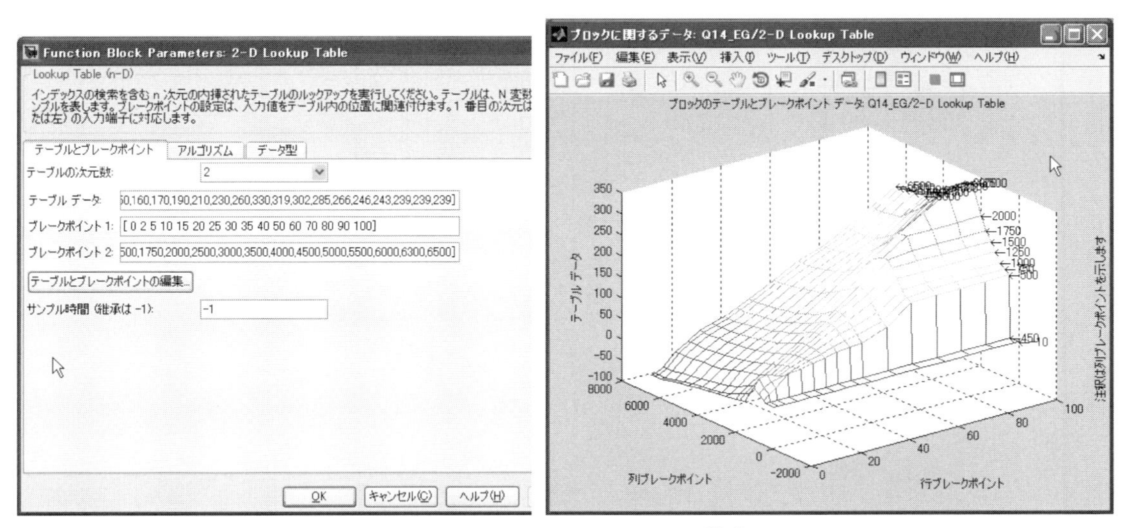

図 6.41　2-D Lookup Table 設定

6.15　ギヤボックスと車両の結合

変速点制御のギヤ段指令を受け取り、入力回転数から出力回転数を求めるギヤボックスの設計を行い、車両モデルを設計します。

課題

- 車両のイナーシャ、走行抵抗を考慮し、次の車両への入力回転数を計算しなさい。

要求

- 回転数の式は（6.19）式とトルクの式は（6.20）式を用いる。
- 車両システムへの入力は、T/C の出力トルク × ギヤ段とする。
- 新たな車両回転数から、ギヤ段を考慮し、次回の T/C の出力回転数を出力すること。
- 主力側にイナーシャを定義し、回転数は出力側の回転数をフィードバックして入力回転数を毎回計算に使用すること。

入力回転数 = 出力回転数 ×（1st ～ 8th のギヤ比）× デフ比　(6. 19)

出力側へのトルク = 入力トルク ×（1st ～ 8th のギヤ比）× デフ比　(6. 20)

表 6.13　ギヤ比

名称	値	名称	値
1st	4.596	5th	1.231
2nd	2.724	6th	1
3rd	1.863	7th	0.824
4th	1.464	8th	0.685
デフ比	2.937		

構成図

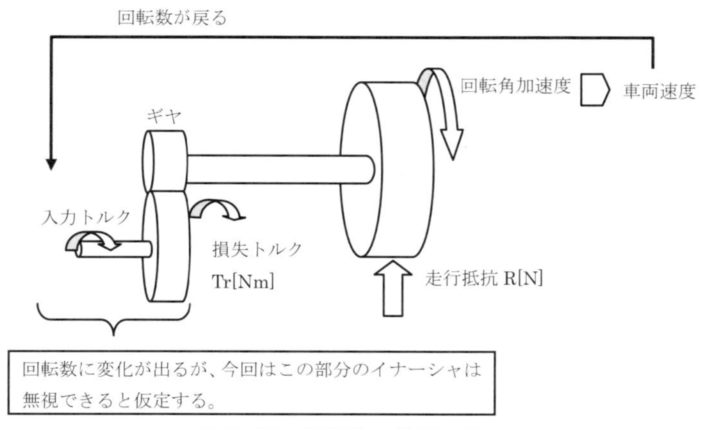

図 6.42　回転体に作用する力

解答例

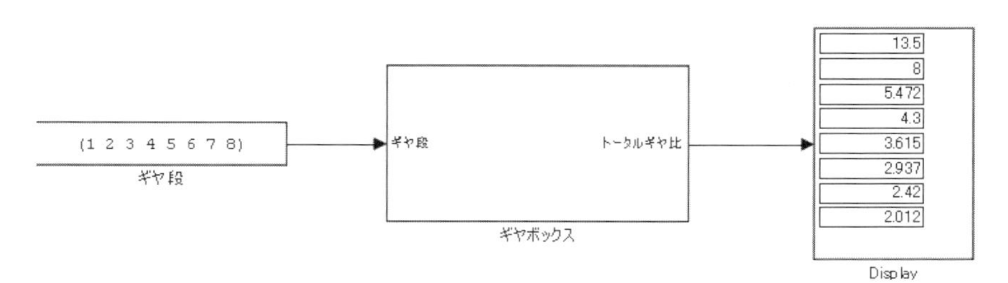

図 6.43　結果の検証

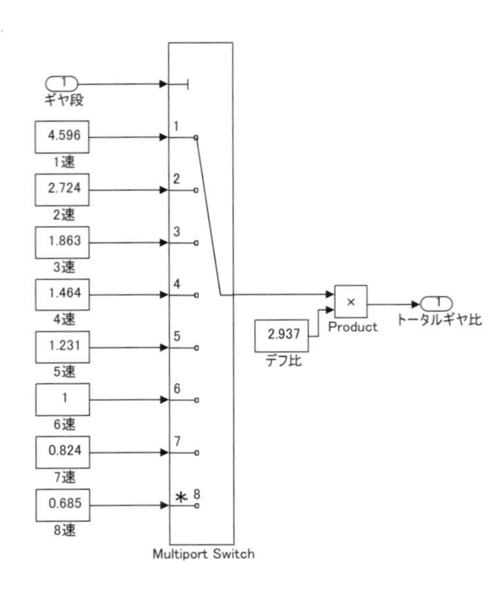

図 6.44　ギヤボックスモデル例

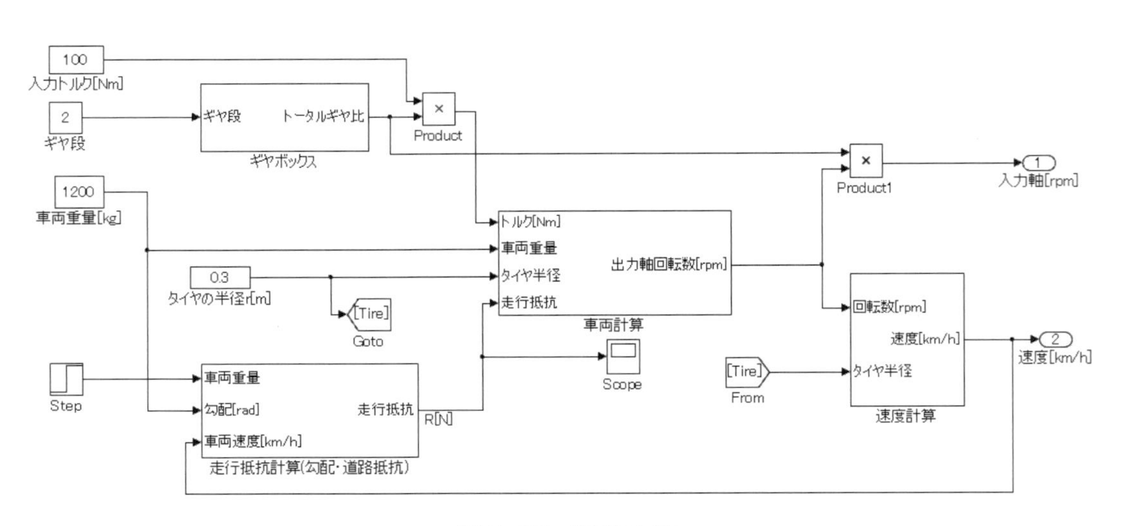

図 6.45　車両モデル

6.16　車両全体のモデル

今までに計算したモデルを組み合わせることで、車両全体のモデルが構築できます。

課題

●下の車両構成図をもとに車両全体を構成しなさい。

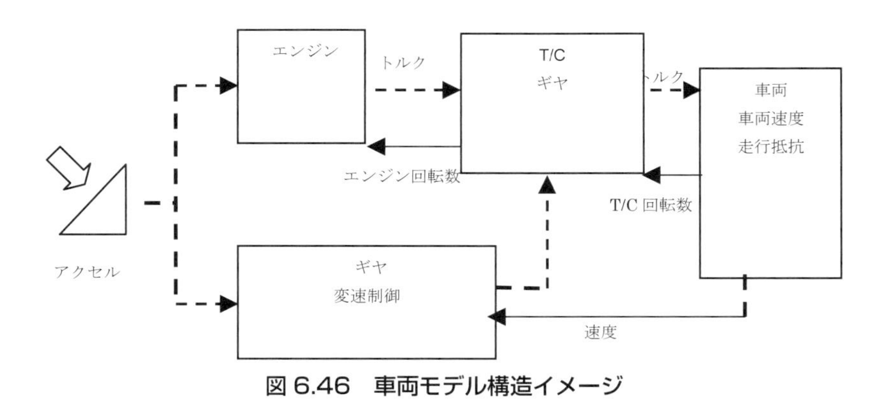

図 6.46　車両モデル構造イメージ

表 6.14　テストパターンペダル開度の操作

時間 [秒]	0	0.5	0.5	5	8	25	30
ペダル開度 [%]	0	0	50	50	30	30	20

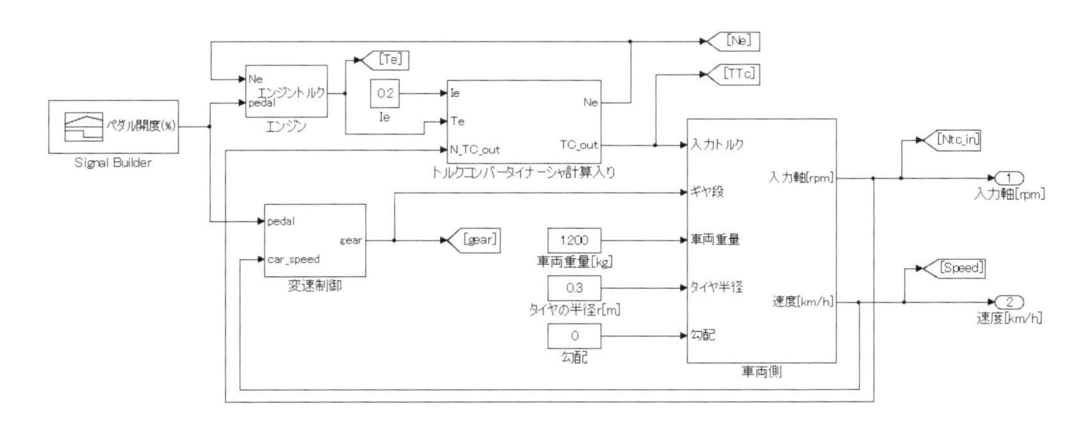

図 6.47　車両モデルの例

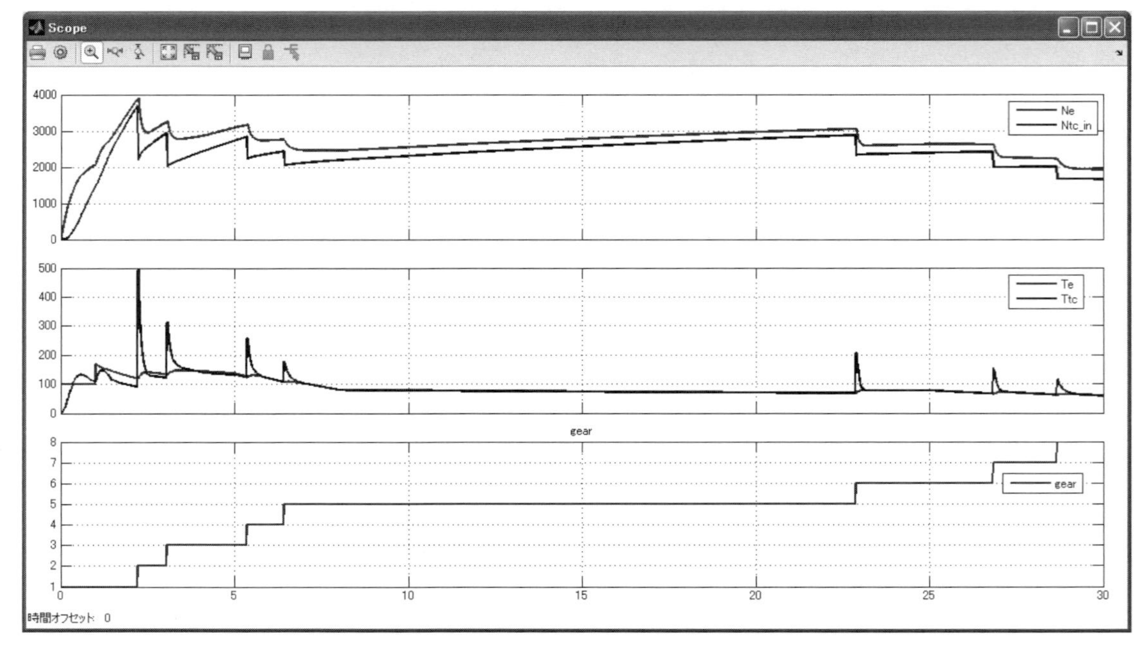

図 6.48　簡易車両モデル結果

6.17　速度制御

先ほど作成した車両モデルを用いて、フィードバック制御の演習を行いましょう。ここでは、0 秒から 20 秒は 60km/h を目指します。20 秒後に目標を 65km/h に変更します。

課題

- PID ブロックを用いてペダル開度をフィードバックで制御し、下記の制約条件を満たすパラメーターを設定しなさい。

要求

- 10 秒までに 58 [km/h] に到達すること。
- 25 秒後に 64 [km/h] ～ 66 [km/h] の間に車両速度が入ること。

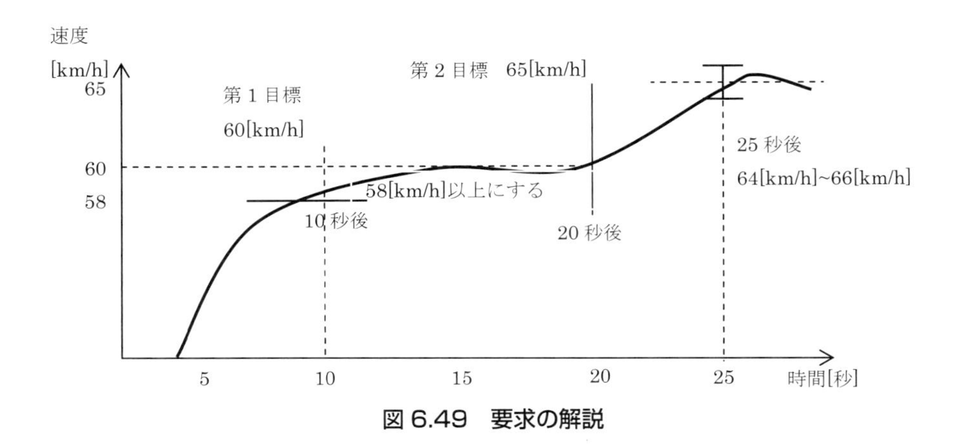

図 6.49　要求の解説

この課題の解答は用意していません。ヒントとして、図 6.50 のモデル例、図 6.51 のパラメーター設定事例を紹介していますが、特にこれである必要はありません。

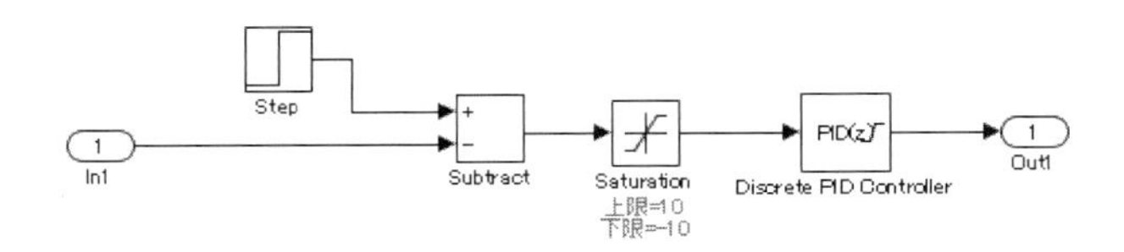

図 6.50　モデル作成例

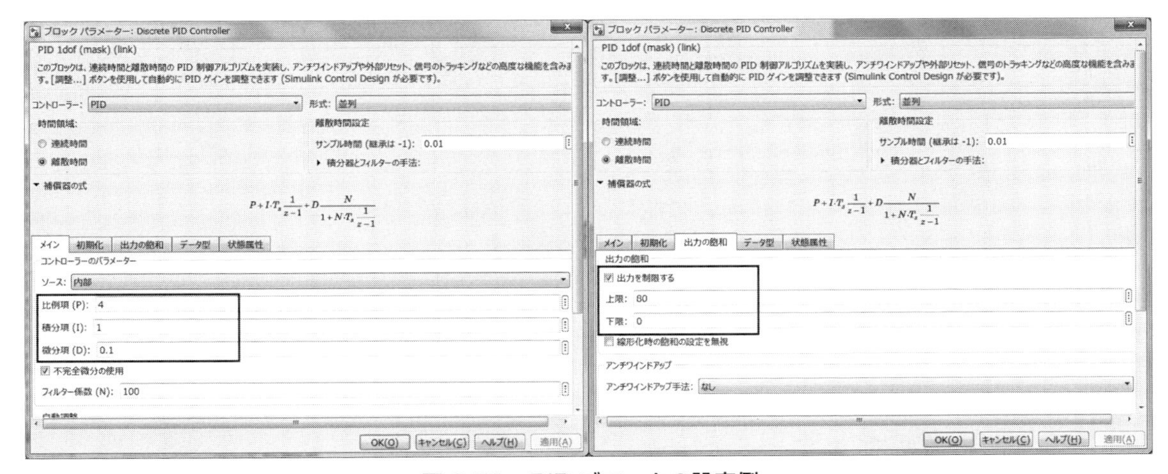

図 6.51　PID ブロックの設定例

PID制御では、今回の設定パターンだけなら達成することができますが、設定車両速度を変更すると狙い通りに動作しません。この課題は、PIDだけでなく、現代制御など高度な制御理論を使っても、簡単にはフィードバック制御ができません。

なぜでしょうか？トルクを直接フィードバックしているわけではありません。ペダル開度1%に対するトルク増加量が領域によって大きく異なります。ペダル開度トルクの関係が非線形です。そもそも、車両速度とペダル開度でギヤ段が変わります。ギヤ段が変わるとペダル開度の変化に対する車両の加速度が変わります。更に設定車両速度によって、走行抵抗・ギヤ段の違いから、一定の速度で走るための必要な踏み込み量が異なります。車両速度の誤差だけでペダル開度をフィードバック制御で全領域追従させるのは不可能です。

正確な対応を考えると走行抵抗とギヤ段から必要なエンジン駆動トルクを逆計算し、ペダル開度までを逆計算していく方法が最も適切です。これはフィードフォワードです。車両速度と目標誤差に応じて必要な加速度を設定し、目標加速度、車両速度、ギヤ段ごとにペダルの踏み込み量を設定しておきます。

人間は、ある程度学習によってペダル操作量を覚えています。HILS装置では目標速度に追従するため自動的にペダル開度を計算するユーザーモデルが必要になります。ユーザーモデルは先ほどの例の用に逆計算する方法とファジィなどのルールベースのユーザーモデルがあります。これだけでもかなり大きなテーマなので、難しさを体験したらこの章での作業は終わりです。最後に考察としてどのようなモデルが良いか周囲の方と議論してみてください。

第７章　制御モデルを設計する

先ほどの章は、制御対象モデルを中心に自分の力でモデルを作ってもらう演習を行ってもらいました。

そろそろ、機能を表現できるようになってきたのではないでしょうか。おおよそスキルレベル１の力が身につき始めている頃です。しかしコントローラーモデルを作るためには、もう少し必要な知識がありますので、この章で更なるブロックの習得とモデル設計技法の習得を目指します。この章は、１日～３日で終えてください。

本章での例題モデルは、すべてコンフィギュレーション パラメーターの設定を、固定ステップ、サンプリング時間は 0.01 [sec] に設定してください。

7.1　制御設計で使われる機能（タイマー）

制御設計において、時間を計測するタイマーと呼ばれる機能は、よく使われる機能です。タイマーには、カウントダウンとカウントアップの２種類があります。

カウントダウン型は、キッチンタイマーと言われる種類で、例えばインスタントラーメンに沸騰させたお湯を入れてから、３分間計る時に使われます。制御で使用する場合も同様に、計測したい間隔が条件設定時に決まり、計測途中で目標時間が変化しない場合に使用します。

カウントアップ型は、ランナーがスタートしてからゴールするまでの時間を計るストップウォッチとして使う場合です。計測中に測るべき目標値が変化し、比較側の値を毎サイクル変化させる場合、同じタイマーを数箇所で計測する場合に使われます。カウントダウン型は減算の演算が必要です。

Simulink で正の整数を減算する場合、オプション設定を誤ると自動的にカウントがループすることがあり、カウントアップ型の方が使いやすい傾向にあります。もし片側に統一する時はカウントアップ型にしてください。

■ 7.1.1　カウントダウン型の作成例

タイマーは、カウントダウン型を習得できれば、カウントアップ側で使用する設定を網羅しますので、カウントダウン型を説明します。この例題は、実際に作る必要はありません。指定されたモデルを開いて説明文と照らし合わせながら読み進めてください。

システム A の要求：

- 信号 Sig1 が 0 になってからの安定時間を計測する。
- 安定時間が 3 秒を超えたら、システム B に安定経過フラグを出力する。
- 動作の概要をタイミングチャートとして図 7.1 に示す。

タイミングチャートとは？

横軸に時間、縦軸に入出力信号を記載します。時間変化に対応する入出力の流れを示したものが、タイミングチャートです。Simulink の Scope 出力に似ています。ユースケース毎の入出力のパターンを示します。

入力信号、出力信号と設計する機能が必要とする中間信号の挙動を記載します。今回は入力信号が Sig1、カウンタ値が中間信号、安定経過フラグが出力信号となります。例えば、この出力信号の影響で、他のシステムが影響を受ける場合、その変化も記載します。タイミングチャートを書く時にはこの 4 つの視点で信号の時間変化を示します。

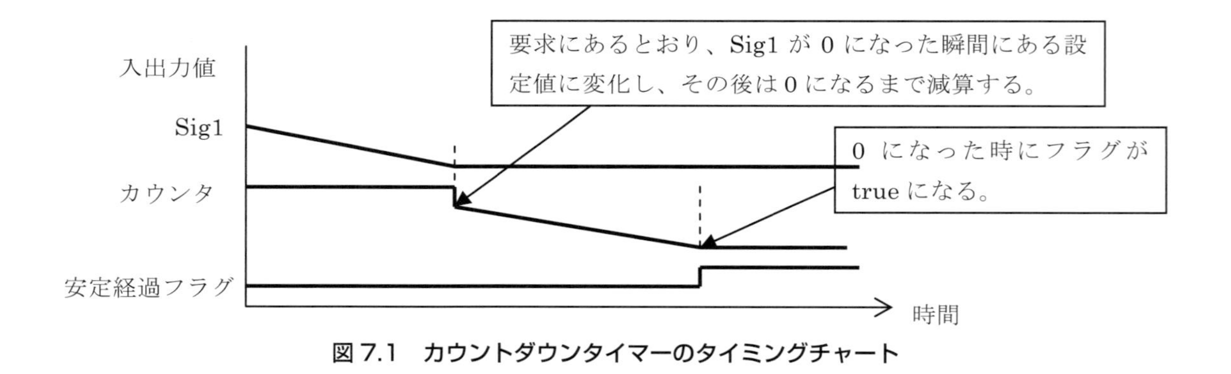

図 7.1　カウントダウンタイマーのタイミングチャート

「ex_Timer_code」のモデルを開いてみてください。

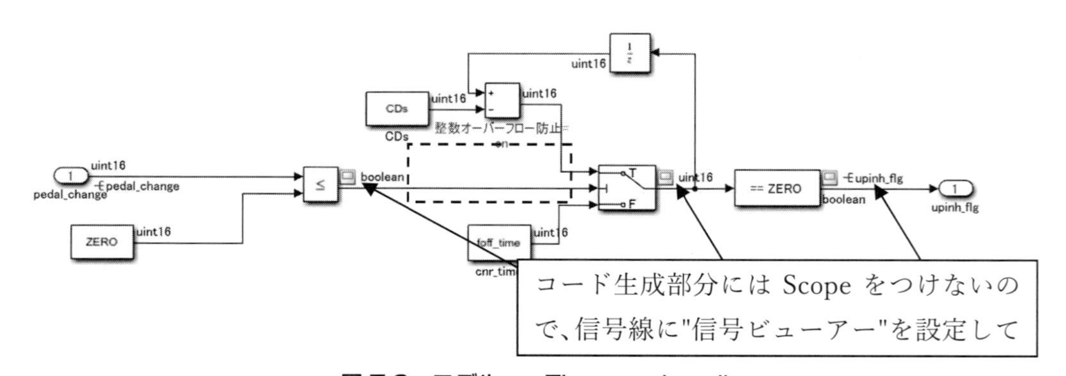

図 7.2　モデル ex_Timer_code.mdl

信号ビューアーは、信号線をアクティブにした状態で、右クリックメニュー内のビューアーに関するメニューまたは、〈ブロック線図〉〈信号と端子〉〈ビューアー〉から選択してください。

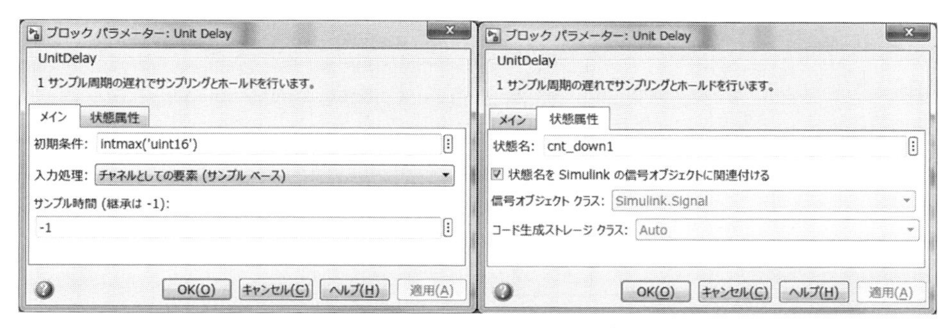

図 7.3　Unit Delay の設定

UnitDelay の初期値

カウントダウン型は、UnitDelay の初期値に型の最大値、または、設定すべき値を入れます。もし、初期値を 0 にすると、初回に比較する部分で条件が成立してしまいます。初期値は、最大値が望ましいと考えます。また、自動コード生成を行う場合、UnitDelay の状態変数に信号名の設定が可能です。その場合は、そちらの初期値と UnitDelay の初期値が一致するように設定する必要があります。

型に関する注意点

減算を行う場合に、uint − uint の計算結果を uint で出力する場合、例題のモデルの様に、整数オーバーフローで飽和にチェックし、飽和を防止してから使います。そのまま減算を行うとマイナスになる場合に 0 で止まらず、型の最大側に数値が飛びます。必ず「整数オーバーフローで飽和の防止をする」か、int 型にキャストして、マイナスを有効にしてください。正の整数と比較する場合は 0 との一致。マイナスが有効な正負ありの整数では、0 との一致（==）ではなく、0 以下（<=）に変更してください。

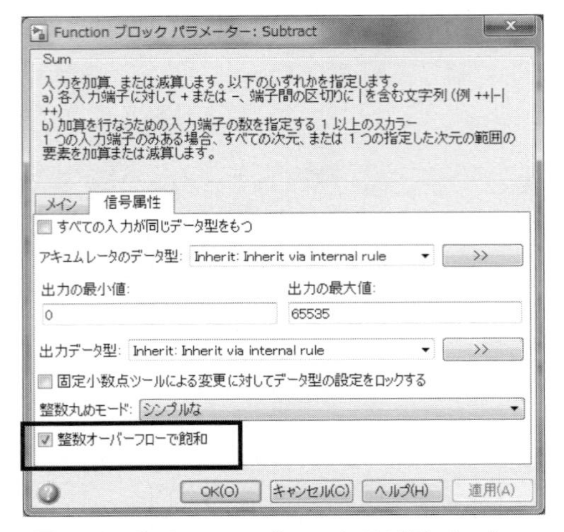

図 7.4　Subtract ブロックのパラメーター

カウントダウンタイマー実行結果を図 7.5 に示します。

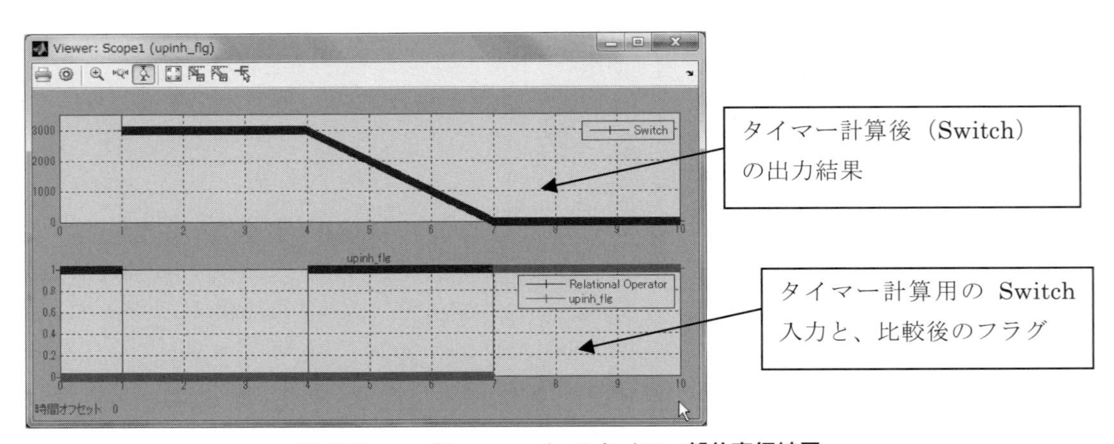

図 7.5　ex_Timer_code のタイマー部分実行結果

■ 7.1.2　コード生成用の設定について

先ほどの「ex_Timer_code.mdl」を開いて確認してください。このモデルをよく見ると信号線の表示に変化があります。また、ワークスペースの変数も変化があり、信号名と一致するワークスペース変数が存在します。

図 7.6　ワークスペース変数

ワークスペースの値のところを見てもらうと Simulink.Parameter、Simulink.Signal、更に mpt.Signal が表示されているはずです。これらはデータオブジェクトと呼ばれるワークスペース変数で、これらに自動コード生成に関する情報が設定されています。Simulink からハンドコード相当の C ソースコード自動生成を行う Embedded Coder という製品では、Simulink パッケージおよび mpt パッケージを利用することができ、これらのデータオブジェクトを用いて、信号名、パラメーター名、RAM 化、ROM 化に関する詳細な設定を行います。

それでは、Simulink.Signal と mpt.Signal の違いを見てみましょう。ワークスペースのところで、peadl_change,upinh_flag をダブルクリックしてください。

図 7.7　Simulink.Signal

図 7.8　mpt.Signal

Storage class のオプション数に違いがあります。Simulink オブジェクトは、C ソースコードをカスタムするオプションは少ないですが、信号・パラメーター以外に、バス、エイリアスなどいろいろなオプションがあります。mpt オブジェクトは、信号・パラメーターの設定しかできませんが、コード生成先のファイル名を指定などの細かい設定が可能です。本書では、このオブジェクトについての詳細な説明はしませんが、このような設定を行うことでハンドコード相当の C ソースを出力することができると覚えておいてください。

次に、実際にコード生成を行った場合の C ソースの例を下に示します。信号を定義すれば、それがコード内部に埋め込まれて C コードが生成されます。

コード生成結果

```
uint16_T pedal_change;              /* '<Root>/pedal_change' */
boolean_T upinh_flg;                /* '<S2>/Compare' */
uint16_T cnt_down1;                 /* '<S1>/Unit Delay' */
const uint16_T CDs = 10U;
const uint16_T ZERO = 0U;
const uint16_T foff_time = 3000U;
void Timer0_step(void)
{
  int32_T tmp;
  if (pedal_change <= ZERO) {
    tmp = cnt_down1 - CDs;
    if (tmp < 0) {
      tmp = 0;
    }
    cnt_down1 = (uint16_T)tmp;
  } else {
    cnt_down1 = foff_time;
  }
  upinh_flg = (cnt_down1 == ZERO);
```

また、コード生成を行うとコード生成レポートを表示することができます。図 7.9 にその例を示します。

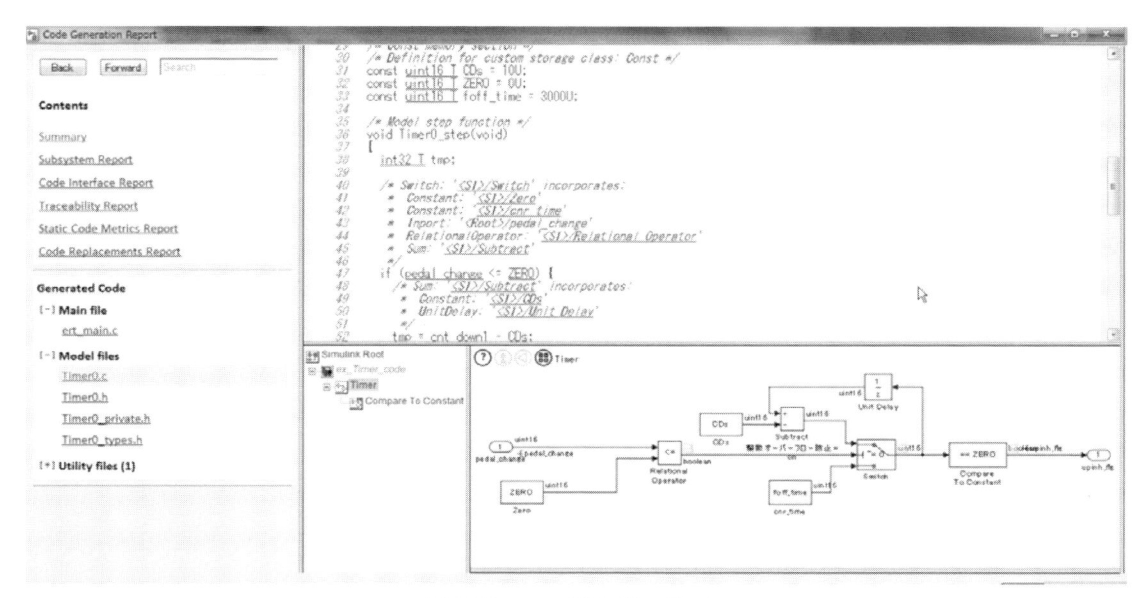

図 7.9　コード生成レポート

では、CDs のパラメーターをコード生成で使用するために、どのように設定されているか見てみましょう。「ex_timer_simulnkdata.m」ファイルを開いてください。

Simulink Parameter の設定確認

CDs = Simulink.Parameter;	CDs を Simulink パラメーター形式で設定する。
CDs.Value = 10;	値を 10 とする。
CDs.CoderInfo.StorageClass = 'Custom';	ストレージクラスを Custom にする。
CDs.CoderInfo.Alias = '';	
CDs.CoderInfo.Alignment = -1;	
CDs.CoderInfo.CustomStorageClass = 'Const';	カスタムストレージクラスを Const とする。
CDs.CoderInfo.CustomAttributes.HeaderFile = '';	
CDs.CoderInfo.CustomAttributes.Owner = '';	
CDs.CoderInfo.CustomAttributes.DefinitionFile = '';	
CDs.Description = '';	
CDs.DataType = 'uint16';	データ型を uint16 に設定する。
CDs.Min = [];	
CDs.Max = [];	
CDs.DocUnits = '';	

上記のように、信号やパラメーターにそれぞれコード上で必要となる設定を作り込み、データディクショナリとしてモデルと合わせてコードが生成されます。つまり、ハンドコード用のコードを生成するには、モデルとデータディクショナリが必要となります。

表 7.1　モデルのタイプ説明

	コード生成できない	コード生成できる
モデル名	ex_Timer_no_code.mdl	ex_Timer_code.mdl
データファイル名	ex_timer_data.m	ex_timer_simlinkdata.m

ex_Timer_no_code.mdl と ex_Timer_code.mdl は、信号設定のマークが異なり、実行した時の型も異なります。（モデルファイルの拡張子は R2012b では、slx, それ以前では mdl です。）

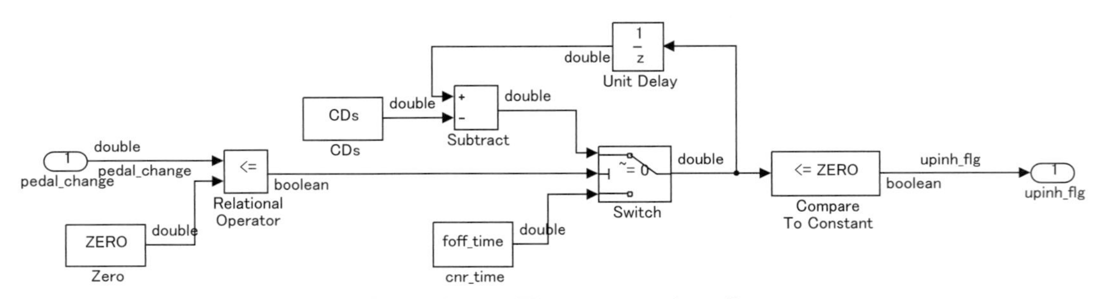

図 7.10　ex_Timer_no_code.mdl

シミュレーション用モデルとコード生成用モデルの信号設定の違いは、以下のとおりです。

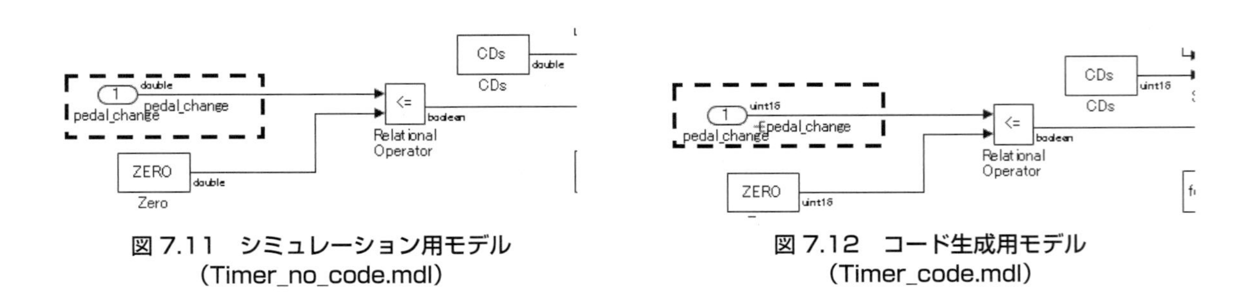

図 7.11　シミュレーション用モデル
(Timer_no_code.mdl)

図 7.12　コード生成用モデル
(Timer_code.mdl)

■ 7.1.3　コード生成用の設定方法

ex_Timer_no_code を開いて、次の作業を行えばコード生成用のモデルに変わります。やり方は意外に簡単なので以下に説明を記載します。実際に作業を行う必要はなく、読み進めてイメージを持っていただくだけで十分です。

それでは、図7.13のとおりモデルウィンドのメニューバーから〈コード〉〈DataObjects〉〈データオブジェクトウィザード〉を選択します。図7.14のように表示されますので、指定どおりに選択してください。データオブジェクトの細かい設定は、モデルエクスプローラーの画面で確認してください。

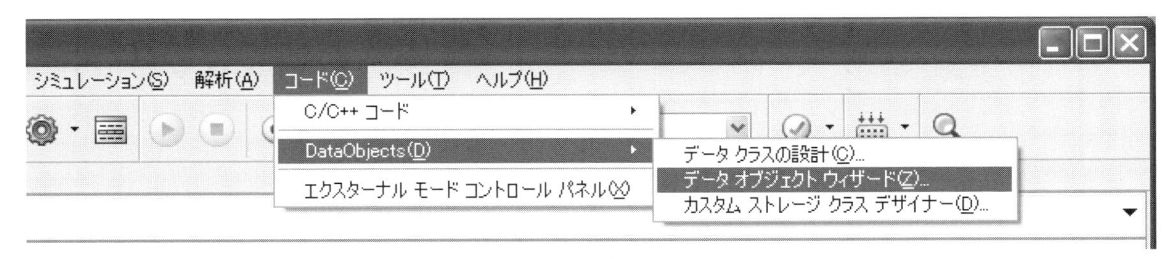

図 7.13　データオブジェクトウィザード起動

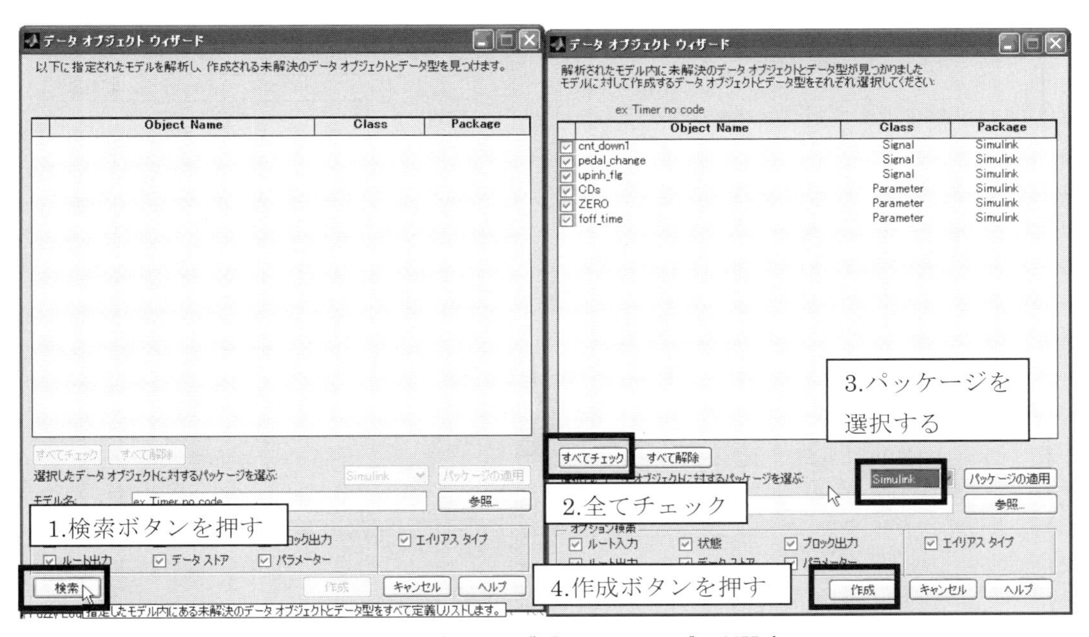

図 7.14　データオブジェクトウィザード設定

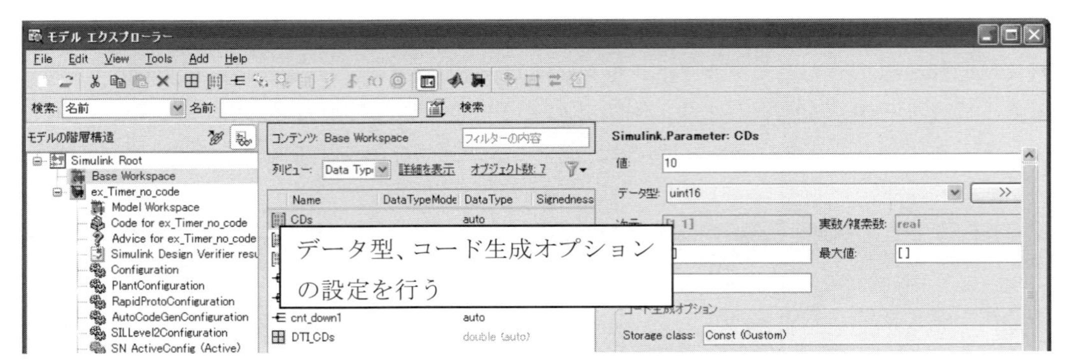

図 7.15 モデルエクスプローラー

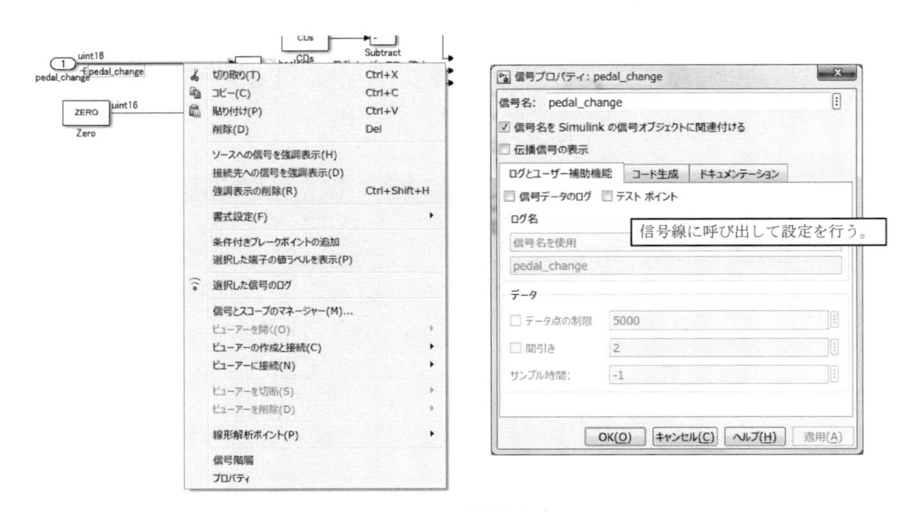

図 7.16 信号設定

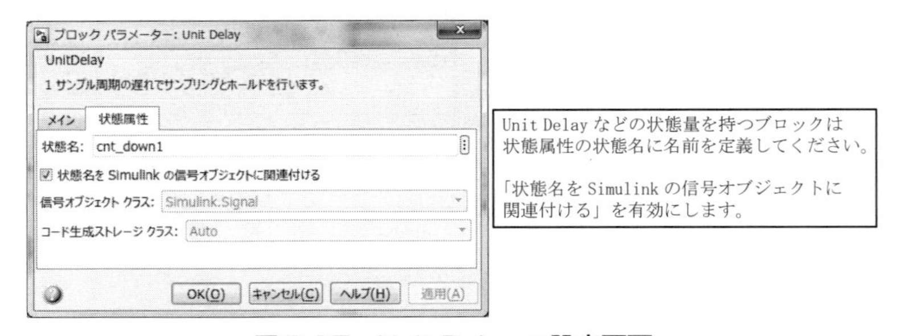

図 7.17 Unit Delay の設定画面

図 7.16 のように信号線の設定を行ってください。データオブジェクトの関連付けに「disableimplicitsignalresolution」のコマンドで一括設定することができます。UnitDelay など状態変数を持つブロックは、図 7.17 のようにブロックパラメーターの状態属性を設定してください。完成すると図 7.2 とほぼ同

じ外観になったのではないでしょうか。

以上の内容を行うことでコード生成の設定ができありますが、その後も用途に応じたストレージクラスの設定、型の設定が必要です。本書では、組み込み用の自動コード生成は対象としていませんが、自動コード生成のための最低限必要な作法を理解してもらうために、少しだけその方法を紹介させていただきました。つまり、モデリング手法と作法の習得が目的です。タイマーはモデリング手法として必須の機能です。作った機能がどのようにしてコード生成できるようになるか、コントローラーモデルを作る時の注意点を覚えてもらうためです。次のモデリング手法に移る前に、重要な作法のポイントをまとめておきます。

まとめ

図 7.10 がコード生成前のモデルです。そこに必要だった注意点は以下の 3 つです。

1. コード生成を行うためには、調整可能なパラメーターに対して（Constant ブロックの値等）、ブロックに直接数字を書くのではなく、名前をつけた変数を用意する。
2. 見たい信号は、信号名を設定する。
3. 状態を持つブロックは、ブロック内部の状態名記載場所に信号名を設定する。

ここでは型の説明を行っていません。C コードを理解している人はモデルが理解できるようになれば、レベル 3 になれるかもしれません。C コードを理解していない人は、上位者が作ったモデルから OJT によって習得する必要があります。

コード生成必須技術のレベル定義

レベル 1　上記 3 点にしたがってモデルを設計できる。

レベル 2　上位者が決定した型を理解しモデルを設計できる。

レベル 3　モデルを理解して自らの考えで型を設計できる。

データタイプの変換・サンプル時間の変換

自動コード生成可能なモデルはすべて離散設定になっている必要があります。サンプリング時間の色分けで、黒が連続、その他の色が離散です。Signalbuider が連続ブロックなので、離散系への変換が必要です。このような場合は、制御系サブシステム入力の前の Data Type Conversion を挿入し、データ型の設定とサンプリング時間を設定してください。制御モデル全体が離散系のシミュレーションとなります。

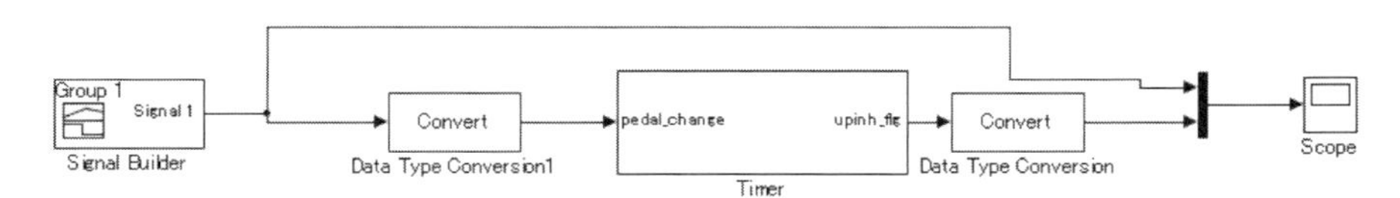

図 7.18　Data Type Conversion

Data Type Conversionのサンプリング時間は、離散としての時間を指定しているだけです。もし、サンプリング時間を変更する場合は、Rate Transitionと呼ばれるブロックを使ってください。

■7.1.4 カウントアップタイマーの設計

ここまでに、カウントダウン型のタイマーを用いて制御モデルからコードを生成する方法を紹介しました。ここからは、実際にコードを生成できる制御モデルを作成できるように機能作成の演習を行います。

課題

- 図7.19にタイミングチャートを示します。それを参考にモデルを作成してください。

要求

- ペダル開度が30%を超えたら、カウントアップタイマーを起動させる。
- エンジントルクの大きさによって、補正時間を計算し、カウントアップタイマー≧補正時間となったら、加速移行フラグを出力（true）とする。
- 補正時間は、エンジントルクの大きさによって、補正時間が変更される。

信号

- 入力信号1：ペダル開度 [%]
- 入力信号2：エンジントルク [Nm]

パラメーター

- Init_ZERO=0;　　%カウンタ初期値
- CUs = 10;　　　%カウンタのカウントアップ幅　サンプリング周期に合わせて10msec
- Te_tbl = [0 20 40 60 80 100];　%補正時間テーブル [1Nm]
- adjT_tbl = [100 100 200 250 300 350];　%補正時間（入力信号2） [msec]
- Cact_thr = 30;　　%油圧補正開始判定ペダル開度閾値 [1%]

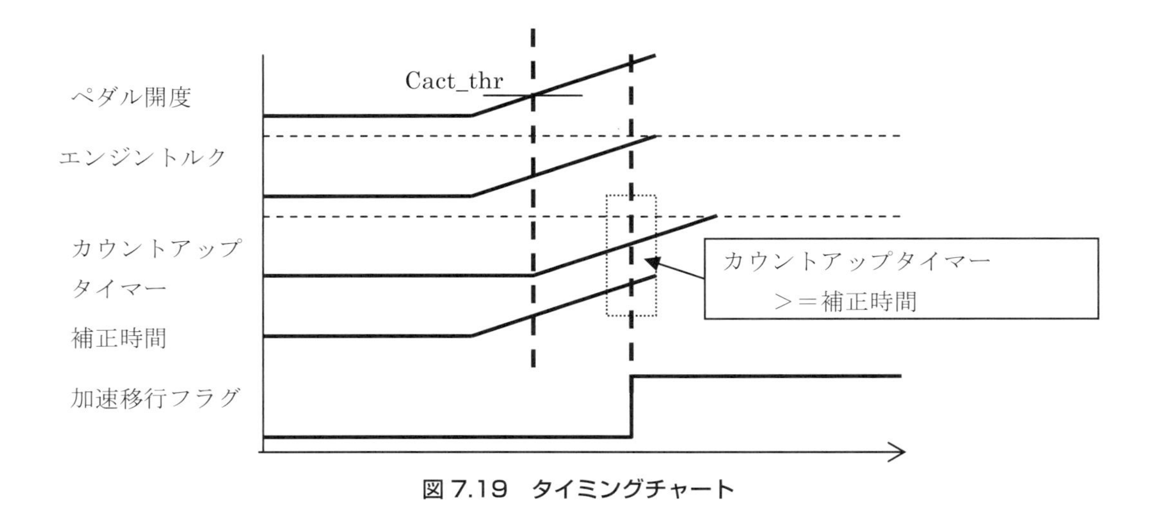

図 7.19　タイミングチャート

解答例

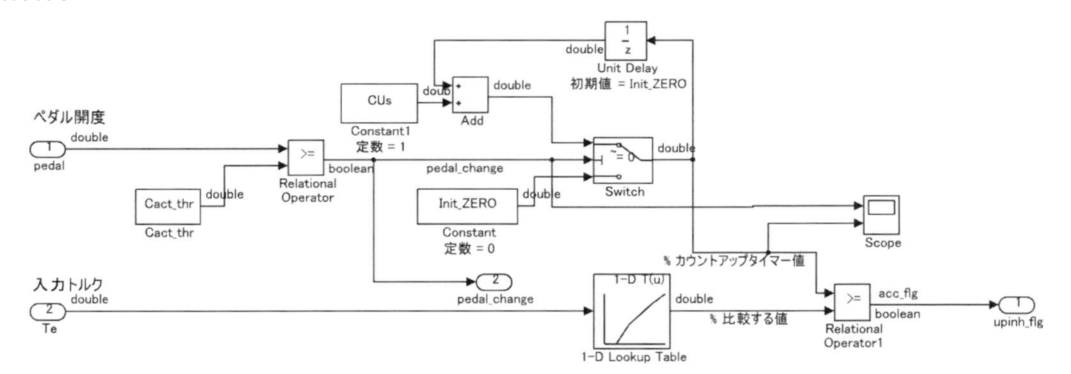

図 7.20　カウントアップタイマーのモデル（ex_Counter.mdl）

上記のモデルは、結果を詳細に見ると間違っている可能性があります。カウントアップのタイミングが意図通りか再確認してください。カウントアップ開始のタイミングで 1 となるべきか、0 でよいのかを考えてください。

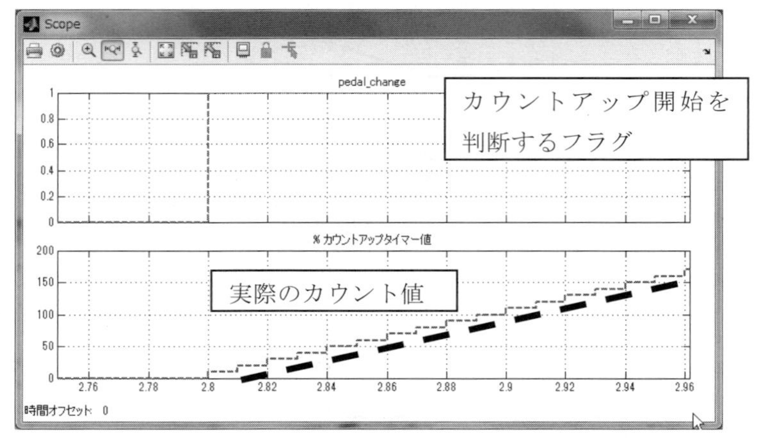

図 7.21　シミュレーション結果

課題

●図 7.21 を参考にモデルを作成してください。

要求

●フラグが成立した瞬間は 0 に、次の周期で 10 カウントアップすること。

ex_Counter.mdl のモデルは、フラグが成立した瞬間に 10 にカウントアップしています。一般的には、フラグが成立した瞬間は 0 に、次の周期で 10 カウントアップするのが正しいカウントアップタイマーです。では、どのようにモデリングしますか？

解答例

Unit Delay の後を出力値として使えば良いと考えますか？その場合は、また異なる部分がずれてしまいます。答えは、入力のフラグに 1 回遅れを用意しその信号を用いて AND 評価を行います。

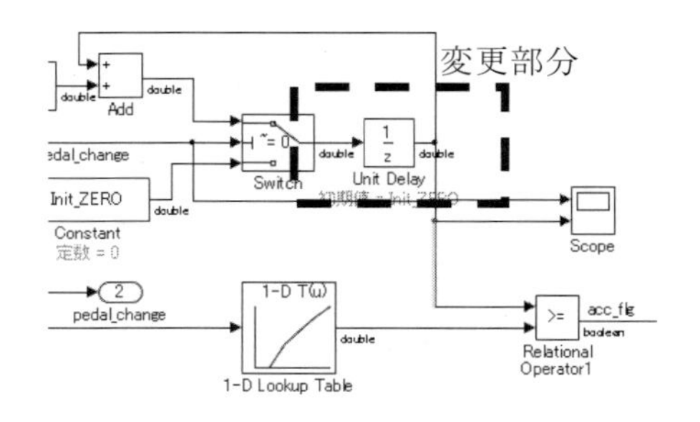

図 7.22　Unit Delay を使った場合の変更（ex_Counte_after_unitdelay.mdl）

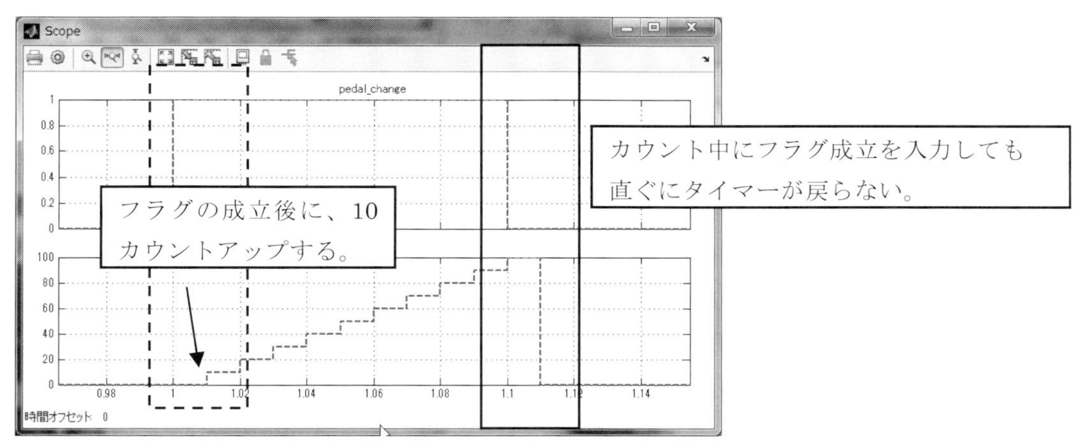

図 7.23　Unit Delay を使った場合のシミュレーション結果

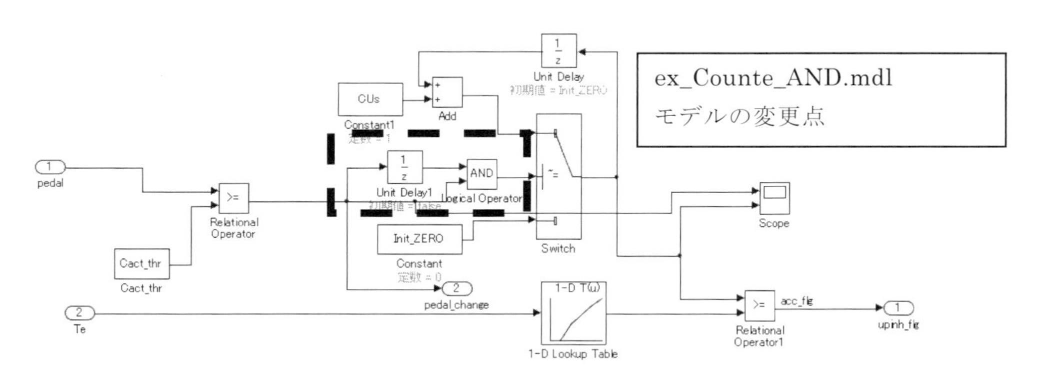

図 7.24　修正後のカウントアップタイマーのモデル（ex_Counte_AND.mdl）

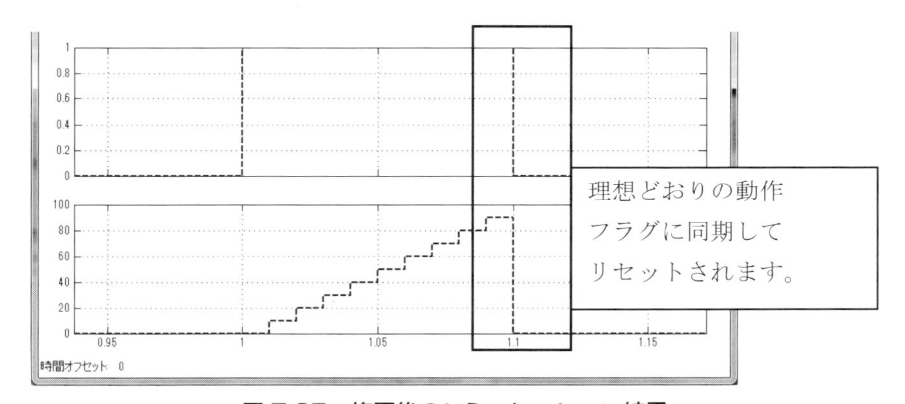

図 7.25　修正後のシミュレーション結果

■7.1.5　タイマー機能を持つブロック

タイマーの作り方をもう一つ紹介します。Discrete-Time-Integrator のブロックを使う方法です。

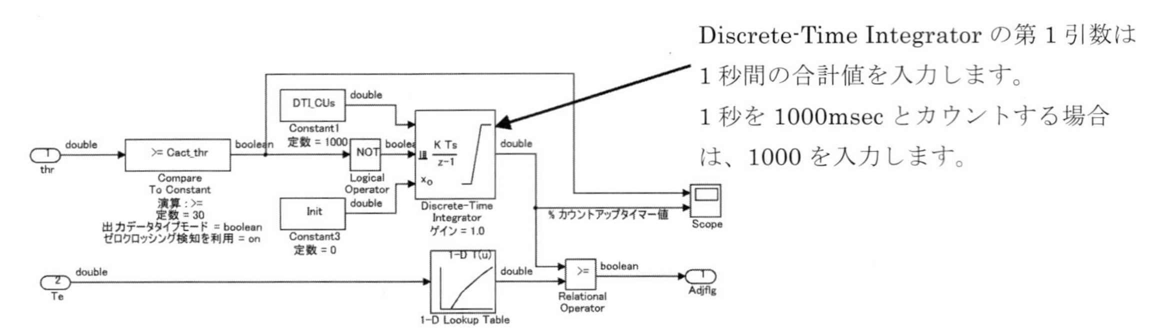

図 7.26　Discrete-Time-Integrator のモデリング（ex_Counter_Discreate_Time_Integrator.mdl）

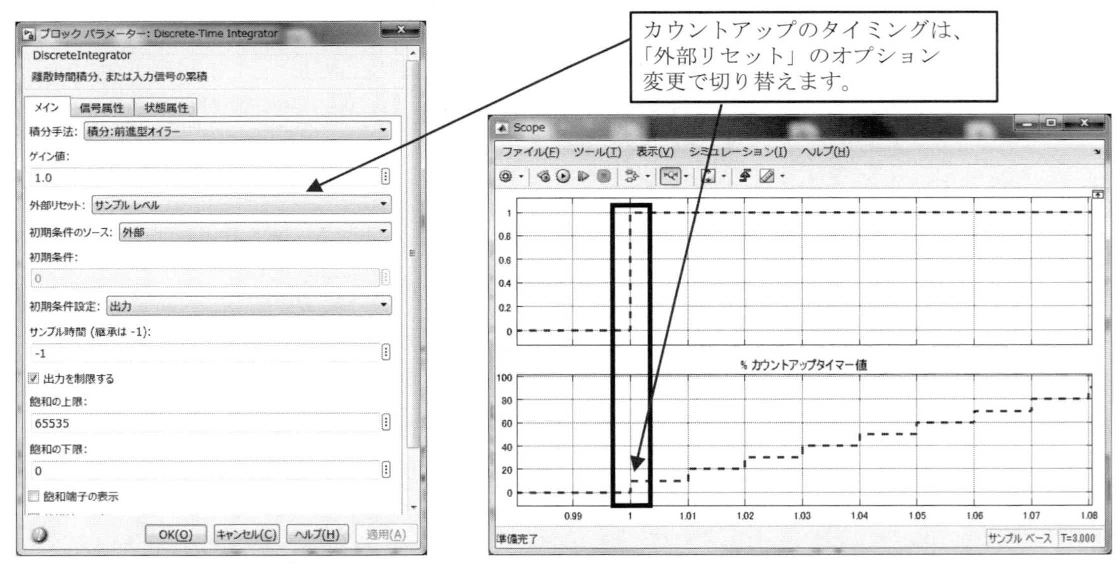

図 7.27　Discrete-Time-Integrator の設定　　図 7.28　Discrete-Time-Integrator の実行結果

Discrete-Time Integrator：外部リセットの設定について

▶サンプルレベル：最初に説明したモデルと同一で、フラグ成立からカウントアップ

▶レベル：後で説明したモデルと同一で、フラグ成立時は 0、次からカウントアップ（1 回遅い）

上記の違いがあります。モデルを変更して効果を確認してください。

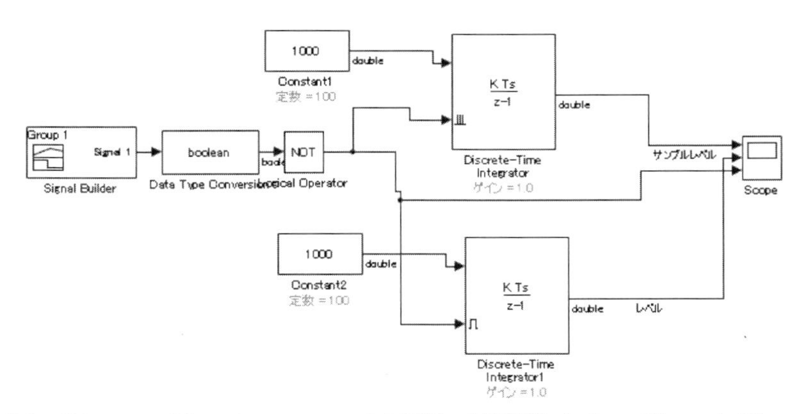

図 7.29　Discrete-Time-Integrator のモデル（設定違い）（ex_DiscreteTime.mdl）

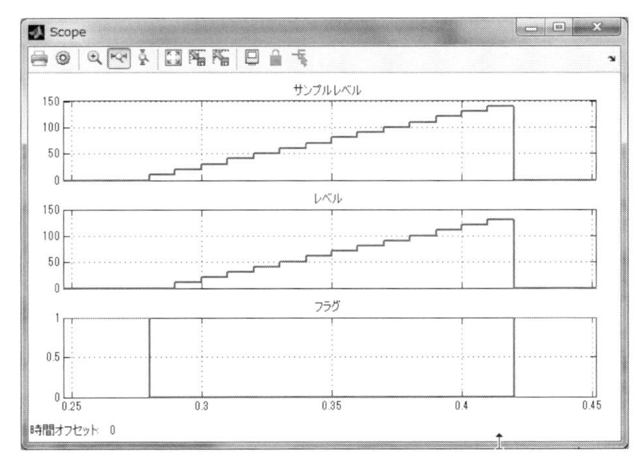

図 7.30　サンプルレベルとレベルの違い

タイマーは非常に良く使われる使用頻度の多い機能です。Discrete-Time Integrator を使うことでモデルの作成時間を短縮できます。Discrete-Time Integrator を使わない場合は、自社独自のタイマーを作っておくことをお勧めします。

Discrete-Time Integrator を整数型で使う場合の注意点

整数の丸めモードに注意が必要です。図 7.31 のように Discrete-Time Integrator に「最も近い整数へ丸め」を選択しなければ、積分結果に大きな違いが出てきます。

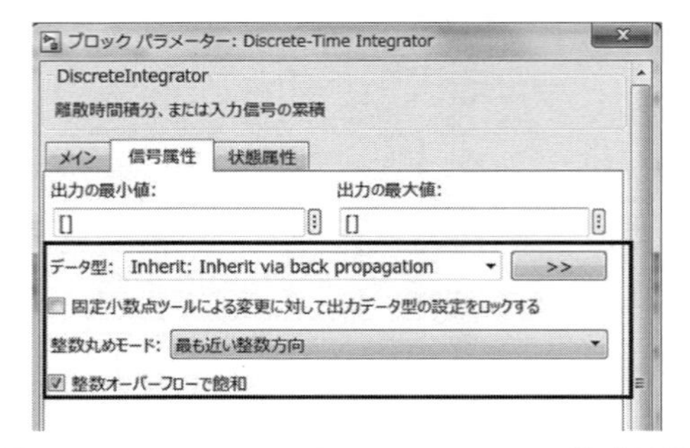

図 7.31　Discrete-Time-Integrator 設定画面

7.2　範囲内を示す

課題

● 下記の要求モデルを作成してください。

要求

● 80 から 100 の範囲内にある時に true を出力し、それ以外を false とする。
● 80 と 100 は true とする。

表 7.2　テストケース

入力値	0	79	80	90	100	110
期待値	false	false	true	true	true	false

解答例

以下のブロックを使用すると簡単に作れます。

◆Logic and Bit Operations / Interval test

◆Logic and Bit Operations / Interval test Dynamic

自身の作ったモデルを比較してください。

モデル作成例

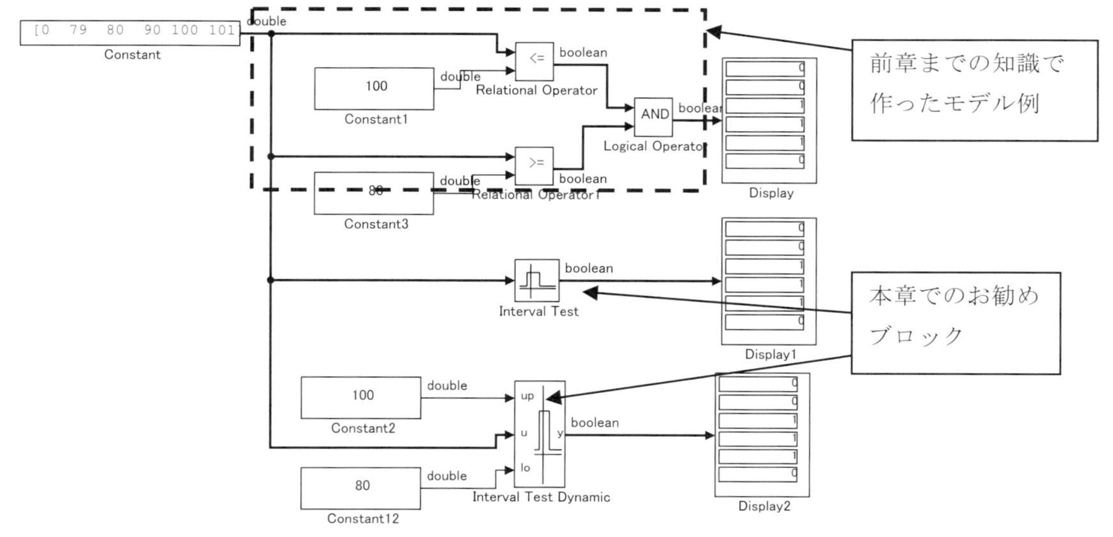

図 7.32　範囲内を示すモデル作成例（ex_IntervalTest.mdl）

7.3　条件分岐の例題

■ 7.3.1　条件分岐の設計

課題

- Switch ブロックを使って下記の要求モデルを設計してください。

要求

- 信号 1 が ON（true）のとき、出力を OFF（false）とする。
- 信号 1 が OFF（false）で、信号 2 が ON（true）のとき、出力を ON（true）とする。
- 信号 1 が OFF（false）で、信号 2 が OFF（false）のとき、出力を OFF（false）とする。

この課題は一緒に設計していきましょう。

まずは、真理値表（表 7.3）を使ってどのような動作をするのか検討しましょう。次にカルノー図を作成し、設定の抜けがどこにあるか確認します。

表 7.3　真理値表

信号 1	信号 2	出力
ON	—	OFF
OFF	ON	ON
OFF	OFF	OFF

	信号 2	
信号 1	ON	OFF
ON	(1) 未定義	(3) 未定義
OFF	(2) 定義	(4) 定義

図 7.33　カルノー図

図 7.33 カルノー図より真理値表の全パターンは 4 つあることが解ります。真理値表を細かく分解しましょう。表 7.4　真理値表 2 を参考に、テストパターンとその答えが解ります。もちろん、モデルは、表 7.3 の段階で作ることができます。複数の Switch ブロックの並べ方は、図 7.35 に示す 3 パターンになります。

表 7.4　真理値表 2

番号	信号 1	信号 2	出力
1	ON	ON	OFF
2	ON	OFF	OFF
3	OFF	ON	ON
4	OFF	OFF	OFF

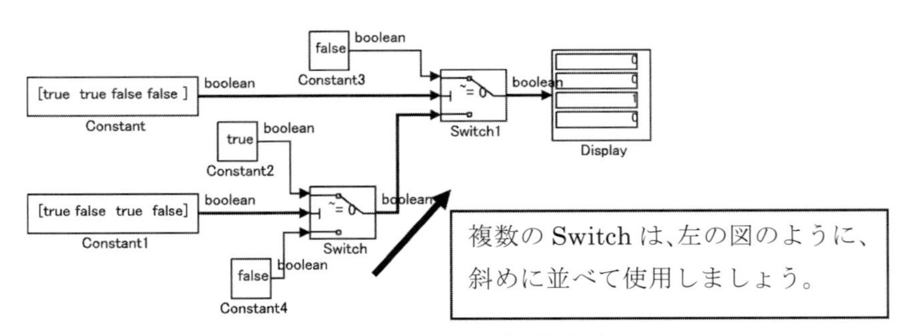

図 7.34　複数個の Switch を使ったモデル作成例 ex_TruthTable1.mdl

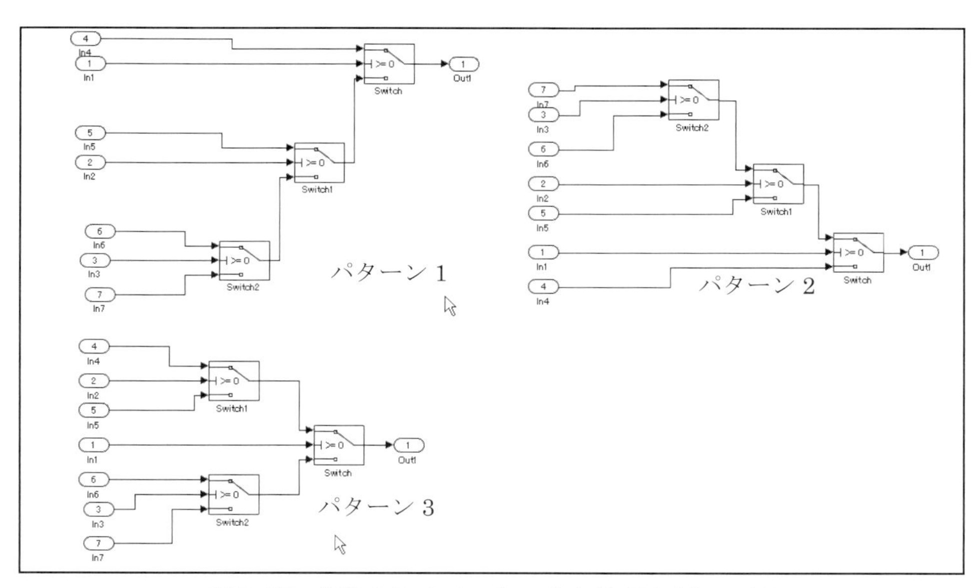

図 7.35　複数の Switch ブロックを並べるパターン図

■ 7.3.2　条件最適化

先ほどは、Switch ブロックを並べる演習としてモデルを作っていましたが、論理演算の組み合わせで設計した方がコード効率的には優れています。では最適化を行い論理演算回路として実現しましょう。

先ほどの表 7.4 から注目点は 3 のみが true で、他は false という点です。2 個の入力に対して、1 個が true、3 個が false となるのは、AND です。つまり、この問題は信号 1 に not をつければ、AND を用いて表現できます。

表 7.5　真理値表 3

番号	Not（信号 1）	信号 2	出力
1	OFF	ON	OFF
2	OFF	OFF	OFF
3	ON	ON	ON
4	ON	OFF	OFF

表 7.4　真理値表から、上記の問題は、（ not（信号 1））AND 信号 2　となることがわかります。

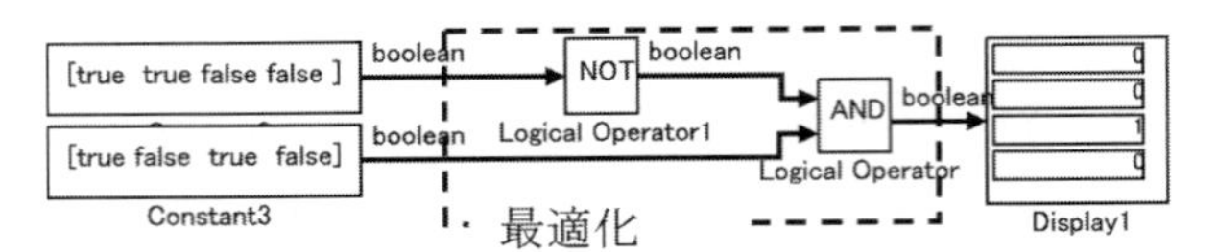

図 7.36　最適化後のモデル ex_TruthTable2.mdl

ここまでの説明は、少し回りくどい説明だったでしょうか？ここで示した図や表は思考過程の途中を示しています。読者もカルノー図を習っていると思いますが、いつ、どのように使うのかわからない方も多いと思います。この例のように、思考過程の途中を残すことは非常に重要です。自分の理解のために作ったものは、なるべくドキュメントとして残すよう心がけてください。課題や要求を読んで、すぐにモデルを作り始めるのではなく、何を作るのか理解することからはじめましょう。検証観点から入力に対する出力を明確にする方法は、要求を理解することに役立ちます。要求を理解するために真理値表などの図や表を使って内容を理解し、それからモデルを作成するというモデル作成方法を習得する事もこの演習の目的です。

■ 7.3.3　優先順位について

課題

- 下記の要求に基づく真理値表とカルノー図を作成してください。

要求

- 青いランプが ON で、黄色いランプが ON のとき、赤いランプを OFF にする。
- 青いランプが ON で、黄色いランプが OFF のとき、赤いランプを ON にする。
- 青いランプが OFF で、黄色いランプが OFF のとき、赤いランプを ON にする。
- ON を True、OFF を False とする。

システム構成

- 青いランプと、黄色いランプは、直列に結合されたシステムです。
- 回路上は、青いランプが点灯しなければ、黄色いランプは点灯しません。
- センサー 1 で青いランプ、センサー 2 で黄色いランプの ON/OFF を検出するシステムです。

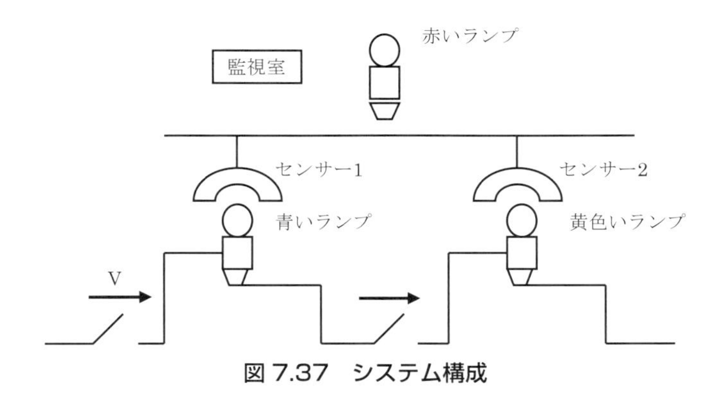

図 7.37　システム構成

解答例

表 7.6　真理値表

青いランプ	黄色いランプ	赤いランプ
True	True	False
True	False	True
False	False	True

	青いランプ	
黄色いランプ	True	False
True	定義	未定義
False	定義	定義

図 7.38　カルノー図

課題

● 上記の要求文面と構成を参考に、上記の未定義箇所を補う真理値表を作成してください。

解答例

この命題には、青いランプが OFF のときに黄色いランプが ON になる命題が抜けています。回路構成が青いランプを通して黄色いランプへの電源供給を行っているので、青いランプが OFF の場合当然黄色いランプに電源が供給されないので、物理的に黄色いランプが点灯することはありえません。しかし、青いランプのセンサーが故障しているだけなら、青いランプが OFF で黄色いランプが ON となる場合が存在します。表 7.7 を設計したら、表 7.8 のように出力を意識した表を作ります。

表 7.7　更新後の真理値表

青いランプ	黄色いランプ	赤いランプ
True	True	False
True	False	True
False	False	True
False	True	True

表 7.8　出力を意識したまとめ後の真理値表

青いランプ	黄色いランプ	青 AND 黄	赤いランプ
			not（青 AND 黄）
True	True	True	False
True	False	False	True
False	False	False	True
False	True	False	True

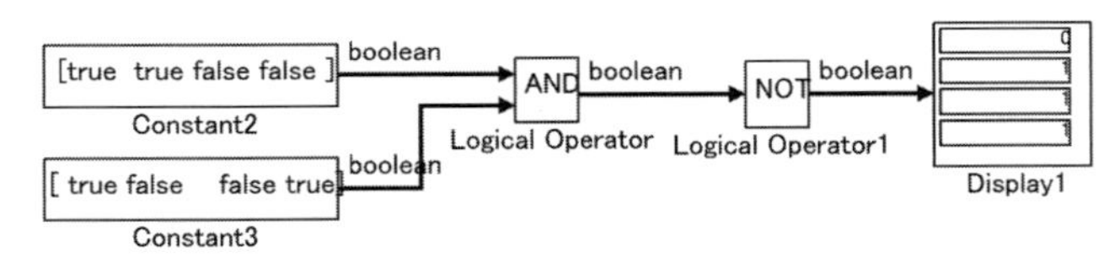

図 7.39　表 7.7 をモデル化した場合（ex_TruthTable_Priority.mdl）

追加の課題

● 下記の場合もモデルを作ってみましょう。

表 7.9　追加の例題

青いランプ	黄色いランプ	赤いランプ
False	True	False

■ 7.3.4　条件分岐を最小にする

課題

● 下記の要求を満たすシステムを表に示して、モデルを作成してください。

要求

● (7.1) 式が成立した場合、x1 は (7.2) 式が使われる。それ以外のときは、(7.3) 式が使われる。

- (7.1) 式が成立した場合、(7.4) 式の a は 65、それ以外は 30。
- (7.1) 式が成立した場合、(7.4) 式の b は 5、それ以外は 20。
- (7.1) 式が成立した場合、システムの出力値制限の上限は 1000、下限は 0、それ以外は、上限 500、下限－500。

(入力 1 － 5) ≧ 0　(7.1)

(入力 2 － 2)　(7.2)

(入力 2 ＋ 5)　(7.3)

$(x1 \times a / 10) + b$　(7.4)

まずは、(7.1) 式によって、何がどのように決まるのか表でまとめましょう。

表 7.10　システムの分岐まとめ

	(7.1) 式成立	(7.1) 式不成立
x1		
a		
b		
上限		
下限		

解答例

表 7.11　システムの分岐をまとめた表

	(7.1) 式成立	(7.1) 式不成立
x1	(入力 2 － 2)	(入力 2 ＋ 5)
a	65	30
b	5	20
上限	1000	500
下限	0	－ 500

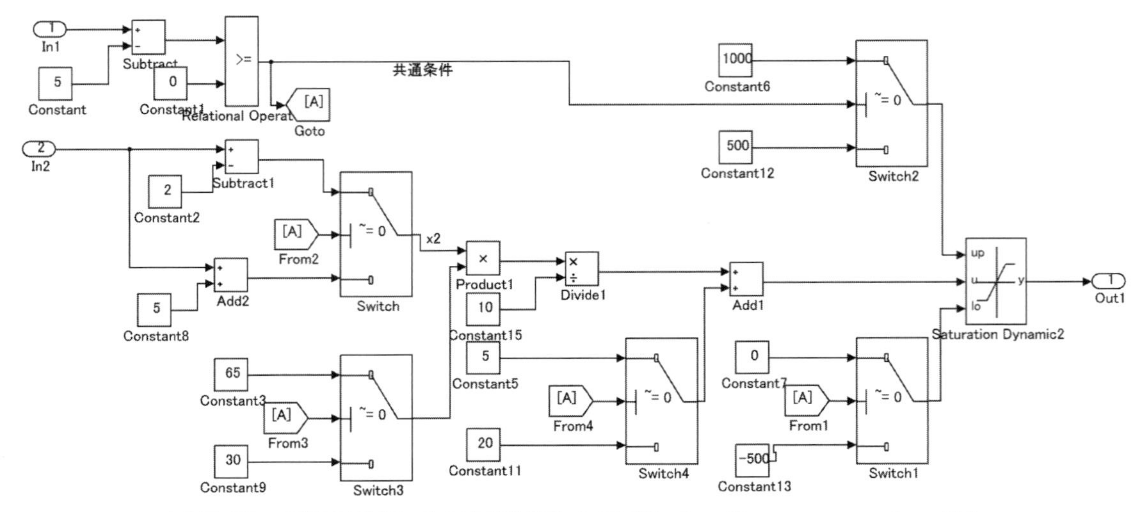

図 7.40　最初の要求をそのまま表現したモデル（ex_Common_mask.mdl））

注意：From、Goto を使用する場合の注意点

- From と Goto を使う場合は、タグの可視性をローカルにして使ってください。
- タグの可視性をグローバルとすると、どこで使われているか不明になるのでアトミック化ができなくなります。（MAAB ガイドライン：「na_0011」、「na_0008」）
- Inport、Outport からの分岐あるいは信号線に名称があるライン途中から分岐する場合は、信号名と同じタグ名をつけてください。
- From、Goto だけでブロックやサブシステムを結線しないでください。少なくとも 1 本は直接結線が必要です。結線がないと見た目での計算実行順序がわかりにくくなるためです。（MAAB ガイドライン：「jc_0171」）

全体を最適化しましょう。まずは、先ほどの要求を別の表現に変更します。

要求のまとめ

- （7.1）式が成立した場合、（7.5）式で、制限値は上限が 1000 で、下限は 0 です。
- （7.1）式が成立した場合、（7.6）式で、制限値は上限が 500 で、下限は－500 です。

$$((\text{入力}2 - 2) \times 65/10) + 5 \tag{7.5}$$

$$((\text{入力}2 + 5) \times 30/10) + 20 \tag{7.6}$$

課題

- システムを表に示してください。
- このシステムのモデルを作成してください。

表 7.12　システムの分岐を出力観点まで含めた表

	(7.1) 式成立	(7.1) 式不成立
x1	(入力 2 − 2)	(入力 2 + 5)
a	65	30
b	5	20
上限	1000	500
下限	0	− 500
出力	(7.5) 式　((入力 2 − 2) × 65/10) + 5	(7.6) 式　((入力 2 + 5) × 30/10) + 20

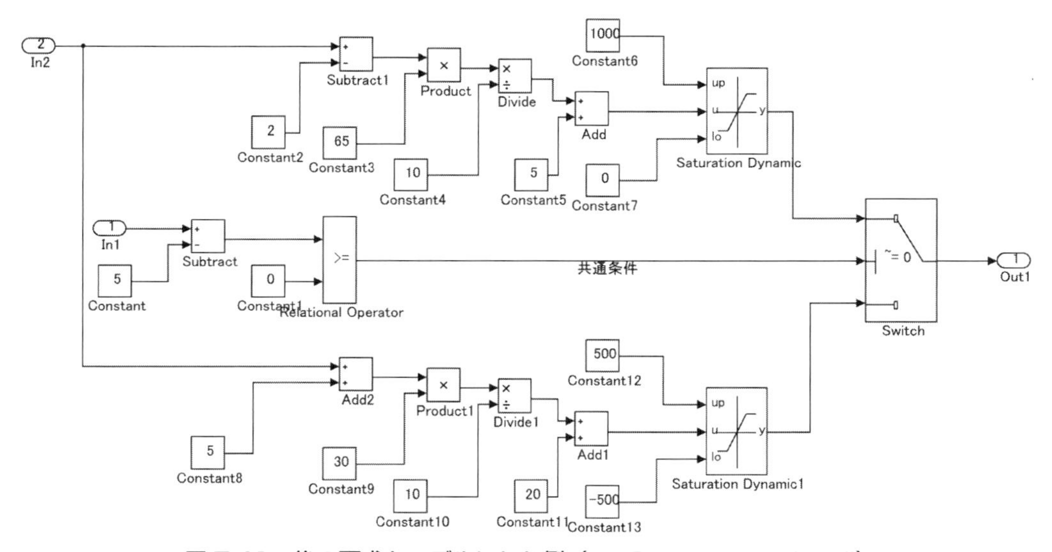

図 7.41　後の要求をモデルにした例（ex_Common_mask.mdl）

解説

図 7.40 は、分岐条件を個別にちりばめて、そのとき、その部位ごとにパラメーターを選択しているので、モデル全体の処理が分断され、意図が伝わりにくいモデルになっています。図 7.41 は、分岐を一箇所に集め、Switch の上下位置を見れば、どのようなパラメーターで計算されるかわかります。重複した記述があるので、ソフトウェアの容量が多くなると思われがちですが、同一の数式群は共通関数化することができるので、解りやすさを優先させてください。解りやすさの優先とは、Switch ブロックのような分岐を減らすことです。次に数式部分の共通化について説明します。

■ 7.3.5　マスク化による見栄えの向上

先ほどの例題をマスク化によって、見栄えを向上させましょう。

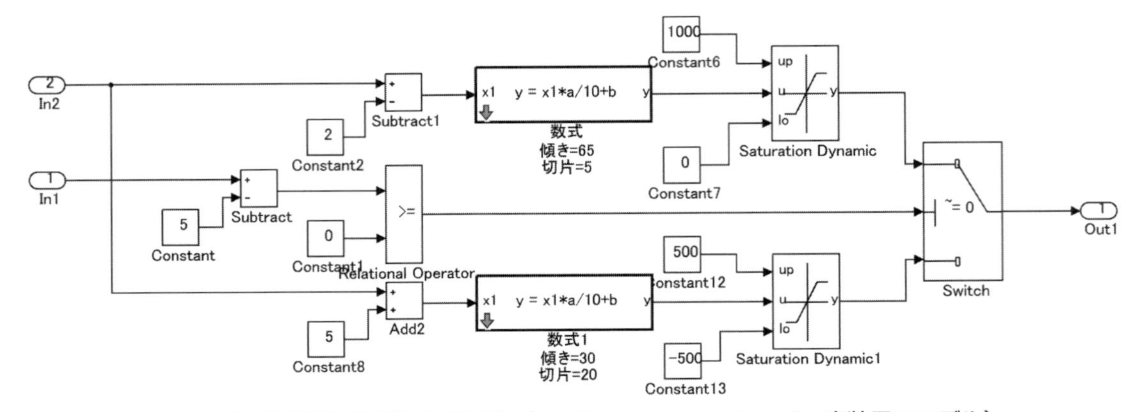

図 7.42 実装用に変更したモデル（ex_Common_mask.mdl 実装用のモデル）

マスク化の手順について説明します。まずは、以下のようなモデルを作成してください。マスク パラメーターとして、変更可能なパラメーターは、最初から名前をつけてください。オリジナルの動作を確認するため、下記のようなモデルを作った時に、a,b は必ずワークスペースに定数を定義し、動作を確認してください。

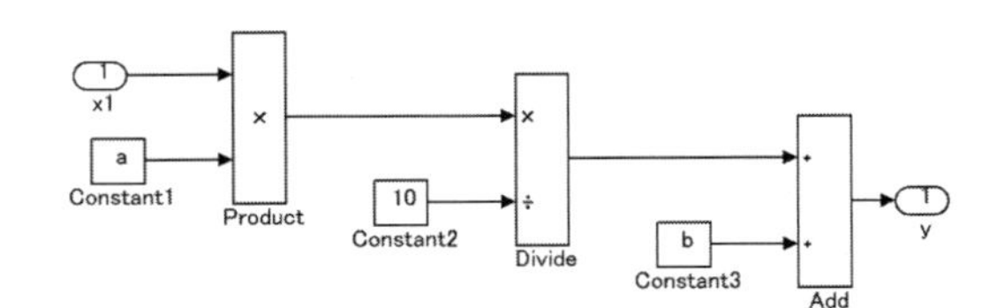

図 7.43 マスク化前のモデル

対象部分全体をドラッグして選択し、対象ブロックのどれか一つの上で、右クリックでメニューを開き、そして〈選択からサブシステム作成〉を選びます。

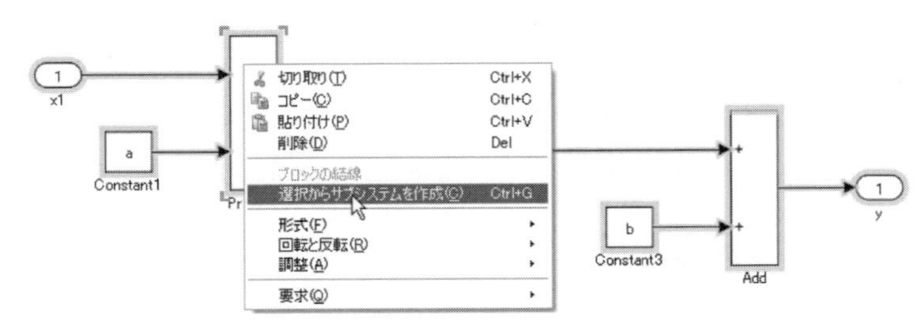

図 7.44 選択画面

サブシステムに名前をつけて、サブシステムの上で右クリックメニューから、〈マスク〉〈マスクの追加〉を選択してください。

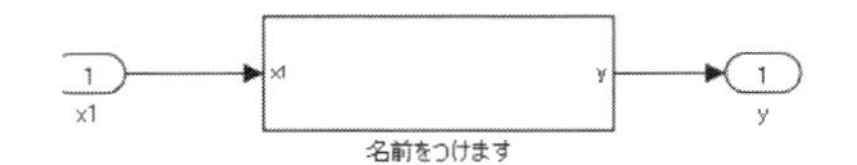

図 7.45　サブシステム名をつけた状況

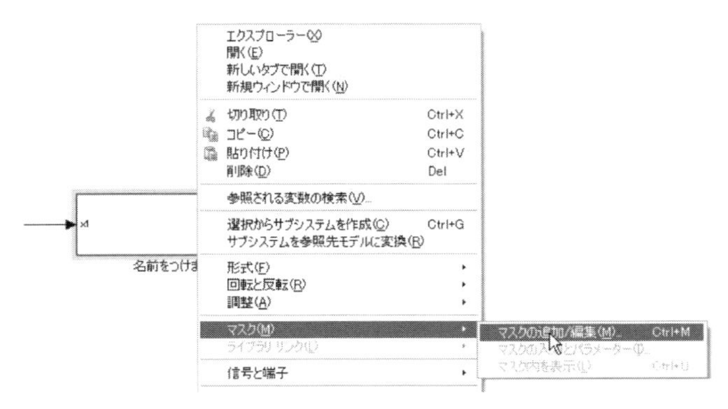

図 7.46　マスク追加の選択画面

マスクエディターが表示されたら、アイコン描写するコマンドの中に、サブシステムの前面に表示する文字を書きます。ここでは、disp ('y = x1*a/10 + b') を書き込んでください。

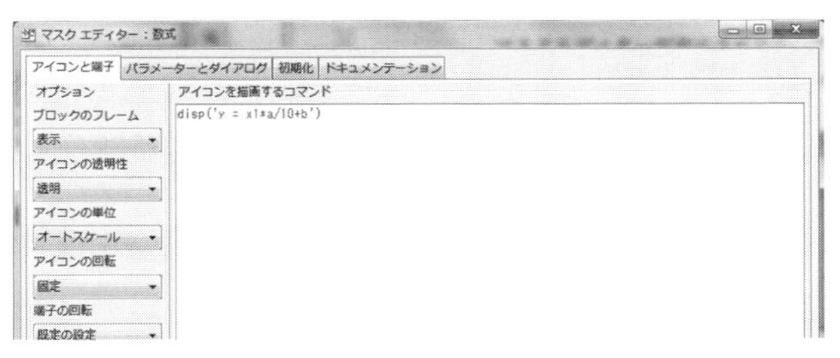

図 7.47　アイコン描画の設定

次にマスク パラメーターを設定します。マスクエディター内のパラメーターのタグを選択し、パラメーターを追加します。最後にマスクのドキュメントを追加します。ドキュメントタグのマスクタイプ、マスクの説明に必要な項目を記載します。マスクタイプは、半角英語で記述します。これは、独自のユーザーマスクでどのような種類かをMATLABが認識するための設定です。その他、ヘルプとして表示する説明を記載します。また、評価、調整可については、本書で説明しません。設定を行うときは、上級者に決めてもらうようにしてください。

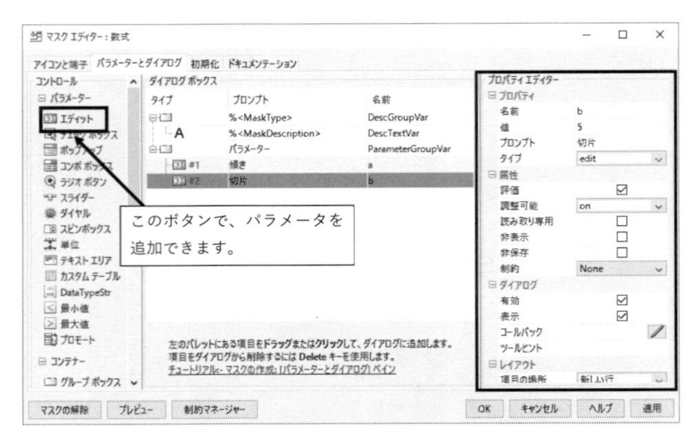

図 7.48　マスク パラメーター設定画面

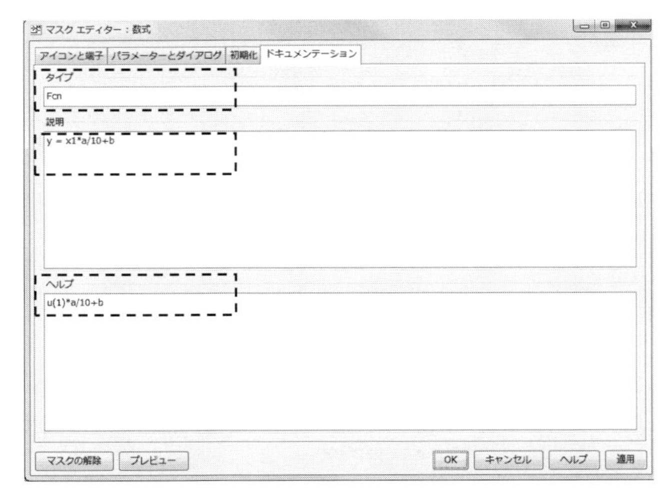

図 7.49 マスクドキュメンテーション設定画面

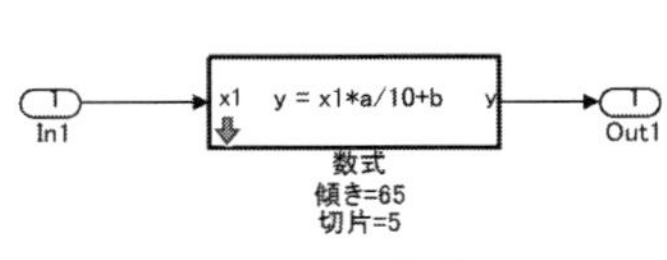

図 7.50　完成図

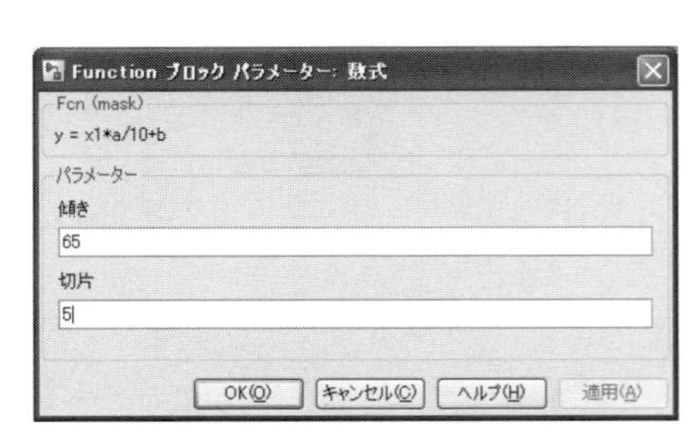

図 7.51　パラメーター設定画面

マスクサブシステムを設計したら、マスクサブシステム上でダブルクリックしてください。マスク パラメーター設定画面が開かれます。ここにパラメーター名を書き込んでから使ってください。

マスク化したモデルの中を開く方法

マスク パラメーターを設定すると、ダブルクリックでサブシステムの中が開かれず、パラメーターの設定画面が表示されるようになります。今までの操作では、サブシステムの中を編集したい場合に移動できません。移動するためには、今までとは異なる操作手順が必要です。図 7.52 のように、メニューから選択する方法と、R2012b では、マスクサブシステムの左下にある↓をクリックすれば、サブシステムを開くことができます。モデルのモデルブラウザーから移動することもできます。

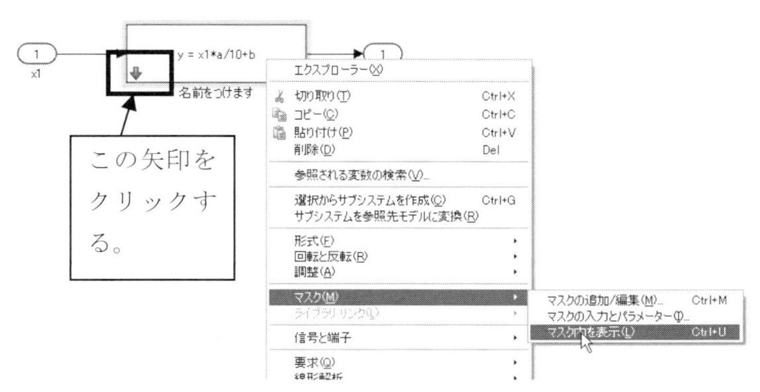

図 7.52　マスク内の表示選択画面

学習のポイント

1. マスクサブシステムの表示方法
2. マスクサブシステムへのパラメーターの設定方法
3. マスク化されているサブシステム内部への移動方法

上記の 3 つのポイントを覚えてください。

C コード上を再利用する設定を行うには、関数のタイプの設定が必要です。設定方法だけを教えるなら簡単ですが、どのような条件の時にどのタイプを設定するのが最も効率的なのかを説明することは非常に難しい課題です。共通関数の場合は、例えば、ブロックをどこまで含めるかの検討は、共通部分を広げた方が ROM 効率は向上しますが、再利用回数が減ってしまいます。モデル内全体を見渡して、関数範囲を決める必要があります。マスク化、ライブラリ化、関数設定は、通常スキルレベルの高いエンジニアが判断しながら作業を行います。関数の設定は、規模の設定も各社で異なります。検証環境を含めトータルで考えます。このように、どのような時に、マスク化、ライブラリ化、関数設定を行うかは、本書内で説明を完結することができませんので、本書では割愛させていただきます。

7.4 Unit Delay の活用（重要）

7.4.1 エッジの検出

課題

- 以下の要求に基づくエッジ検出のモデルを作成してください。

要求

- false から true に立ち上がった瞬間に true を出力し、それ以外は false を出力する。
- 初期の出力は false とする。

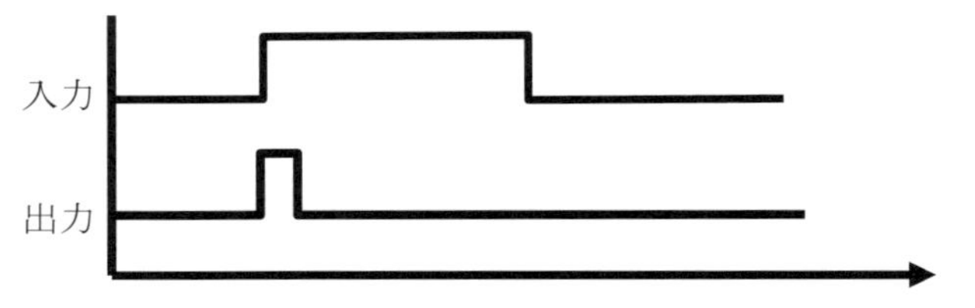

図 7.53　立ち上がりエッジを検出する機能のタイミングチャート

モデルの設計の前に、Simulink/Logic and Bit Operations/Detect Change というブロックの説明をしましょう。これは、前回値と異なれば true、それ以外で false が出力されます。つまり、true から false、false から true に変化した瞬間だけ true になります。要求は、false から true だけで true なので、今回は使用できませんが、考え方の参考になります。

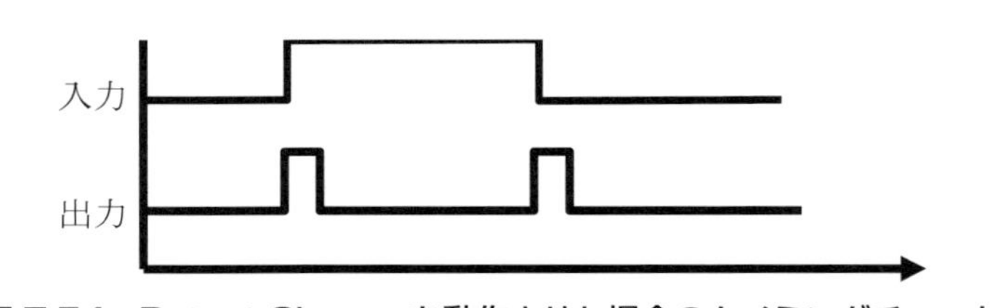

図 7.54　Detect Change を動作させた場合のタイミングチャート

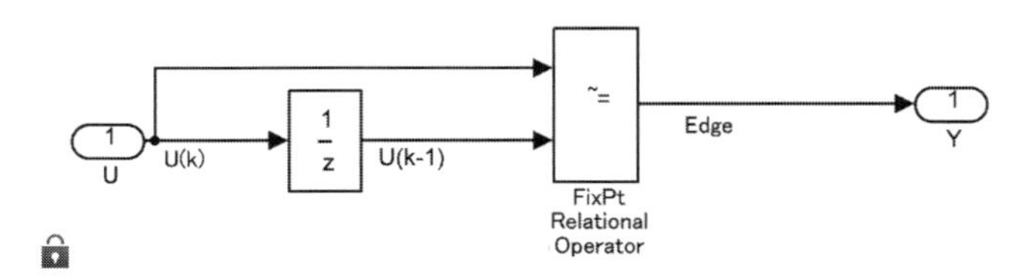

図 7.55　Detect Change の内部構成

今までの例題を通して、要求文面から直ぐにモデルを作るのではなく、まずどの様な結果を得たいのか理解してからモデルの設計をする訓練を行ってきました。ここでも、今までどおり自分が要求を理解するための図や表を作りましょう。

ヒント：今回の入力信号と過去の入力信号をそれぞれ x [k], x [k – 1] として、期待値 y [k] の表を作りましょう。

解答例

この例題では、要求文面に true や false の文字があるので、入力は論理型と考えても問題ありません（図 7.57）。しかし、入力信号が論理値以外の場合は、想定する入力信号の範囲が 0、1 だけでなく、2、3、4 といった他の数値の存在も視野に入れ設計する必要があります（図 7.56）。この解答例では、前回値が 0 かつ今回値が 0 でない場合に出力を 1 に、それ以外は 0 を出力します。入力信号の型が論理値の場合は、あらためて 0、1 の数値と比較する必要はありません。論理演算結果は、そのまま論理演算を続けます（LogicalOpeator に直接入力する）。まとめると、入力信号が数値の場合は数値との比較、論理型の場合は論理演算で処理します。ここで示した解答以外に、様々な方法があります。解答例以外でも結果が一致するなら、それで問題ありません。

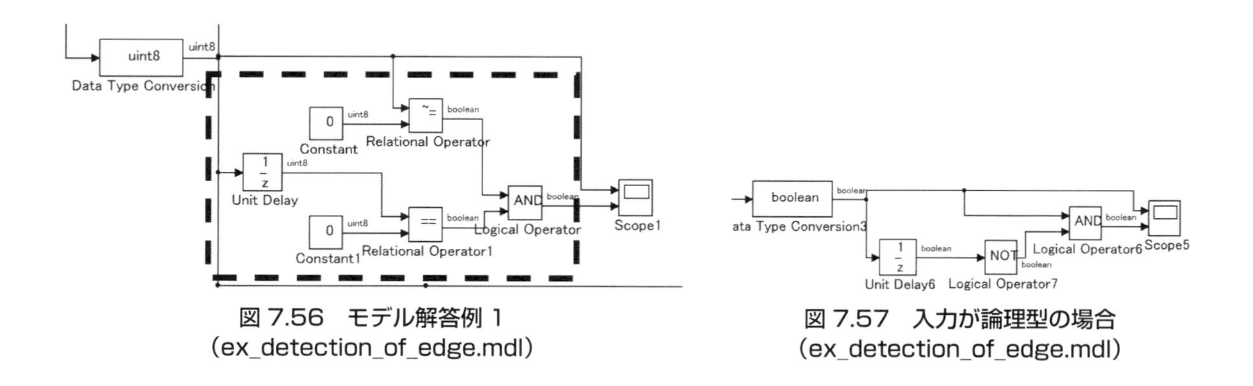

図 7.56　モデル解答例 1
(ex_detection_of_edge.mdl)

図 7.57　入力が論理型の場合
(ex_detection_of_edge.mdl)

■ 7.4.2　立ち上がりエッジの記憶

課題

- 以下の要求に基づくエッジ検出のモデルを作成してください。

要求

- システムの初期の出力は false
- 入力が false から true に変わったら以後は true、それ以前は false

タイミングチャートを描いて、要求を確認しましょう。

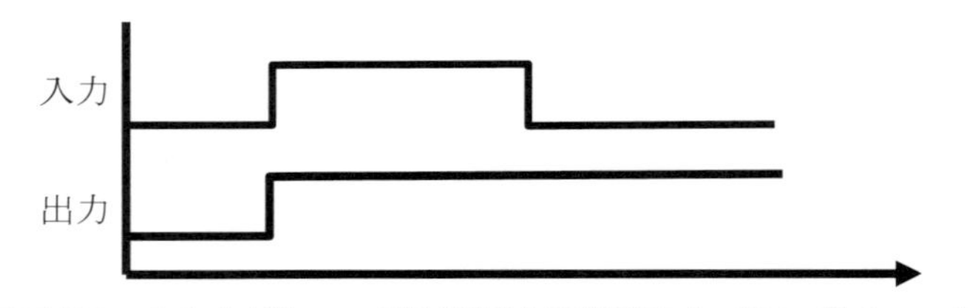

図 7.58　立ち上がりエッジを記憶する機能のタイミングチャート

解答例

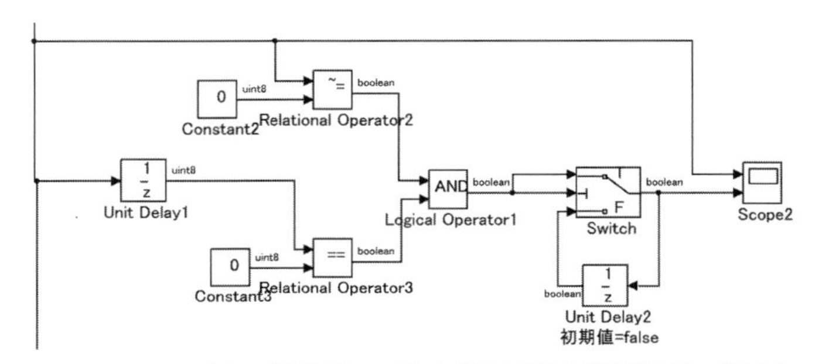

図 7.59　モデルの解答例 2（入力信号が論理値型以外の場合）

要求は true、false でしたが、図 7.59 のモデルは、汎用的に使えるよう uint8 で設計されています。uint8 の場合は、数値との比較を行ってください。Relational Operator を用いて条件に一致しているか論理信号を出力させます。もし、システムへの入力が最初から論理信号の場合、数値の比較を行わず、論理演算として Switch ブロックへ入力します。boolean 信号は、そのまま Switch ブロックに入力するか、not で逆にして入力するかになります。

■ 7.4.3　立ち上がり後の保持リセット付き

上記の仕様は一度 true になると、false に戻りません。そこで、入力信号の他に、リセット信号も追加されたケースを考えます。

課題

- 以下の要求に基づくエッジ検出のモデルを作成してください。

要求

- システムの初期の出力は false
- 入力 1 が false から true に変わったら以後は true、それ以前は false

●入力 2 が true に変わると、false にリセットされます。

ヒント：リセットを行う Switch は最優先なので、出口側の一番近いところに配置します。

この例題は、他の例題と共有するため、上下を入れ替えずに作っています。入力信号 1 を上側、入力信号 2 を下側に配置し、Unit Delay のフィードバックと交差しないようにするため、先ほどとは Switch の上下を逆にしています。そのため、not が 2 箇所で使われています。

解答例

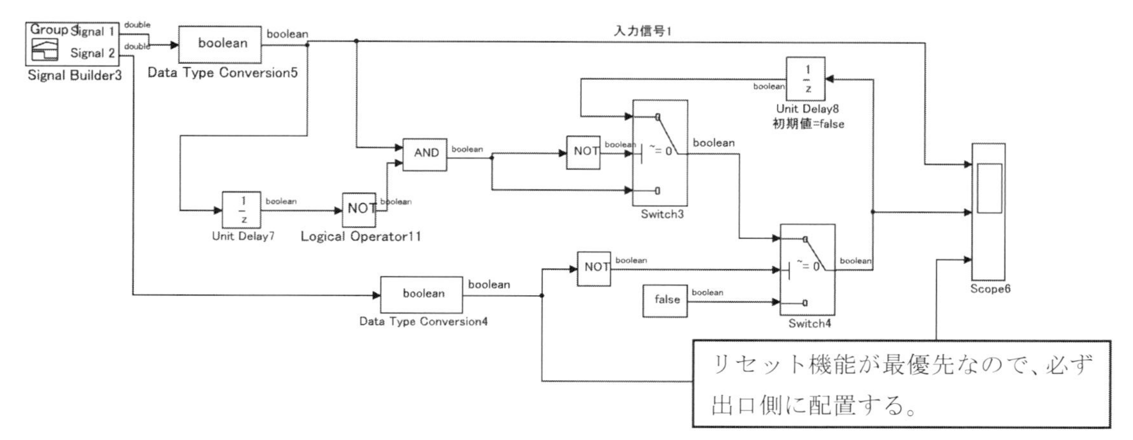

図 7.60　リセット機能付エッジ記憶解答例（論理値入力）

■ 7.4.4　状態変数の初期化（重要）

このパターンは、非常に重要なのでモデルを見ながら解説を行います。if-action サブシステムを使って、Subsystem1 と Subsystem2 のアクティブを切り替えるシステムです。Subsystem1 と Subsystem2 の違いは、Unit Delay をサブシステムの内部に配置するか、外部に配置するかです。Subsystem1 の内部は単なる減算です。

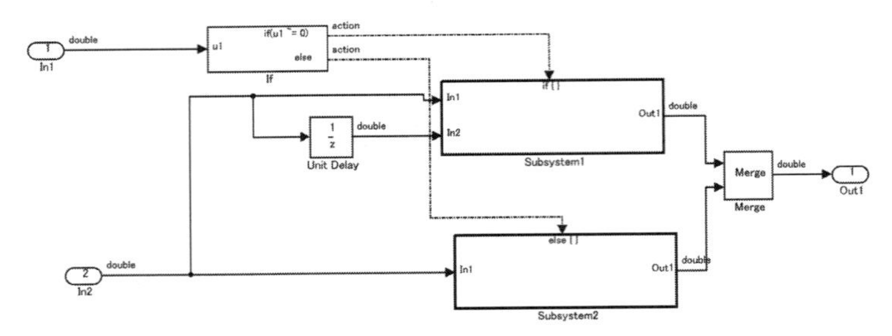

図 7.61　Subsystem1 と Subsystem2 全体構成（ex_Enable_init.mdl）

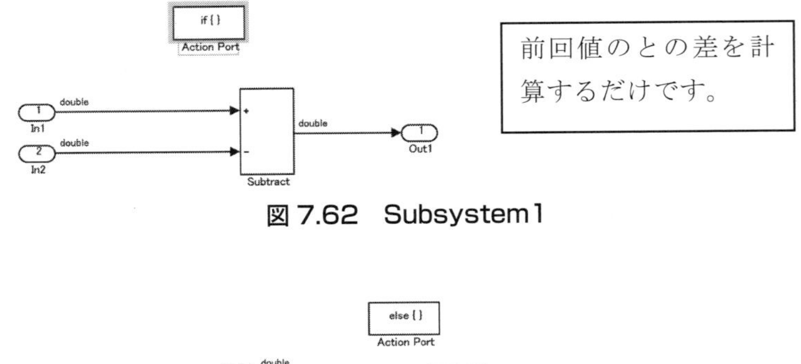

図 7.62　Subsystem1

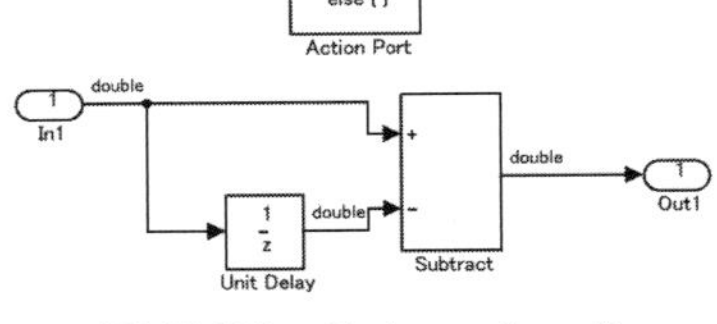

図 7.63　Subsystem2

違いを確認しましょう。Subsystem1 は Unit Delay をサブシステムの前にあるので、常に過去の値を記憶しています。Subsystem2 は、サブシステム内部に Unit Delay を持っています。実行した時の違いがわかるでしょうか？

Subsystem1 と 2 の入力は、サンプリング時間 0.01 秒ごとに 2 上昇します。サブシステム内部は前回値との差分を計算するので、どちらのサブシステムでも出力値 2 が期待されます。しかし実際には、Subsystem2 は、切り替えの瞬間に 2 以外の答えが返って来ます。Enable サブシステムの初期化の時に、UnitDelay が初期化され、第 1 回目に 0 との比較を行う為です。

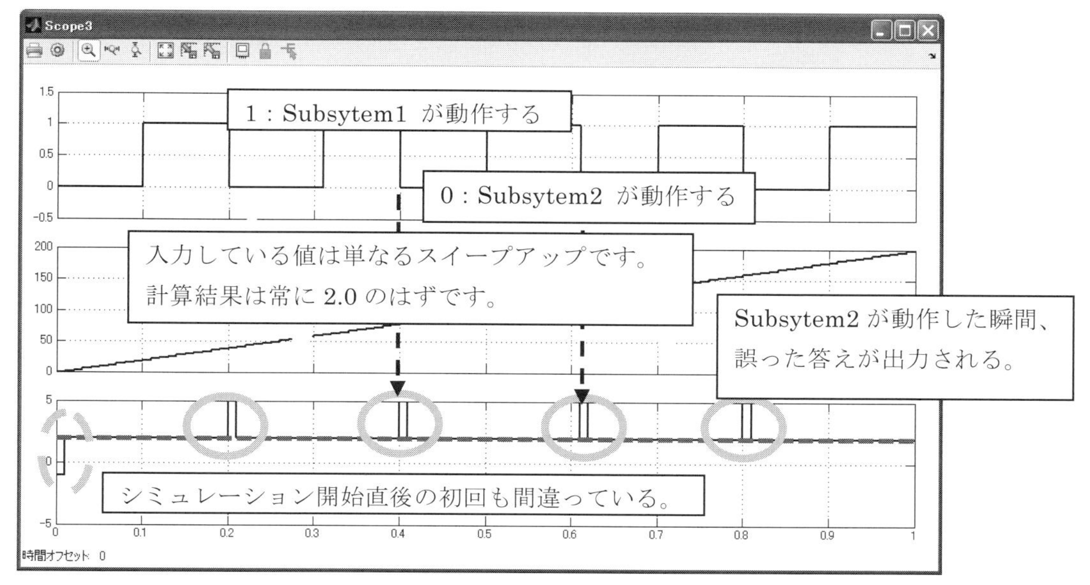

図 7.64　実行結果

この問題を防止する最も良い方法は、図 7.61 上側、Subsystem1 の外に UnitDelay を出す方法です。しかし、Enable サブシステムの中にブロックを形成するケースもあると思いますので、他の手法を説明します。

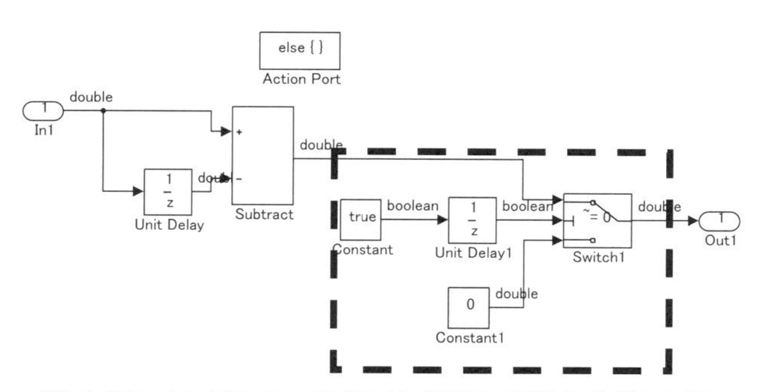

図 7.65　UnitDelay を用いた特別な初期化参考モデル

図 7.65 の最後の部分に作られた、点線枠（Switch ブロック、Unit Delay、Constant ブロック × 2 個）を使った初期化の手法です。Unit Delay の初期値が、false に設定されているので、初回のみ false が出力され、2 回目以降は true となります。これを用いることで、初回のみ、設定された Constant ブロックの値が出力され、その後は正しく計算された値が出力されます。

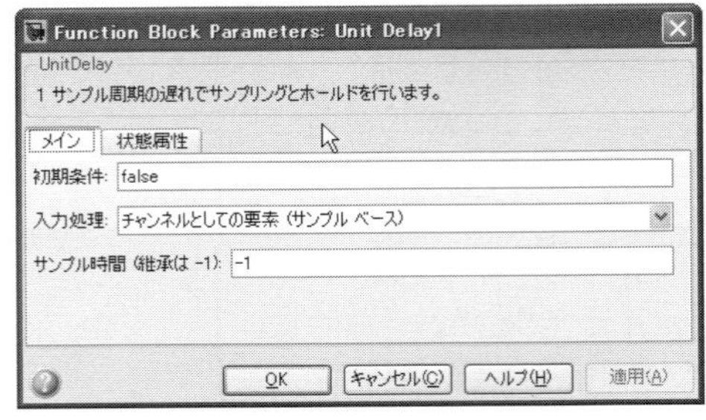

Unit Delay の状態変数は RAM に確保される信号です。この信号の初期値は極力 false つまり 0 を設定します。信号の初期値を 0 に設定すると、無駄なコードとして ROM から削除される場合があります。逆にすると信号の初期値として 1 を設定する ROM 領域が確実に必要となります。

図 7.66　Unit Delay の初期値設定

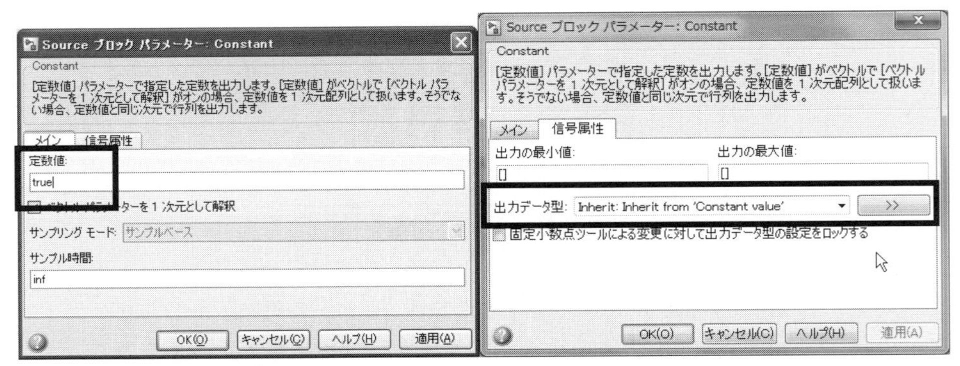

図 7.67　Constant ブロックに true, false を設定する場合の設定方法

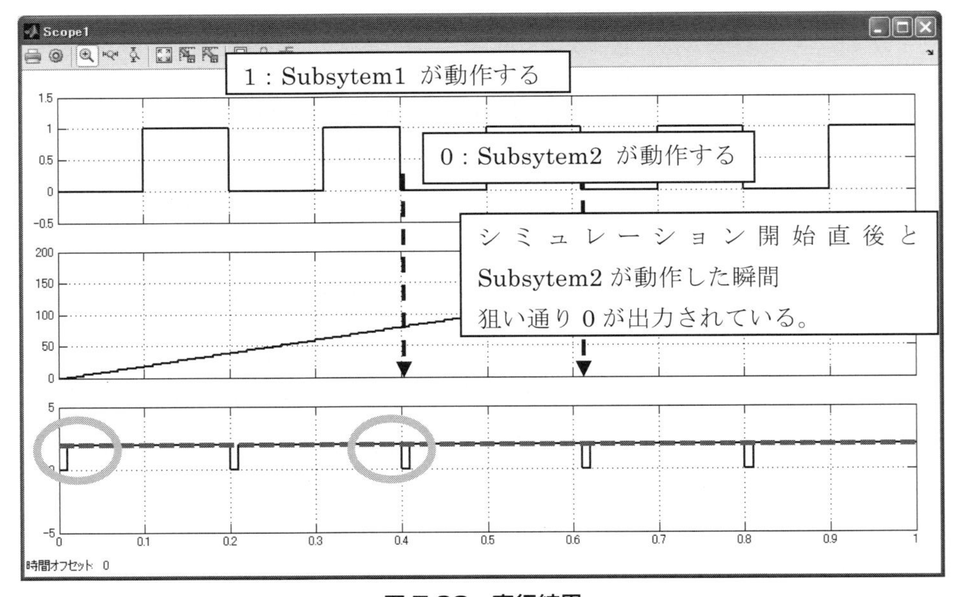

図 7.68　実行結果

結果が示すとおり正しい結果が計算できるわけではありません。単に初回の値をコントロールしているだけです。これは、後の計算がPID制御などの場合に、間違った微分値を使わずに、0にしておく場合に使用します。

また、この組み合わせを使えば、「初回の値を記憶する」機能としても使えます。条件が成立した初回に入力値を出力し、それ以降は記憶した値を出力します。

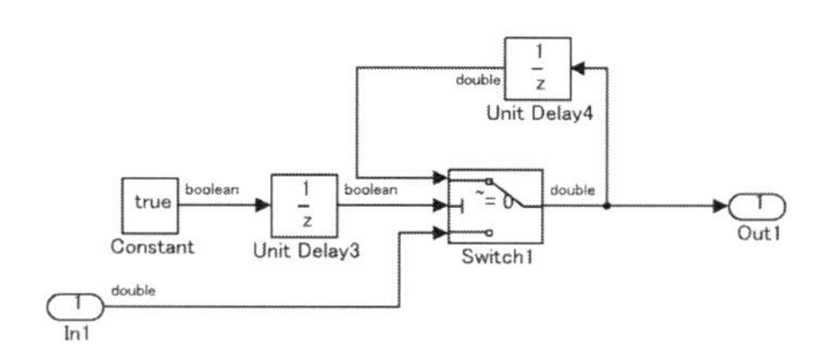

図 7.69　初回の値を記憶する

7.5　配列の活用（for ループ）

■ 7.5.1　Relay ブロック：ヒステリシスを持つブロックの使い方

入力がON閾値を超えるとON時の出力になり、入力がOFF閾値を下回るとOFF時の出力になります。ON閾値とOFF閾値にヒスがある場合に便利なブロックです。

課題

- 下記のヒステリシスを持つモデルを設計してください。

要求

- 最初は0の出力をベースにします。
- 出力が0のとき、入力1が10以上になると1を出力する。
- 出力が1のとき、入力1が5以下になると、0を出力する。

Discontinuities/Relayを使って、図7.71を作成してください。

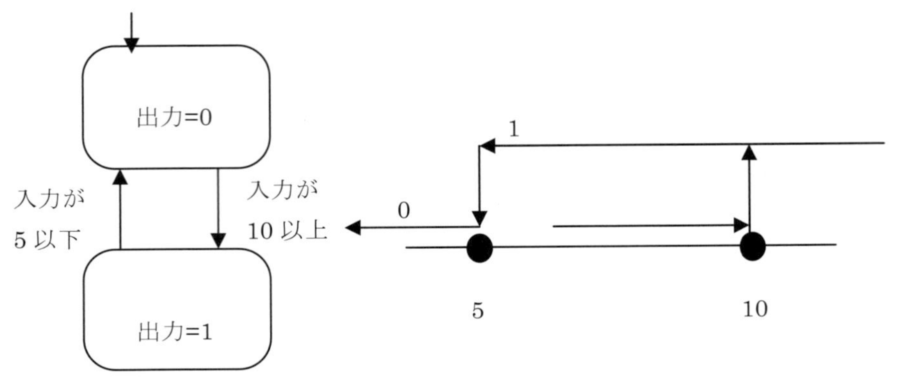

図 7.70　Relay ブロックの動作説明

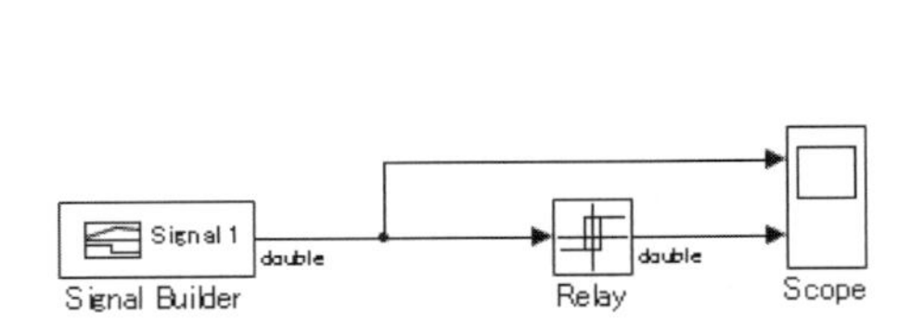

図 7.71　Relay ブロックのモデル

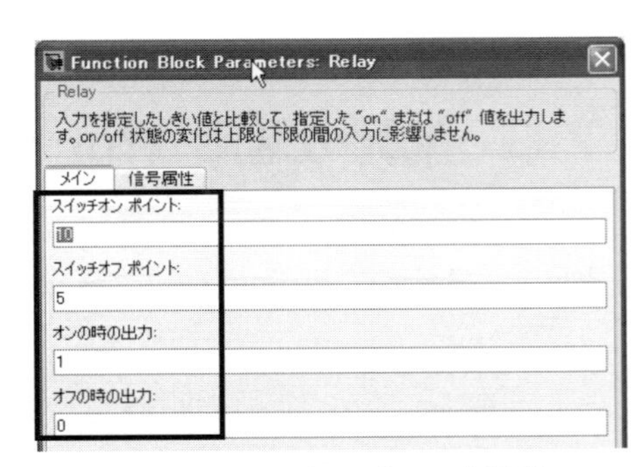

図 7.72　Relay ブロック設定

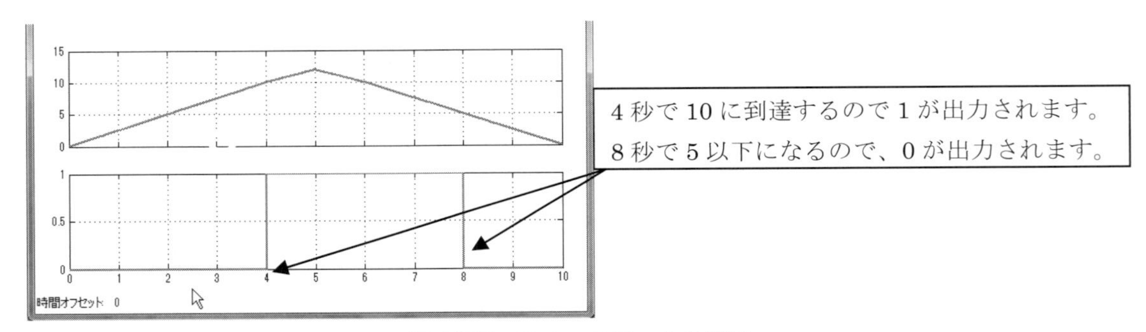

図 7.73　Relay ブロックの結果

■ 7.5.2　配列処理を活用する

課題

- 下記のヒステリシスを持つモデルを設計してください。

要求

- 出力は 0 で始まります。
- 100 度以上で 1 に、120 度以上で 2 が出力される。
- 一度 2 が出力されると、110 度以下になるまで 2 が出力される。
- 110 度以下になると、1 が出力される。
- 更に温度が下がり、90 度以下になると、0 に戻る。

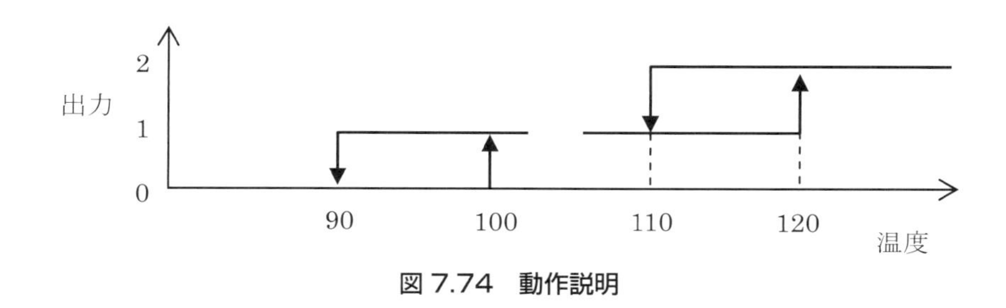

図 7.74　動作説明

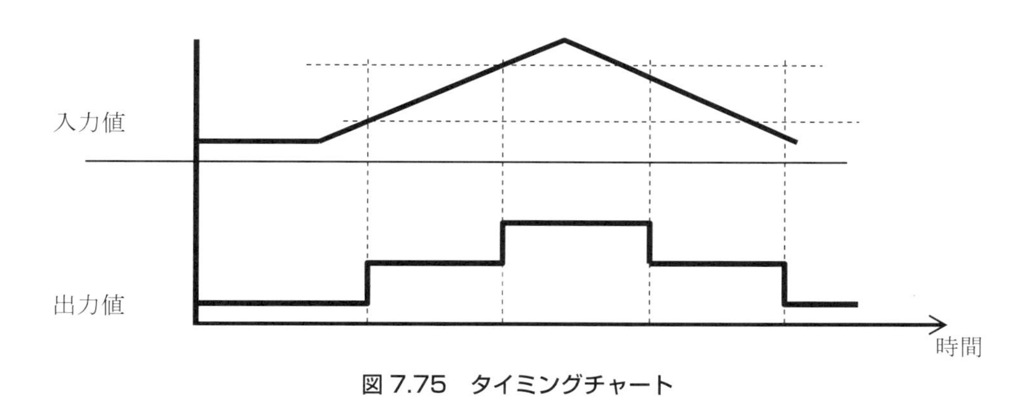

図 7.75　タイミングチャート

下記のパラメーターを使ってください。

- OT1_OFF = 90;
- OT1_ON = 100;
- OT2_OFF = 110;
- OT2_ON = 120;

●LOW= 0;
●NORMAL = 1;
●HOT = 2;

解答例

◆モデリング 1

最初に if-else で構成した場合を示します。

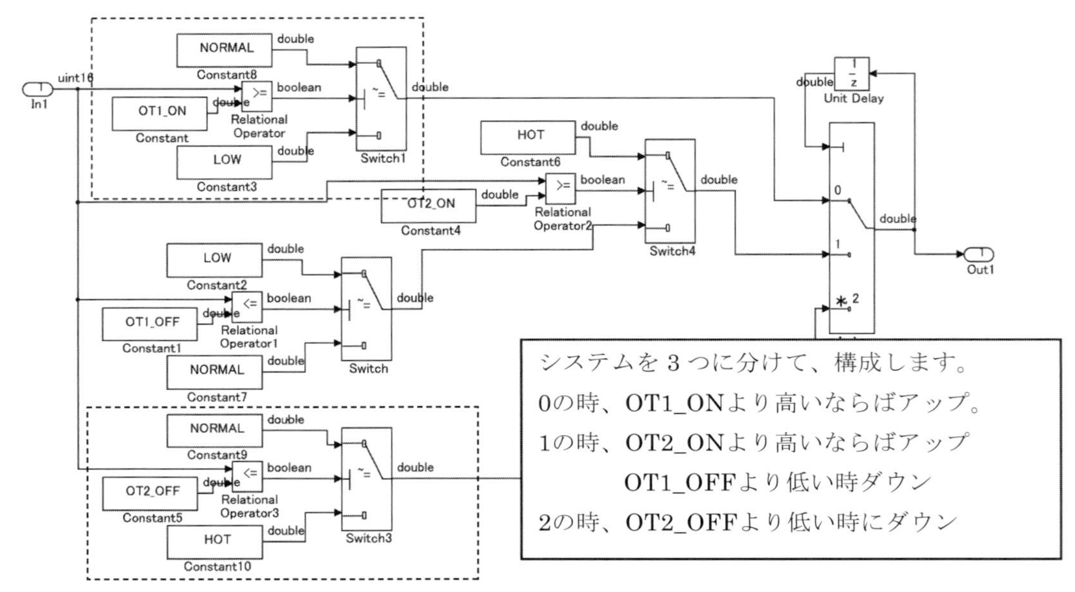

図 7.76　if-else モデル（ex_Array_Relay_lev1）

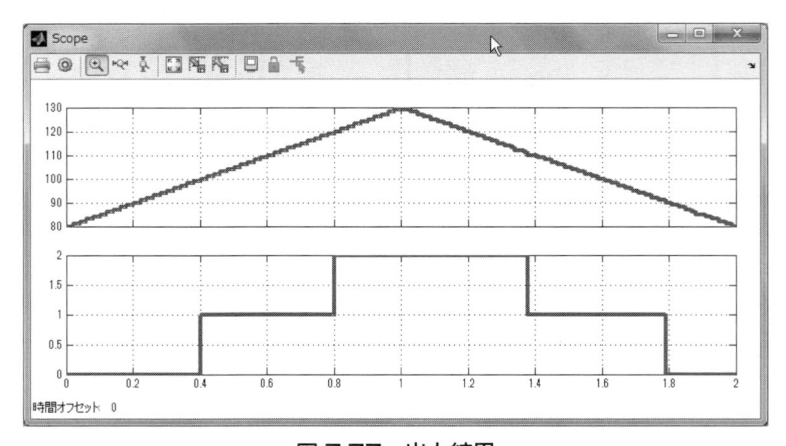

図 7.77　出力結果

◆モデリング2

Relayで構成した場合を説明します。先ほどのif-elseからRelayブロックを使ったモデルに変更してください。以下、動作のイメージになります。

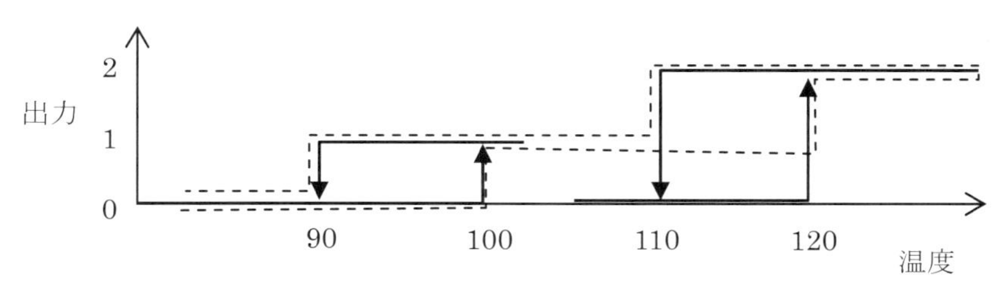

図7.78　Relayの符号動作イメージ図

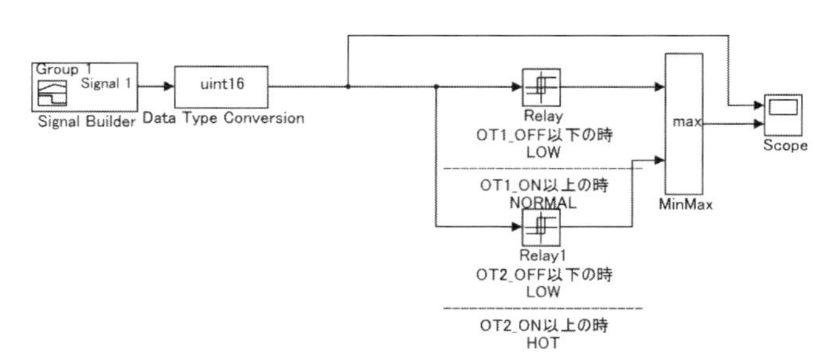

図7.79　Relayの複合モデル（ex_Array_Relay_lev2）

モデリングのコツは、個別のRelayの結果をどのように選択するかです。OFF側の答えのときに最小値を出力すれば、両方の出力結果の最大値を使えば、同じ結果を得られることに気付いたでしょうか？つまり、幾つかの処理を連続的に実行し、その中のどの答えが最適で、どのように答えを選択するかという手法を考えれば、連続処理としてモデリングができるようになります。この考え方に基づき次の演習に進みましょう。

◆モデリング3

次は配列を使用した場合です。先ほどの2個のRelayブロックを1個にまとめてください。パラメーターを配列で定義しましょう。

- OT_FIXTHR = [100, 120];
- OT_HYS = 10;

次にブロックをベクトル処理に変更します。図7.80のブロックを構成し、サブシステム化してください。

図 7.80　配列で動作する Relay モデル（ex_Array_Relay_lev3）

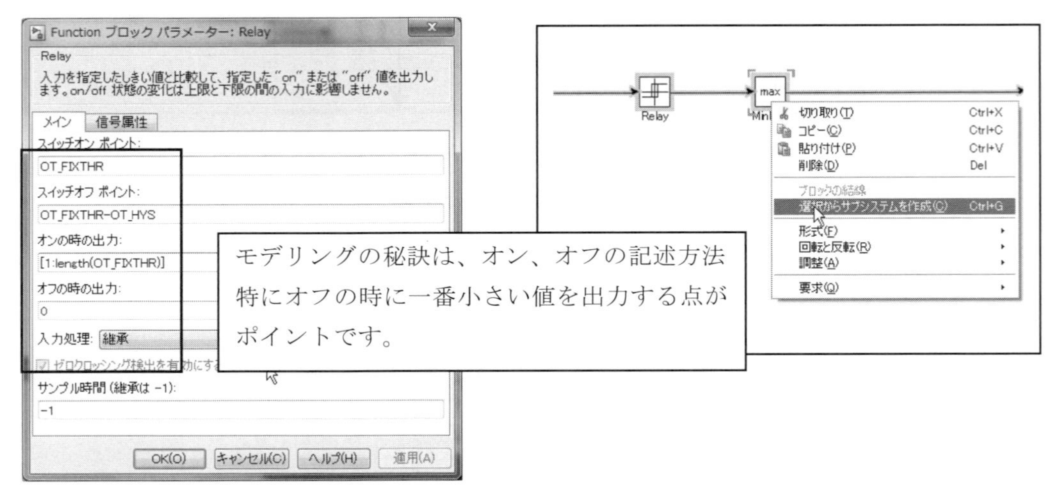

図 7.81　設定方法

普通に使う場合はこれで動作しますが、苦労して作った機能なので、マスク化し絵をつけて多くのユーザーが使いやすいようにしてみましょう。このような作業を行うと機能の再利用性が向上します。ただし、このテクニックはレベル 2 の内容ではありません。他にも様々な知識が必要ですので参考として記載します。ex_Array_Relay_lev3.mdl のモデルを見て、以下の図 7.82、図 7.83 にてマスク化の操作方法を確認してください。

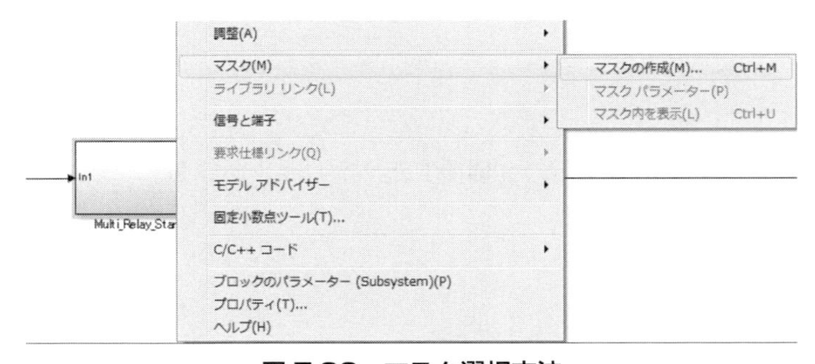

図 7.82　マスク選択方法

図 7.83　マスク設定方法

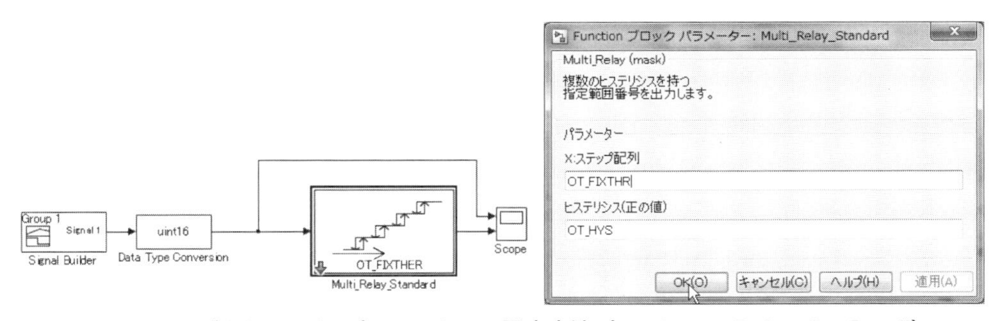

図 7.84　モデルとマスク パラメーターの設定方法（ex_Array_Relay_lev3.mdl）

マスク化を用いて絵をつけることで理解度を向上させることができます。Simulink モデルは絵があるので分かりやすいのですが、機能ごとにサブシステム化してしまうと単なる箱（サブシステム）となり、グラフィカルな開発環境が生み出すメリットが活用できません。再利用したい機能には絵をつけて活用してください。この事例でも、Relay ブロック + max ブロックで複数の Relay を計算していると直感的にわかる人は少ないはずです。モデルを眺めるだけでは直感的に理解できません。直感的に解る絵をつけることで理解度の高いモデルを作ることができます。モデルベース開発をみんなで作り上げるには、絵を描くコマンドを勉強する必要があります。参考としてコマンドは、ex_Array_Relay_lev3.mdl サブシステムのマスクの描写と初期化に書かれているので興味のある方は確認してください。

■7.5.3　ベクトル処理の解説

MATLABは元々行列処理のツールなのでベクトル処理が簡単にできます。例えば、[1,2,3,4,5,6,7,8,9,10]の配列を作る場合は、[1:1:10]と記述すれば配列ができます。[1:2:10]と書けば、1から2ずつカウントアップし、10までという意味です。

```
コマンド ウィンドウ
>> [1:1:10]
ans =
     1     2     3     4     5     6     7     8
   9    10
>> [1:2:10]
ans =
     1     3     5     7     9
>> [1:2:11]
ans =
     1     3     5     7     9    11
>> [1:3:11]
ans =
     1     4     7    10
fx >>
```

図7.85　MATLABでのコマンド記述例

当然ですが、[1:3:11]はぴったりの数字にならないので、11ではなく、10までの配列ができます。このような配列の大きさは、lengthまたは、sizeという関数で取得できます。m = length (a)あるいは、[m1,m2] = size (a)です。

```
コマンド ウィンドウ
>> a=[1:1:100];
>> length(a)
ans =
   100
>> b=[0:5:20];
>> length(b)
ans =
     5
fx >> |
```

図7.86　MATLABでのコマンド記述例

MATLABのコマンドウィンドウでは、;をつけると「結果の表示を省略する」という意味です。mファイルにパラメーターを記述したと思いますが、同じルールです。特に、mファイルでは、;をつけてください。

7.6　機能単位での配列処理活用（for ループ）

■ 7.6.1　変速点制御の拡張

前章で、変速点制御を作りました。しかし、今回は少し実装後のCコードを意識したモデル設計を行ってみましょう。ここでは前の Relay 同様、配列化により for ループで変速点制御を実現する処理を考えます。

まず、前章では、ギヤ段ごとに制御を実装しました。内部は、アップシフトの処理とダウンシフトの処理を別々に行っています。アップシフト側は、1st から 7th ではアップシフト線と比較し、車両速度が高ければアップシフトします。、そして、2nd から 8th ではダウンシフト線と比較し、車両速度が低ければダウンシフトさせます。つまり、**アップシフトは 1st ～ 7th の繰り返し処理、ダウンシフトは 2nd ～ 8th の繰り返し処理となります。**先ほど説明したとおり、全体の計算結果から、どの結果を選択すれば正しい答えになるのかを考えることが重要です。

では、アップシフト 1st ～ 7th、ダウンシフト 2nd ～ 8th の計算結果が出揃った場合、それぞれどの答えのどれが最適となるでしょうか？　アップシフトは前回のギヤ段よりも高いギヤ段を算出する制御です。一番大きいギヤ段が答えです。逆にダウンシフトでは、現在のギヤ段よりも低いギヤ段を計算します。つまり一番小さいギヤ段が答えです。これが、それぞれのループの処理になり、最終的に、アップシフト側のギヤ段に変化がない場合は、ダウンシフト側の結果を使用するという構成にすれば、すべての処理が終了します。

では、繰り返しループを使うために変速点のデータを配列定義し、配列処理によって繰り返し処理を実行させましょう。まずは、変速線マップを配列として定義しましょう。

データ定義

```
upgear=[1:1:7];                % 現在の判断ギヤ
select_upgear=upgear+1;        % アップシフトする時の出力ギヤ
dwgear=[2:1:8];                % 現在の判断ギヤ
select_dwgear=dwgear-1;        % ダウンシフトする時の出力ギヤ
thrup=[0    4    8   20   25   30   45   75   85   95  100 ];        %[%]
thrdown=[   0   10   15   20   35   45   55   65   85   95  100 ];   %[%]
shiftUPSP=[ 7    7   11   14   16   20   29   41   47   47   47 ;    %1-2 [km/h]
           12   12   16   19   23   29   38   60   77   87   87 ;    %2-3
           18   18   24   27   29   38   56   89  114  134  134 ;    %3-4
           33   33   33   34   36   43   73  118  154  174  174 ;    %4-5
           41   41   42   53   70   90  114  175  208  208  208 ;    %5-6
```

```
               49    49    55    65    85   115   150   200   235   255   255 ;   %6-8
               65    65    65    75   110   142   186   223   310   310   310] ;  %7-8
shiftDWSP=[     5     5     5     5     5     5     5     5    20    25    30 ;   %2-1 [km/h]
               10    10    10    10    10    10    10    25    35    50    75 ;   %3-2
               14    14    20    20    20    30    40    50    80   122   122 ;   %4-3
               24    24    25    28    30    35    50    68   135   166   166 ;   %5-4
               34    34    36    40    50    60    70    80   178   199   199 ;   %6-5
               43    43    43    43    60    70    80   135   211   225   225 ;   %7-6
               59    59    60    65    90   120   150   155   220   280   280 ];  %8-7
```

上記の変速線データを 2-D Lookup Table に定義しましょう。

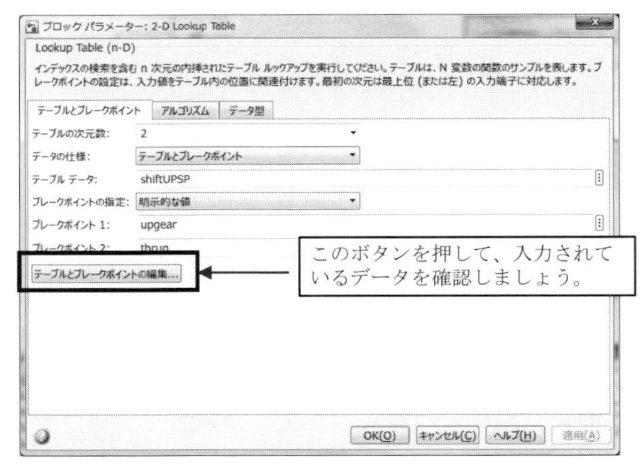

図 7.87　アップシフト、2-D Lookup Table の定義例

ルックアップ テーブル エディター: ex_shift_level2/shift_contrl1/shift_up/2-D Lookup Table

ファイル　編集　プロット　ヘルプ

このボタンを押すと、グラフで確認できます。

モデル: ex_shift_level2

テーブル ブロック: shift_contrl1 / shift_dw / Lookup Table (2-D) / shift_up / 2-D Lookup Table / Lookup Table (2-D)

"Lookup Table (n-D)" ブロック デ

ブレークポイント　列

行		0	4	8	20	25	30	45	75	85	95	100
(1)	1	7	7	11	14	16	20	29	41	47	47	47
(2)	2	12	12	16	19	23	29	38	60	77	87	87
(3)	3	18	18	24	27	29	38	56	89	114	134	134
(4)	4	33	33	33	34	36	43	73	118	154	174	174
(5)	5	41	41	42	53	70	90	114	175	208	208	208
(6)	6	49	49	55	65	85	115	150	200	235	255	255
(7)	7	65	65	65	75	110	142	186	223	310	310	310

データ型行: double　列: double　テーブル: double

次元選択:

次元サイズ	7	11
2 次元スライスの選択	すべて	すべて

☐ 転置表示

図 7.88　テーブルとブレークポイントの編集設定画面

さて、Relayで習った処理と以前作った変速点制御のサブシステムと比較して、モデルを作れるでしょうか？一度、自分で考えてから下の解説を読み、モデルを作ってください。

解説：まずは、アップシフト側の処理を考えましょう。2-D Lookup Tableの第1引数の入力は、現在のギヤ段です。1,2,3,4,5,6,7thのときに計算しますが、8thのときはアップシフトを計算する必要がないので、計算しません。

変速線図の出力結果よりも、現在の車両速度が上であれば、アップシフトします。その場合の出力は、upgear+1の値を出力します。

条件が満たされない場合は、現在のギヤ段を出力します。最終的に、最も大きいギヤ段を採用すればアップシフトの機能が完成です。

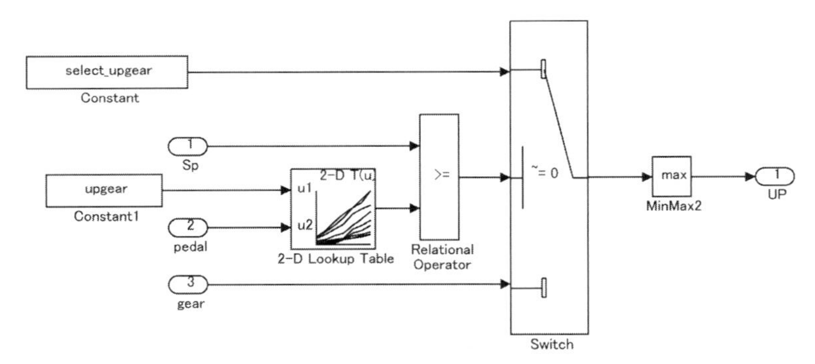

図 7.89　アップシフト側モデル

同様に、ダウンシフトも設計してください。ダウンシフトはアップシフトと逆の考え方になります。

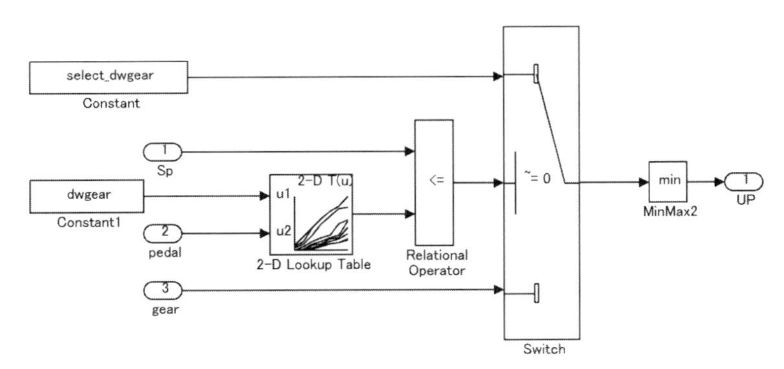

図 7.90　ダウンシフト側モデル

最終的なギヤ段は、アップシフト側が前回よりも大きいギヤを判断していればアップシフト、そうでない場合は、ダウンシフトの結果を採用します。

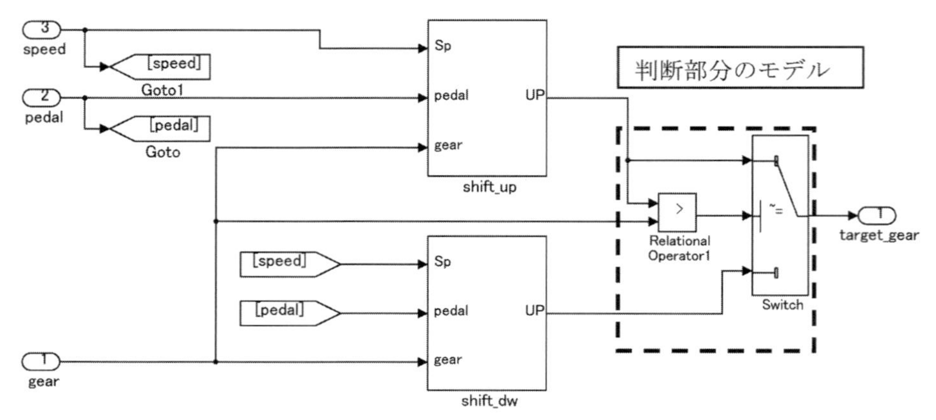

図 7.91　モデル全体構造

個別の検査は、アップシフトのボックスとダウンシフトのボックスをそれぞれ評価します。ペダル開度、車両速度、前回のギヤ段を入力として与えることができるので、マップにしたがって、入力を変化させてギヤ段を確認してください。

今回のモデルは、飛び（現在が 4th のときに、速度が 8th を計算すべきときに 8th を出力する）が実現されています。前章でのモデルと結果が変わりますので、注意して評価してください。

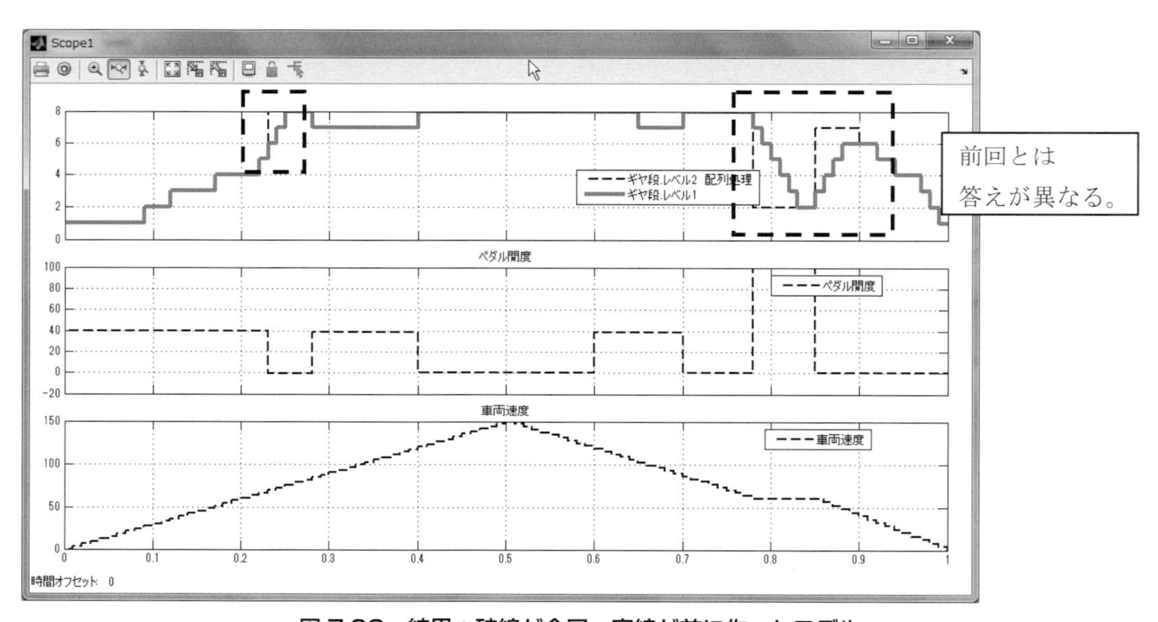

図 7.92　結果：破線が今回、実線が前に作ったモデル

今回は、配列で処理しているので、全体が1回で処理されます。そのため、4thから8th、あるいは8thから2ndへの出力が「飛ぶ」変化を、1サンプリング時間内で計算できるようになりました。

最初に作られた機能モデルは、作った人の実力、やりたいことを優先するなど、様々な理由で完璧なモデリングはできていません。それを前提に、機能を実現するモデルを見て、実装用のモデルへの修正が必要です。要求を読み取り、こういった処理を行えるだけのスキルが必要です。

■7.6.2 計算効率の向上

先ほどのモデルは、実装用としては検討が不足しています。計算効率の向上を盛り込みましょう。2-D Lookup Tableの計算は、計算負荷の高いブロックです。本当に必要な時だけ、2-D Lookup Tableを計算するようにした方が、全体の効率が向上します。例えば、現在のギヤが6速のとき、計算すべきは、6th→7th、7th→8thの2個だけです。forループで回る1st～5thのときは、2-D Lookup Tableの計算は必要ありません。効率化するためには、計算しなくても良い場合に、計算しなくても良いパスを設けることです。

先ほどの例題に対して、必要な場合だけ計算するように分岐条件を入れてください。

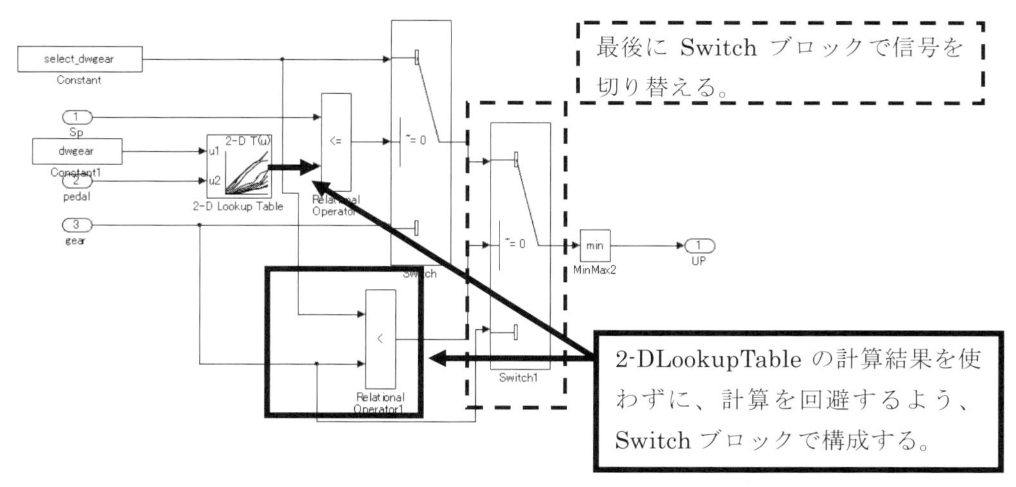

図7.93 効率化したモデル

まとめ

Simulinkでは、配列処理を活用することによって機能の共通化ができます。Simulinkは配列に対してすべて同じ計算をすることが得意ですが、不得意なこともたくさんあります。Simulinkに、コード効率を求めるよりも、それなりのコードと覚悟し、「機能全体で効率アップさせる」、あるいは「魅力ある機能を実現する」ことに時間をかける方が、本来のMBDメリットを引き出せると思います。

7.7　列挙型のデータ型紹介

列挙型のデータ型は決まった数の値に対応する文字列名を持つデータです。 列挙型はユーザー定義のデータ型であり、その値は列挙値と呼ばれる事前に定義された一連の値の表現です。個々の列挙値は名前とそれに対応する数値からなります。列挙型の値は、値が連続している必要がありません。

実行後の結果を見ればわかりますが、文字として表示されるので、検証がしやすくなります。事例のように、数値を 0、1、2 と表示するよりも、直接制御状態で表現できた方が直感的です。名前は m ファイルでの定義が必要です。

PrimaryColors.m ファイルに、赤、黄、青を定義してみましょう。

```
classdef (Enumeration) PrimaryColors < uint8
  enumeration
    Red(0)
    Yellow(1)
    Blue(2)
  end
  methods (Static)
    function retVal = getDefaultValue()
      retVal = PrimaryColors.Red;
    end
  end
end
```

数値を文字として表示できる。

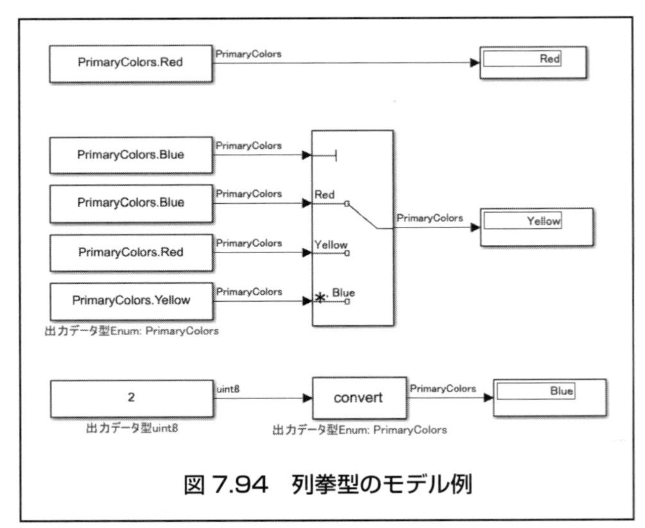

図 7.94　列挙型のモデル例

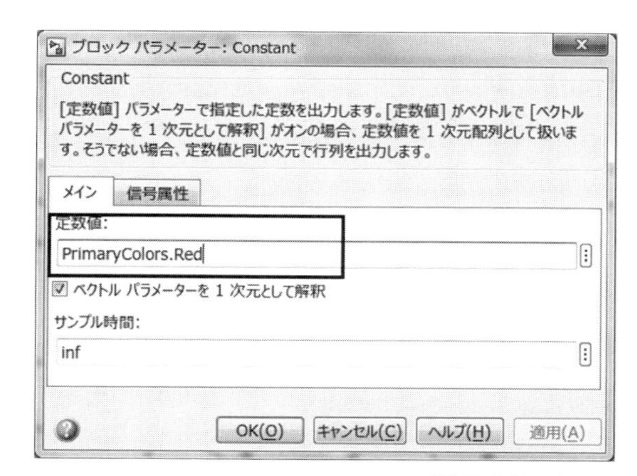

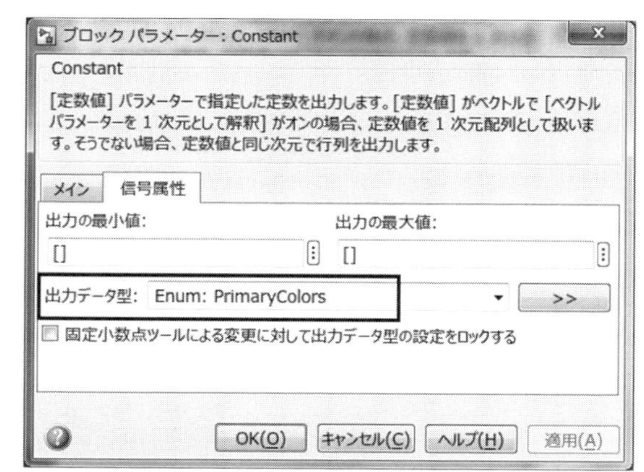

図 7.95　Constant ブロックの設定

ブロック パラメーター: Multipoint Switch

Multi-Port Switch

最初の入力の切り捨てられた値に対応する入力信号を通過させます。入力は上から下 (または左から右) に番号が付けられます。最初の入力端子は制御端子です。他の入力端子はデータ端子です。

メイン　信号属性

データ端子の順序: インデックスの指定

データ端子インデックス (例: {1,[2,3]}):

{PrimaryColors.Red, PrimaryColors.Yellow,PrimaryColors.Blue}

default ケースのデータ端子: 最後のデータ端子

default ケースの診断: エラー

Multipoint Switch で列挙型 (Enum) を使う場合、インデックス指定に切り替える。

OK(O)　キャンセル(C)　ヘルプ(H)　適用(A)

図 7.96　Multiport Switch の設定

図 7.97　DataTypeConversion の設定

計測・適合

制御の基本は計測です。本章で説明したテクニックを用いて設計したモデルも、実際にどのように動作するのか様々な信号を計測し、適合を行います。自動車業界では、ASAM 規格の計測ツールを用いるのが一般的です。Simulink も、ASAM 規格の ASAP2 に対応しています。Vector 社の CANape という製品を使えば、Simulink モデルの実行・計測・適合が可能です。この製品を使う場合、CANape 専用の ASAP2 が自動的に出力され、CANape の画面上でパラメーターを変更し、適合後のパラメーターをモデルに戻すことができます。

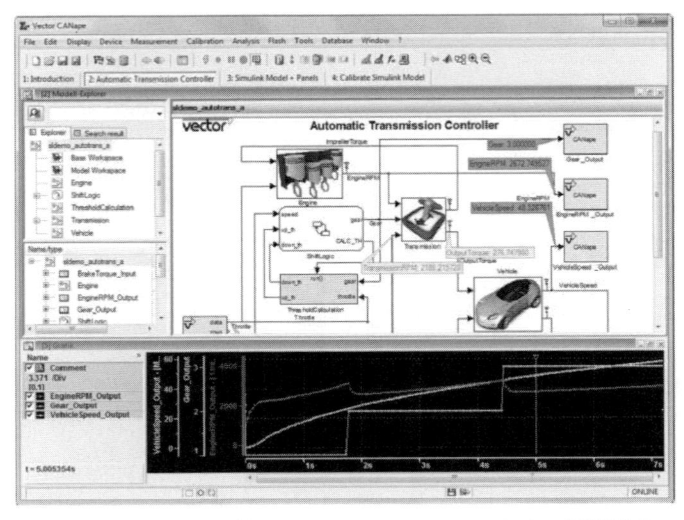

図 7.98　Vector 社 CANape にて Simulink との連携動作

(注1)：ASAM（Association for Standardisation of Automation- and Measuring Systems）は「自動化と測定システムの標準化のための組織」です。http://www.asam.net/

7.8　データオブジェクトの紹介

データオブジェクトに関する参考資料を添付します。

表 7.13　オブジェクトの種類

オブジェクト名	
Simulink データオブジェクト	シグナルオブジェクト パラメータオブジェクトの他にバス、エイリアスなどのオブジェクトも存在する。 最も種類が豊富だが、シグナル、パラメーターの細かい設定ができない。
mpt データオブジェクト	シグナルオブジェクト、パラメータオブジェクトが存在する。Simulink よりも細かい設定が可能
ASAP2 データオブジェクト	シグナルオブジェクト、パラメータオブジェクトが存在する。ASAP2 を出力のするために作られているが、基本的には Simulink オブジェクトと同じ。

Simulink.Signal オブジェクトの主なプロパティは次のとおりです。

表 7.14　Simulink.signal オブジェクトの主なプロパティ

プロパティ	フィールド名	機能
データタイプ	DataType	データタイプ
最小	Min	最小値
最大	Max	最大値
初期値	InitialValue	初期値
コード生成オプション	RTWInfo	コード生成関連情報
概要	Description	補足説明用テキスト

コード生成オプションのストレージクラスを変更することにより、変数の実装形式を変更することができます（コード生成ツールのストレージクラスとC言語の記憶クラス（Storage Class）は機能が異なっていますのでご注意ください）。デフォルトで用意されているストレージクラスは次のとおりです。

表 7.15　ストレージクラスと機能

ストレージクラス	機能
Auto	コード生成ツールによる自動設定
SimulinkGlobal	モニタリング用テストポイント
ExportedGlobal	グローバル定数定義
ImportedExtern	グローバル定数参照
Global（Custom）	グローバル変数定義。メモリセクション・定義／参照ファイルを設定可能
Volatile（Custom）	グローバル volatile 修飾子付き変数

詳細については、MATLAB ヘルプを参照してください。

第６章、第８章の進め方について

第6章は、何も知らないエンジニアがどのようにモデルを作っていけば良いかが習得できるよう、まずは模倣してもらうように構成しています。課題に対する取り組み方を事細かに説明しています。ここまで終えた読者の皆様は、Simulink の操作だけではなく、モデルの作成手順を含めて勉強できていると思います。

そして8章では自ら考えながらモデルを作ります。この段階では、模倣ではなく、自ら作るを目標としているので、要求の理解だけが説明されモデルの作り方は殆ど説明しません。自ら考えることでスキル考えるスキルを身につけてもらいます。この段階で完全なモデルができれば指示されたものを完全に作り上げることができて100点です。

しかし、これで満足してはいけません。一般的なソフトウェア演習では与えられた仕様を満たすことが重要視され、100点を取ることで終わると思います。しかし制御開発では与えられた仕様どおりは期待値の一番低い回答例です。求めた以上の答えが返ってきてはじめて褒められます。

100点を目指した開発をするから80点で終わります。100点を目指して設計していてはいつまでたっても100点は取れません。制御開発は終わりのない仕事です。指示のない部分まで考えて、より良い物を作り上げる必要があります。120点、200点と進化させる必要があります。これができてこそ真のエンジニアです。100点以上を目指して設計すれば、加点によって必ず100点以上になるでしょう。

そういったエンジニアを目指すための第1歩として、100点を目指す演習を行いました。100点以上を目指したもらいたいので、追加仕様の記載があります。ぜひ100点以上にチャレンジしてください。その他にも、設計中に感じたこと、考えたことがあれば要求に追加し、より機能を向上させた自分独自のオリジナリティーのある制御モデルを設計してください。それが、本書本来の目的です。

第8章　制御モデル演習：クルーズコントロール

8.1　課題説明

以下の商品企画の要求に基づき、クルーズコントロール制御を完成させましょう。この演習は、1週間から2週間で完成させてください。いっしょに取り組める方がいる読者は、できる限り2～4名のグループになり、ディスカッションしながら進めるとより効果的に学習ができます。作業は、タイミングチャートの作成と議論からはじめます。最初にモデルを作ることから始めてはいけません。動きがあっているのか？　理解が正しいのか？　などの要求を理解し表現することから始まります。他の人にタイミングチャートを見せながら、自分の考えを説明し、自分の考えが正しいか議論します。そもそも入力信号はどのようなタイミングでどのように切り替わるのか、そのときに、システムはどのような出力をするのか、最終的に車両はどのように動くのか考えてください。

Simulinkのモデルを作る演習ですが、最初の数日はSimulinkモデルを設計する必要はありません。ツールは何でも構いませんので、タイミングチャートの絵を描きます。ここでは、モデルを設計するプロセス全体を意識し要求・設計・検証を通して、モデルベース開発を体験することが目的です。機能が実現できれば良いと考えるとモデルの組み合わせは無限にあります。最終的に作成したクルーズコントロールと前回作った車両のモデルと組み合わせて、車両全体で動作するMILSを作って、クルーズコントロールの動きをテストして欲しいと思います。車両全体でシミュレーションができ、機能を確認できれば終了です。

8.2　商品企画書

それでは、仮想のA社で新しく製品化されるI国向けX** 車両の商品企画書が下記の通りあったとして演習を進めましょう。

〈クルーズコントロール商品企画〉

商品の役割について

クルーズコントロールとは、走行中に機能をONするとドライバーがアクセルペダルを操作しなくても自動的に一定車速を維持できる走行システムです。車速制御ボタン（例えば「アップボタン」「ダウンボタン」）を操作することにより、ドライバーの希望する車速を設定できます。（これを以後目標速度

と記述する）

これにより、高速道路等、走行条件が安定している場所においてドライバーのアクセルペダル操作の負担が軽減されます。高速道路で走行する場合すべての車両が一定速度で走行すれば、渋滞も起きず、燃費も良くなります。

渋滞の発生原因のひとつに、上り勾配での車両速度の低下が原因となるケースがあります。1台の車両が上り勾配で車両速度が落ちるとその後ろの車は前の車両よりも車両速度が落ちます。車両が多くなるとそれらが繰り返され、渋滞が発生します。初期のクルーズコントロール装置は、上記のように設定された車両速度を維持するだけでした。しかし、足の操作をサボるだけでも運転者の負担が軽減されますが眠気を誘うとも言われ、安全装置の設置が課題となっていました。

近年のクルーズコントロール装置は、そういった課題をクリアするためにレーダーによる障害物検出や画像解析する装置など様々な改良が行われ、追突防止制御が搭載された新世代の製品になります。

インタビューのまとめ

I国では、今まで高速道路がなかったが、新たに高速道路が開通する。X** 車両発売直後は全長60kmが部分開通し、その後全体で300kmの距離がある。I国の車両販売店より商品魅力アップのため、一定速度で走行可能となるクルーズコントロール装置を取り付けて欲しいとのリクエストがあった。

また、高速道路には、高低差があり、かなりきつめの登り勾配が存在するので、途中でクルーズコントロールがOFFされないよう考慮する必要がある。また、最優先すべきは安全性であり、システムが不安定になるようなことがあってはならない。

装置への要求

- 設定した目標速度は、メーターに表示すること。
- クルーズコントロールのON/OFFをメーターに表示すること。
- 目標速度は、55km/h～110km/hまで設定できること。
- ブレーキを踏み込むと、クルーズコントロール装置が解除されること。
- 走行安全性を損なうような挙動がないこと。（例：クルーズコントロールのONが押された時に、実車速が急変化し暴走しているような印象を与えてはいけない。）
- コントローラモデルのサンプリング時間は0.01secとする。

高速道路情報

- 高速道路の上限速度は110km/hです。
- 途中海抜1500mの高地を通り抜ける。
- 最大勾配は7%です。

車両情報

インパネマイコンがクルーズコントロールのボタンON/OFFを判断します。しかし、インパネマイコンは、既にソフトウェアの容量がなく、クルーズコントロールの制御機能を実現できるROM容量がありません。機能を分割して、別のマイクロコンピュータに組み込むことになります。クルーズコントロールのON/OFFと目標速度の計算を1台のマイクロコンピュータで計算します。今回の開発対象は、この機能になります。

また、別のコンピュータが実車速と目標速度の差から仮想ペダル開度を計算し、エンジン側に信号を送り込み、車両全体の車両速度追従FB制御を実施します。

検査について

車両全体シミュレーションを設計する場合、ペダル開度を変更してから、実際のエンジントルクが出力されるまで、遅れが存在しますが、MILSを構築する場合は、遅れ時間を考慮しなくても良いとします。

8.3 クルーズコントロール　要求仕様書

それでは、次に要求仕様書の内容を確認していきましょう。ここでは、要求の文面を読んだら、図や表にまとめます。ここでは参考例として図や表の例題を掲載していきます。掲載した図や表は参考例であり、これに限定するわけではなく、読者の方が理解しやすい図や表を作ってください。

■ 8.3.1 システム概要

- クルーズコントロールのボタン操作によって現在の車速を目標車両速度に設定しペダル開度指令値算出し制御値を別のECUへ送信する。
- クルーズコントロールに必要な車速、ペダル・ブレーキ開度、A、B、C、Dボタン（後述）情報などは、CANネットワークのシグナルを活用する。
- クルーズコントロール中は、踏み込むべきペダル開度を仮想ペダル開度としてエンジン側へ送り、エンジンはそれに応じたトルクを出力する。
- 演算した制御指令値（出力値）もCANネットワークへ送信する。

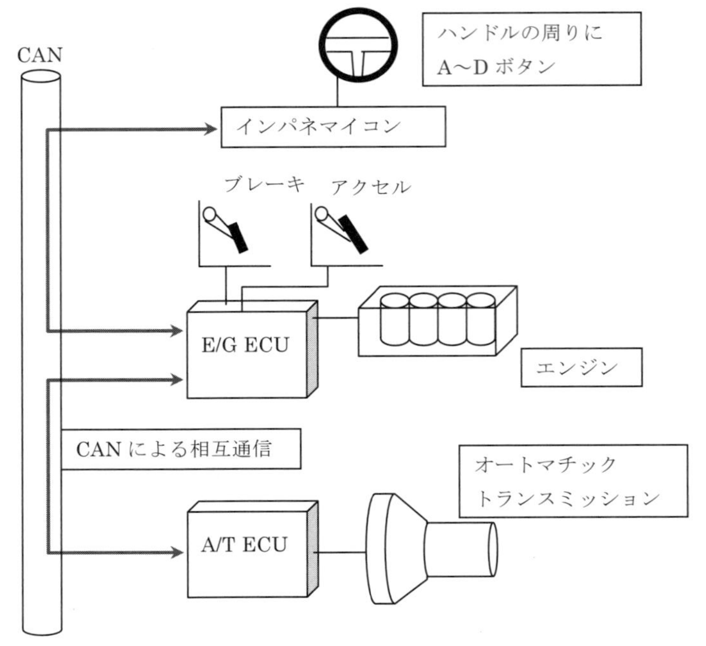

図 8.1　車両システム構成図

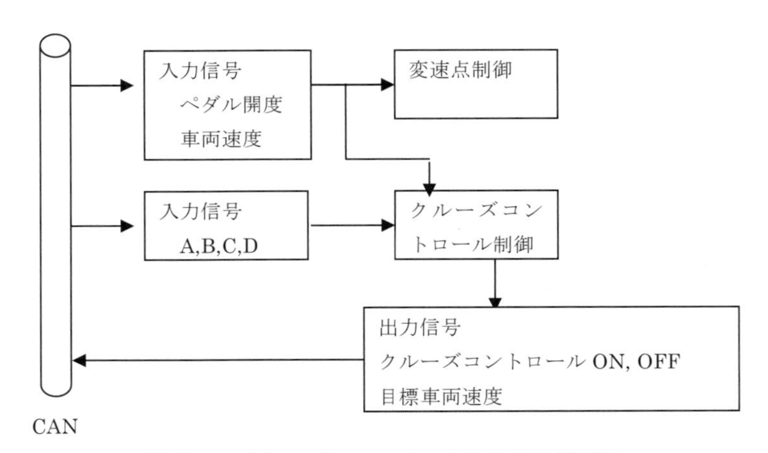

図 8.2　クルーズコントロールシステム構成図

システムへの入力

クルーズコントロールボタンは以下の 4 つとする。

A：クルーズコントロール目標速度アップ要求ボタン

B：クルーズコントロール目標速度ダウン要求ボタン

C：レジュームボタン

D：クルーズコントロール解除ボタン

CAN 上の統合信号名	Cruise_Control ABCD_button	0：すべて OFF 1：目標速度アップ = ON 2：目標速度ダウン = ON 3：レジュームボタン = ON 4：解除ボタン = ON

これらのボタンは、押されているボタンが変わった時には必ず 0 が間に入る（図 8.3 参照）。

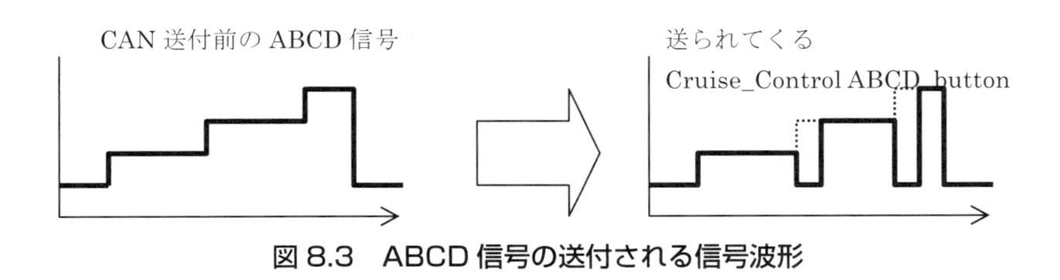

図 8.3　ABCD 信号の送付される信号波形

表 8.1　クルーズコントロールの出力（日本語）

	名称	意味合い
1	クルーズコントロールモード	クルーズコントロール制御の ON、OFF 結果
2	クルーズコントロール速度	クルーズコントロール制御の目標速度
3	クルーズコントロールペダル開度	エンジン側に要求するペダル開度

表 8.2　クルーズコントロール出力信号名

名称	信号名	出力値
クルーズコントロールモード	Cruise_Control_Mode	0：OFF、1：ON
クルーズコントロール速度	CC_Speed	LSB 1km/h 最小 0km/h 最大 255km/h
クルーズコントロールペダル開度	CC_Pedal	LSB 1 [%] 最小 0 [%] 最大 80 [%]

■ 8.3.2　クルーズコントロール ON 条件

以下に、クルーズコントロール ON 条件の要求をまとめる。

▶ボタン　：A、B、C のボタンは、クルーズコントロール ON ボタンと機能を共有している。

つまり、クルーズコントロールOFF状態からA、B、Cのいずれかのボタンが押されればクルーズコントロールがオンとなる。

▶ペダル開度：65%より小さい場合のみ許可する

▶車両速度　：55km/h ～ 110km/h の範囲で許可する

▶ブレーキ　：OFFの場合のみ許可する

以下に、要求をどの様に整理するかの例として表にまとめる方法を掲載しますが、最初に分析観点毎に文書を色分けしてから、表を作るとより抜け漏れのない分析ができます。

表8.3　ON側　A、B、Cボタンの動作

条件		制約・環境		機能	
何が	どうなったら	何が	どのような時	何を	どうする
A、B、Cのボタン	ONになったら	クルーズコントロール	OFFのとき	クルーズコントロール	ONにする

表8.4　ON側　ペダル開度の範囲

条件		制約・環境		機能	
何が	どうなったら	何が	どのような時	何を	どうする
ペダル開度	65%より小さい	クルーズコントロール	OFFのとき	クルーズコントロール	ONにできる

表8.5　ON側　車両速度の範囲

条件		制約・環境		機能	
何が	どうなったら	何が	どのような時	何を	どうする
車両速度が	55km/h以上 110km/h以下	クルーズコントロール	OFFのとき	クルーズコントロール	ONにできる

表8.6　ON側　ブレーキの条件まとめ

条件		制約・環境		機能	
何が	どうなったら	何が	どのような時	何を	どうする
ブレーキ	OFF	クルーズコントロール	OFF	クルーズコントロール	ONにできる

■8.3.3　クルーズコントロールOFF条件

以下に、クルーズコントロールOFF条件の要求をまとめる。

ブレーキ

- ON の時解除する。

ペダル開度 1

- 一度 0%以下を検出後は、ペダル開度 10%以上で解除。

ペダル開度 2

- ペダル開度が一度も 10%以下になっていない場合。
  1. 65%以上で解除。
  2. クルーズ ON になってから 2 秒間経過後、ペダル開度が 10%以上の場合も解除。

ペダル開度については、時間的な変化を絵に示して、どのような状況で OFF になるのか、ON が継続されるのか整理すること。

車両速度

- 50km/h ～ 120km/h の範囲を外れたら解除。

まとめ方の参考例を掲載します。

表 8.7　OFF 側　ブレーキ条件まとめ

条件		制約・環境		機能	
何が	どうなったら	何が	どのような時	何を	どうする
ブレーキ	ON	クルーズコントロール	ON	クルーズコントロール	OFF にする

表 8.8　OFF 側　ペダル開度条件まとめ

条件		制約・環境		機能	
何が	どうなったら	何が	どのような時	何を	どうする
ペダル開度	10%以上	ペダル開度	一度 0%以下を検出後	クルーズコントロール	OFF にする
ペダル開度	65%以上	ペダル開度	ペダル開度が一度も 10%以下になっていない	クルーズコントロール	
クルーズ ON	2 秒間経過後	ペダル開度			

表 8.9　OFF 側　車両速度条件まとめ

条件		制約・環境		機能	
何が	どうなったら			何を	どうする
車両速度	50km/h より小さい			クルーズコントロール	OFF にする
車両速度	120km/h より大きい			クルーズコントロール	OFF にする

8.4　機能要求

次に機能要求を確認していきましょう。ここでは、解説している項目以外も読者自身が考え大小あわせて 10 以上のユースケースについてタイミングチャートをまとめてください。手書きで書きとめ一つのタイミングチャートの条件が分岐した場合を重ねがきしても良いです。タイミングチャート以外に表や図を活用して要求を理解してからモデルを設計するようにしてください。8.4 章の回答例を、**8.5** と **8.6** に掲載します。解らない方、解答を終えた方はそちらを確認してください。

■ 8.4.1　レジュームボタンの挙動

以下にレジュームボタンの挙動について動作を説明する。

- クルーズ OFF から、押された場合、前回のクルーズコントロールで設定された目標速度を出力する。
- イグニッションキー（以後 IG）を ON したとき、つまりシミュレーションスタート時に 0 を記憶しておく。
- IG-OFF（マイクロコンピューターの電源が OFF）で前回値はクリアされている。（記憶型ではない）
- IG-ON された最初のクルーズ ON 操作がレジュームボタンによって動作した場合、前回値がない（つまり初期値）ので、その場合は現在の実車速を出力する。
- クルーズ ON から再び押された場合、特に反応しない
- 1sec 以上の長押しがされた場合、特に反応しない

課題：タイミングチャートに記載し、1 回目、2 回目の挙動の変化を検討してください。

■ 8.4.2　アップボタンの挙動

以下にアップボタンの挙動について動作を説明する。

- クルーズ OFF から、押された場合、現在の実車速に設定する。
- クルーズ ON から再び押された場合、現在の目標速度＋2km/h とする。
- 1sec 以上の長押しされた場合、1sec 間に $0.15g = 1.47m/s^2 \fallingdotseq 5.2km/h/s$ の増加速度で目標速度を上昇させる。（実際に使用するのは 52［m/h/10msec］）

課題：タイミングチャートに記載し、1回目、2回目の挙動の変化を検討してください。

■ 8.4.3　ダウンボタンの挙動

以下にダウンボタンの挙動について動作を説明する。

- アップボタン同様で正負が逆になる。

課題：タイミングチャートに記載し、1回目、2回目の挙動の変化を検討してください。

■ 8.4.4　目標速度上下限

以下に目標速度の条件について説明する。

- クルーズコントロールがON中に出力する目標速度は55km/h ～ 110km/hとする。
- OFF中は、0または前回値の出力とする。

目標速度は、レジュームの機能にて必要になります。レジュームボタンの挙動の説明と一緒に検討して下さい。

■ 8.4.5　クルーズコントロール：パラメーター・信号定義

モデル作成の参考に、信号・パラメーターの一覧表を添付する。

表8.10　パラメーター

名称	概要	型	値
ACTION_DO	レジュームボタンが2サイクル目以降押される	uint8	2
ACTION_INIT	1サイクル目あるいは、初回のみ	uint8	1
ACTION_OFF	その他	uint8	0
BK_OFF	ブレーキペダルOFF	uint8	0
Pedal_OFF	ペダルOFF	uint8	0
Pedal_S	ペダル踏み込み判定値	uint8	10
Pedal_Over	ペダル上限値	uint8	65
CC_OFF	クルーズOFF	uint8	0
CC_UP	アップ	uint8	1
CC_DOWN	ダウンボタン	uint8	2
CC_RESUME	レジューム	uint8	3
CC_RELEASE	解除	uint8	4
Time1sec	長押し判定値	uint16	1000
TIMER_VALUE_ZERO_uint16	タイマーの初期値	uint16	0
Time2sec	アクセル解除限界時間	uint16	2000
Integral_value_of_up_button	アップボタン長押し　積分値	int16	52

Integral_value_of_down_button	ダウンボタン長押し　積分値	int16	−52
CC_ON_speed_Low	ON 条件　下限側	uint8	55
CC_OFF_speed_high	OFF 車両速度　上限側	uint8	120
CC_OFF_speed_Low	OFF 車両速度　下限側	uint8	50
CC_ON_speed_high	ON 条件　上限側	uint8	110
GAIN1000	1000 倍用ゲイン	int32	1000
up_button_Offset	アップ ON 直後、加算量	int16	2000
down_button_Offset	ダウン ON 直後、マイナス量	int16	−2000
Init_CC_speed_s4	クルーズコントロール初期速度設定値	int32	0
Limit_of_low	クルーズ車両速度下限値	int32	55000
Limit_of_up	クルーズ車両速度上限値	int32	110000

表 8.11　信号

名称	概要	型
BK	ブレーキ	boolean
Button_Condition	ボタンの状態 OFF/ON の瞬間　1 長押し　2 それ以外　0	uint8
CC_ABCD_button	クルーズボタン入力信号	uint8
CC_Action_mode	クルーズ ON1 周期　1 回だけ　1 クルーズ ON2 周期以降　2 クルーズ OFF　0	uint8
CC_Mode	クルーズ ON/OFF 判定結果	boolean
CC_speed	クルーズコントロールの目標車速	int16
cnt_CC_onTime	開始基点　クルーズ ON になってから； 計測時間　2 秒間； 比較意図　クルーズ OFF 判定するため	uint16
init_Button_Offset	UP、DOWN の初回オフセット量	int16
Integral_value	UP、DOWN の長押し加算量	int16
pedal	ペダル開度	uint8
Pedal_0_flag	ペダル 0 までの時間	boolean
Speed	車両速度	int16
temp_reference_speed	クルーズコントロール目標速度 × 1000 倍	int32
UpButton_onTime1	開始基点　ON になってからの時間； 計測時間　1 秒以上； 比較意図　長押し判定するため	uint16

8.5 全体のシステムタイミングチャートの作成

先ほどの説明を読んですぐにモデルを作り始めてはいけません。各項目にタイミングチャートを作るよう指示がありました。まずは、要求を正確に理解するためにタイミングチャートを描きましょう。全体のシステムがどのように動作するか確認するため、

IGON →通常走行→短押し UP（クルーズ ON）
→短押し DW →長押し UP →リミット→ブレーキ（クルーズ OFF）
レジュームのボタン ON（クルーズ ON）→解除（クルーズ OFF）

の流れを代表的なユースケースとして、タイミングチャートに描いてください。

8.5.1 全体のシステムでの動作

IGON →通常走行→短押し UP（クルーズ ON）
→短押し DW →長押し UP →リミット→ブレーキ（クルーズ OFF）
レジュームのボタン ON（クルーズ ON）→解除（クルーズ OFF）

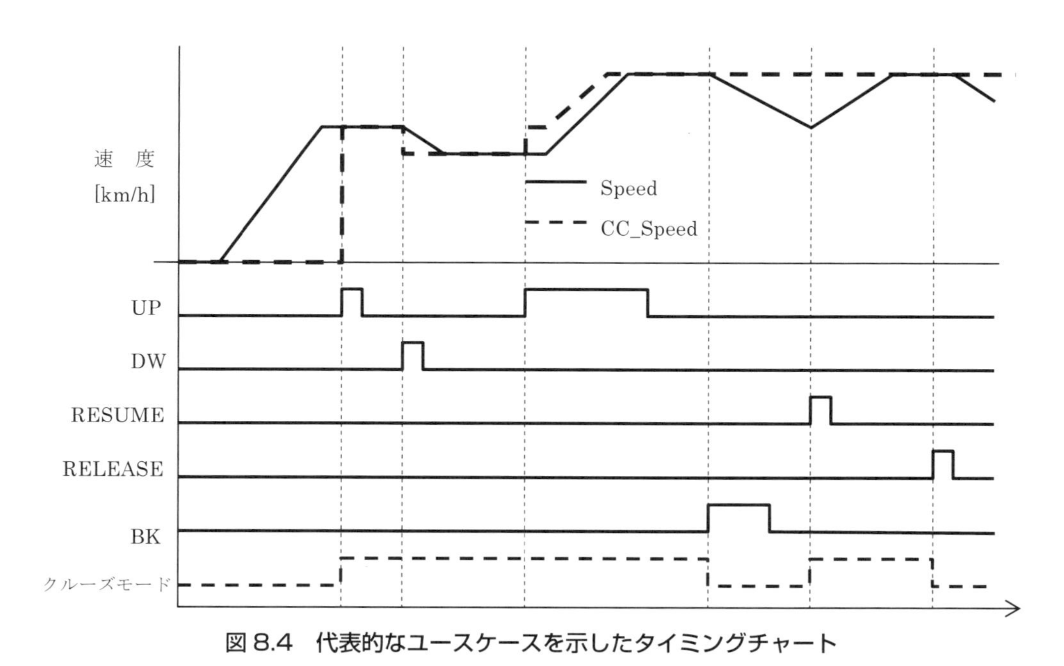

図 8.4　代表的なユースケースを示したタイミングチャート

8.5.2 クルーズの ON 判断サブシステム

クルーズの ON 判断サブシステムが正常に ON を出力するか確認します。ボタン、ペダル開度、車両

速度、ブレーキの4つの条件が必要です。

●パターン1：すべて条件が成立

▶ A、B、Cのいずれかが ON されている。

▶ペダル開度：65%より小さい

▶車両速度：55［km/h］以上、110［km/h］以下

▶ブレーキ OFF

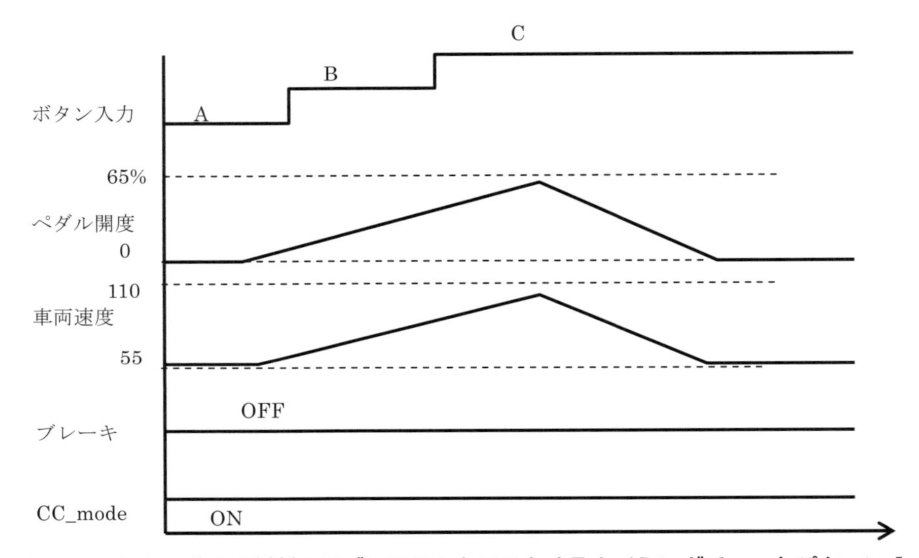

図 8.5　クルーズ ON 判断のサブシステムをテストするタイミングチャートパターン 1

●パターン2：いずれかの条件で OFF になる。

パターン1に対して、入力信号ぞれぞれに対して条件外の設定を行う。合計4パターンできるので、2-1、2-2、2-3、2-4として設定すること。

■ 8.5.3　クルーズの OFF 判断内部ペダル開度に関するサブシステム

ペダル開度条件についてはより詳細な条件での検査が必要になります。

●パターン1：ペダル開度条件に対しての小機能1を検査する。

0%以下の検出機能

●パターン2：ペダル開度条件に対しての小機能2を検査する。

一度0%以下を検出後は　ペダル開度　10%以上で解除

クルーズ ON 後ペダル開度0%を検出したら、その後のペダル開度10%以上検出でクルーズを OFF する。

●パターン3：ペダル開度条件に対しての小機能3を検査する。

ペダル開度が一度も10%以下になっていない場合

　▶65%以上で解除

　▶クルーズONになってから2秒間経過後、ペダル開度が10%以上の場合も解除

注意：タイミングチャートの回答は全部掲載してありません。

上記だけが存在するシナリオではありません。自分で思い浮かぶシナリオがあれば、タイミングチャートを自由に作ってください。大切なことは、モデルをいきなり作るのではなく、要求をしっかりと理解してから作業に入るという基本的な習慣を身につけることです。

■8.5.4　クルーズのOFF判断サブシステム

クルーズのOFF判断サブシステムが正常にOFFを出力するか確認します。ボタン、ペダル開度、車両速度、ブレーキ、4つの条件の確認が必要です。

- パターン4：ペダル開度条件に対してOFFの確認してください。
- パターン5：ブレーキが踏まれた時にOFFになることを確認してください。
- パターン6：車両速度が条件を超えた時にOFFを判断するか確認してください。
- パターン7：ペダル開度条件に対して、ペダル開度が常に5%のとき、OFF条件が満たされず、継続される仕様の穴がありますので、確認してください。

8.6　クルーズのONに対するタイミングチャート作成

■8.6.1　レジュームボタン

◆レジュームボタンによる挙動1

　▶IGON後1回目のレジュームONで目標速度を現在車速にする。

　▶IGON後2回目以降のレジュームONでは、直前のクルーズOFF時の目標速度に再設定する。

　▶クルーズON中にレジュームボタンが短押しされても無視する。

　▶クルーズON中にレジュームボタンが長押しされても無視する。

タイミングチャート：レジュームボタンでクルーズをONに変化させ、その後レジュームボタンON、ブレーキONでクルーズ解除、レジュームボタンでクルーズON、ブレーキでOFF

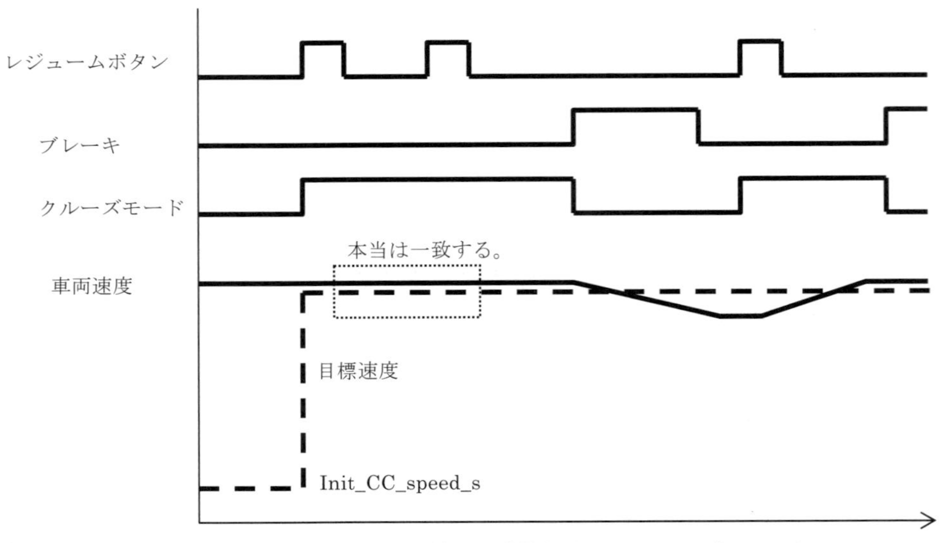

図 8.6　レジュームボタンに対する動作を示すタイミングチャート

IGON 後 1 回目とは、シミュレーションスタートから初めてクルーズ ON になる時です。2 回目は、1 回目のクルーズが ON、その後解除（OFF）され、次の ON の時を 2 回目と呼んでいます。レジュームは、シミュレーションスタート後の初回と、2 回目以降で目標速度が異なります。初期値 Init_CC_speed_s とそれ以外です。1 回目と、2 回目以降で、レジュームボタンによってクルーズコントロールを ON に変化させ、仕様どおりに動作するか検査が必要です。

■ 8.6.2　UP、DW ボタン

UP ボタンによる挙動を整理する

- クルーズ OFF 中に UP ボタンが短押しされたら、目標速度に現在の車速を設定する。
- クルーズ ON 中に UP ボタンが短押しされたら、目標速度を +2km/h にする。
- クルーズ ON 中に UP ボタンが長押しされたら、最初の 1 秒は目標速度を +2km/h にした状態で保持し、1 秒経過後から 5.2km/h/s の勾配で連続的に目標速度を上昇させる。

タイミングチャートのシナリオ：UP ボタンでクルーズを ON に変化させ、その後長押し、ブレーキ ON でクルーズ解除、再度 UP でクルーズ ON、ブレーキで OFF。

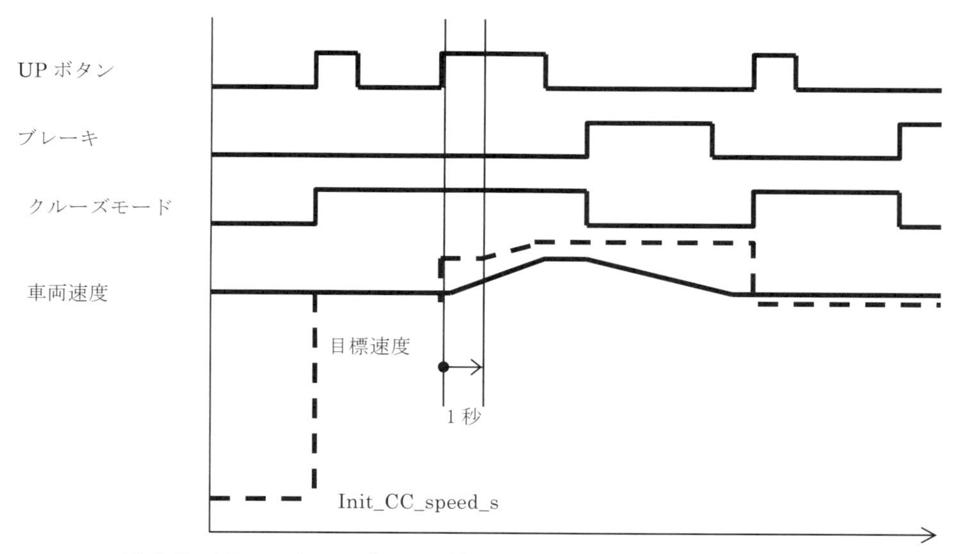

図 8.7　UP、DOWN ボタンに対する動作を示すタイミングチャート

UP ボタンによる ON は、シミュレーションスタートの 1 回目のクルーズ ON、2 回目のクルーズ ON 共に同じ動作なので、それほど注意深く見る必要はありません。ここで、注意してみるべきは、「クルーズ OFF から ON になる瞬間と、ON 中に再度押された時、それが短押し、長押しでどう変わるのか」になります、これらについて、検討してください。

◆ DW ボタンによる挙動 1

DW ボタンによる挙動を整理する

- クルーズ OFF 中に DW ボタンが短押しされたら、目標速度に現在の車速を設定する。
- クルーズ ON 中に DW ボタンが短押しされたら、目標速度を –2km/h にする。
- クルーズ ON 中に DW ボタンが長押しされたら、最初の 1 秒は目標速度を –2km/h にした状態で保持し、1 秒経過後から –5.2km/h/s の勾配で連続的に目標速度を下降させる。

検査内容は UP ボタンが DW ボタンに変更されています。UP のタイミングチャートを DW に変更して、どこが異なるか確認し検査してください。

クルーズ中の目標速度が上下限を超える場合の挙動を整理する

- UP ボタンが押し続けられる　もしくは何度も押された結果目標速度が上限に達した場合は、上限車速でカットされます。
- DW ボタンが押し続けられる　もしくは何度も押された結果目標速度が下限に達した場合は、下限車速でカットされます。

長押しで目標速度が上下限のリミットに到達した場合の挙動を確認する必要があります。少なくとも、UPボタンは短押しと長押しの動作の違い、長押しについては目標速度が上限に到達するケースの確認が必要です。

8.7 構造化の検討

モデルの構造は、機能を2つに分けて作ります。

1. クルーズコントロールのON/OFFを判断する機能。
2. クルーズコントロールの目標車両速度を更新する機能。

注意点：

サブシステムから出力した信号線を別のサブシステムに接続する場合、接続元のOutportブロックの名前と接続先のInportブロックの名前を一緒にしてください。また、信号線の名前をつけてください。MAABガイドライン：「jm_0010」、「db_0042」、「na_0005」

■8.7.1 クルーズコントロールのON/OFF判断

このシステムもさらに2つに分かれます。

- ▶ OFFのときにONにする。
- ▶ ONのときにOFFにする。

今、ONなのか、OFFなのか常に判断するのではなく、ON制御中はOFFにする判断を行い、OFF中はONにする判断をチェックします。ON制御中に継続できればON、そうでなければOFFではなく、OFFの条件が成立したらOFFさせます。

システムを分離して設計する理由は、両者を混ぜた設計を行うと複雑でわかりにくくなります。わかりにくいモデルは検証もできません。このモデルは、特にOFFになる条件が非常に重要です。
どのような条件が成立しても、ブレーキがONまたは、解除ボタンが押されるとOFFになることを証明する必要があります。モデルをシンプルに作っておけば、ON判断とOFF判断を個別に見ることで検証結果を証明できます。

分離する事で要求の検証が簡単になります。ON制御中にブレーキ信号が踏み込まれることでOFFされる場合、ブレーキの条件を含む入力信号の全ての組み合わせをチェックします。形式的に見れば、数学的な証明もできます。ブレーキがONの条件がORで判断されていれば、ブレーキ信号がONの時、最優先でクルーズコントロールがOFFされることは明白です。OFFからONにする時は、ブレーキがOFFの時の条件が最終でANDになっていれば明白です。そのようなつくりになっていれば、数学的にブレーキがONになれば、クルーズコントロールがOFFになることを証明する事もできます。

■8.7.2 クルーズコントロール信号処理

クルーズコントロールがONに変わった1サイクル目とそれ以外の区別をする機能を設計しましょ

う。

アップ、ダウンの1サイクル目か、長押し判断後かの区別をする機能を設計しましょう。

アップ、ダウンで使用する定数の切り替えを行う機能を設計しましょう。

■8.7.3 クルーズコントロールの目標車両速度更新機能

表8.12から検査すべき項目を抽出し、目標車両速度の更新機能について検査を行ってください。

表8.12 目標速度を更新するパターン表

条件1	条件2	条件3	動作
ONの瞬間	アップ、ダウン		現在の車両速度
	レジューム	過去の値が0	現在の車両速度
		それ以外	記憶値
	それ以外		存在しない
それ以後	押された瞬間	アップ、ダウン	オフセットを加算
		それ以外	継続
	長押し判断後	アップ、ダウン	積分
		それ以外	継続
	それ以外		存在しない
上記以外			継続

目標速度以上の動作を検討してください。

- 降坂路を走行し車両速度が目標速度上限よりも高い（範囲外）場合に、UP、DWボタンを押されても、目標速度の範囲を超えた出力を行ってはならない。

注意：目標速度の上下限設定と、クルーズコントロールON、OFFの車両速度条件を比較した図8.8を添付します。

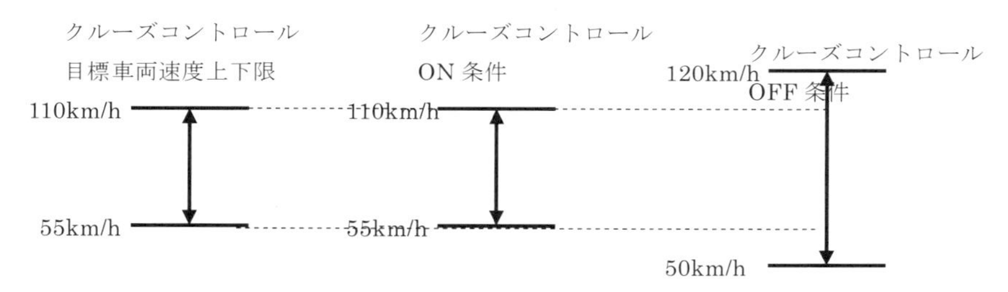

図8.8 クルーズコントロールON・OFF条件と目標車両速度上下限の関係

8.8　代数ループの例

クルーズコントロールでは数箇所に代数ループが入ります。例えば、クルーズのON/OFFの判断は、前回のクルーズがONか、OFFであるかによって条件が異なります。前回がONであれば、再びONになる条件をチェックする必要はありません。OFFになる条件だけをチェックして、条件と一致すればOFFにします。つまり、前回値を使用することになります。クルーズのON/OFFの条件は代数ループになるのでUnitDelayを通ってフィードバックします。

同様に、UPボタン、DOWMボタンが長押しされた場合も、前回値に対して積分していきます。積分器で長押しモードのときに値を溜め込むのではなく、出力しているクルーズコントロールの出力値に加算していきます。

ただし、積分している値は単位が細かくなっている点に注意してください。1秒間で5.2［km/h/s］の上昇（下降）を行いますが、サンプリング周期は10msec毎です。つまり5.2［km/h/s］/100の単位で積分する必要があります。ここでは全て整数として扱っていますので、Integral_value_of_up_button = 5200［m/h/s］⇒5200/100⇒52［m/h/10msec］で定義しています。積分単位は［m/h］で計算し、システムから出力する時に単位を［km/h］に変換して出力します。

また、車両モデルを結合する際にも代数ループになる箇所が出てきます。UnitDelayが最小数となるように注意してモデリングしてください。

8.9　追加検討

もう少しSimulinkを勉強したい人へ

■8.9.1　レジュームボタンの仕様追加

課題

- 前回110km/hでクルーズがOFFされた。
- 現在、車両速度65km/hでレジュームボタンを押すと、110km/hまで加速する。

追加の仕様

- 前回のレジューム記憶速度の、車両速度が大きい時は、速度差を10km/h以内に制限する。
- 上下限、共に制限を設ける。

■8.9.2　ブレーキ故障モード仕様追加

課題

- ブレーキを踏んだ時に故障が発生した場合を検討して下さい。

解説

この故障モードのときは、不定期にブレーキ信号がON, OFFに切り替わります。ON/OFFの間隔が、20〜100msecの場合で、更に、ユーザーがクルーズのレジュームボタンを常に押している。という状況を想定してください。この状況では、クルーズのON⇔OFFが頻繁に行われるハンチングという現象が発生します。

追加の仕様

●クルーズコントロールがOFFになった場合、一定時間（2秒間）はONしない。

この章でのモデル設計は、“卒業試験として、自身の力で”しっかりとモデルを作ってもらうために、解答例の掲載を行っておりません。“ここまでの演習をひとつずつ積み重ねた読者の方は、おそらく、自分なりのモデルが作れる力は既にあると思います。”正解に合わせてモデルを作るのではなく、自分でシステムを考えることが重要です。タイミングチャートを描いて、仕様が足りなければ追加し、自分の思うシステムを作ってください。今までのモデル同様、この例題の参考モデルもダウンロードすることができます。この例題を終えたら、ダウンロードしたモデルと読者の方が作成したモデルを比較してください。

正解は複数個あり、これだけが正解ということはありません。自分のやりたいことが実現できるモデルを作れることが本書の目的です。

8.10　学習効果の確認

今まで自分で作ったモデルのブロック数を計ることで、目標とする演習量に到達したかどうかを表示させましょう。作成したすべてのモデルファイルを一箇所に集めてください。フォルダーをモデルファイルの場所に移動させます。learning_result_report.pファイルを同じ場所にコピーして、コマンドラインで下記のコマンドを打ち込んでください。

>> learning_result_report

ウィンドウが開かれたら、自分が作成したファイルだけを選択してください。（提供されたファイルを含めてはいけません。）モデルや本を見ながら、自分で手を動かして作成したファイルをリストに入れてください。最後に図8.9が表示され、学習成果が確認できます。

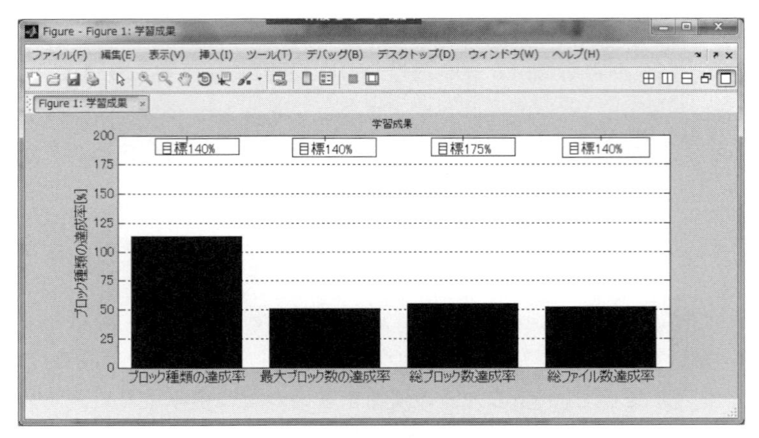

図 8.9　ツールを使って学習効果を表示した例

ここでは作った量を示しています。本書で決められた課題の回答なので作成量がノルマを超えていれば、レベル 1 に到達していると認定されます。本書提供の全課題を 100%達成していればレベル 1 をクリアしたと表示されます。

この表示は、目安であり人によってスキルの習得レベルは異なります。現段階ではスキルを定量的に計る仕組みはありません。この後、実際の業務で Simulink モデルを作れるか作れないかは、自分で判断するしかありません。自身のドメイン（開発対象）の知識も必要です。その他にも自社のプロセスを知る必要もあります。ドキュメントの種類、書き方も必要です。モデルが作れたから仕事ができるわけではありません。プロセス全体ではまだまだ勉強しなければならないことがたくさんあると思いますが仕事を楽しんで習得してください。

8.11　SimulinkTest

SimulinkTest と言うツールをボックスの紹介をします。このツールボックスは 2015 年から存在しますが、テスト実行 GUI を持つツールです。GUI に設定を追加する API や結果の表示機能が大幅に改善され、2017 年以降から安定して使えるようになったツールです。

さて、皆さまはここまでに作ったモデルは、どのように検査を実施してきましたか。恐らくは実際に作った機能の一部を外に切り出し、別のモデルファイルを作り検査を実施してきたのでしょう。

それでは改めて確認してみてください。それらのモデルやテストケースはきちんと管理されているでしょうか。

SimulinkTest は、テスト用のモデルとテストケースを管理することを目的に作られたツールボックスです。ここで、テストモデルをモデル内部に残す機能について紹介しましょう。

まず、初めに Design Verifier の機能を用いてカバレッジテスト検査用のテストを自動的に生成しましょう。モデル完成後に、フルカバレッジのテストを行いその後、この検査結果を元にマイコンのコンパイラでコンパイルした結果に欠損が無いか確認を行うのに必要になります。

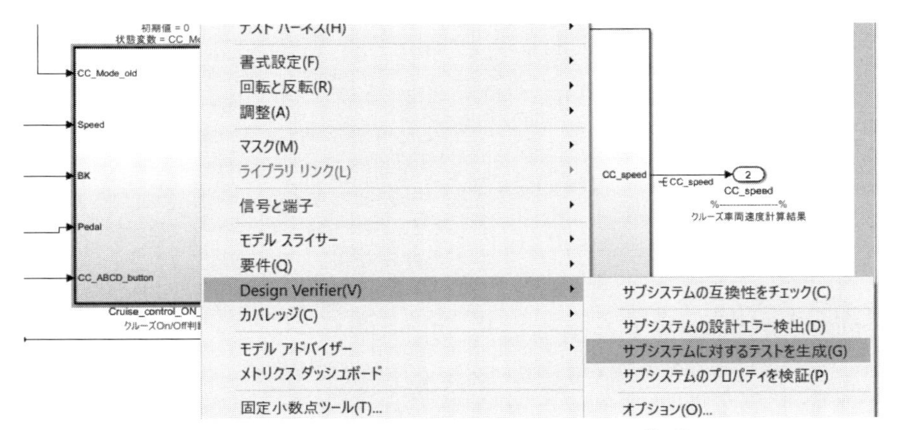

図 8.10　Design Verifier にてテストを生成

自動的に解析が始まり、図 8.11 に表示されたリンクを確認し、「テストケースを SimulinkTest にエクスポート」を選択します。

次に、現れた画面で、テストハーネスを生成しますが、ハーネスソースを Signal Builder の選択を忘れないようにしてください。

すると、テストケースが Signal Builder に書き込まれたテストハーネスモデルが生成されますが、モデルファイルは元の Simulink モデル内部に格納されています。この機能を使えばテストモデルが消失する心配がありません。

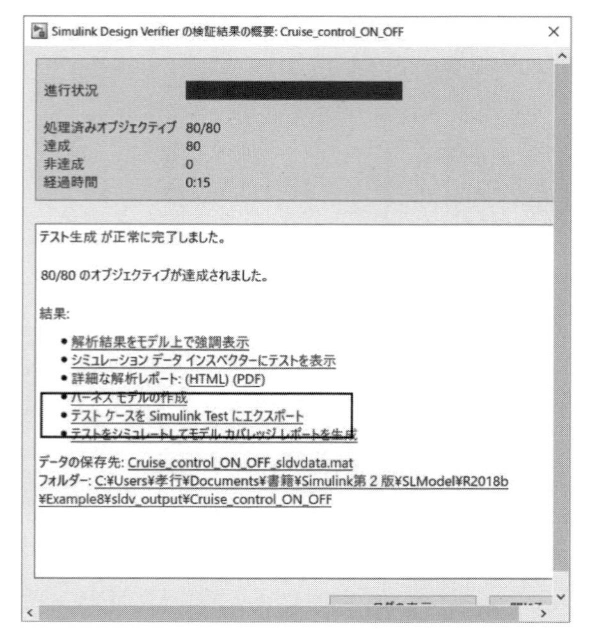

図 8.11　検査結果の表示

図 8.12　SimulinkTest によるハーネスモデル生成

内部のテストハーネスと元のモデルの行き来は、元モデルのサブシステム左下のマークを選択すれば移動可能です。逆に元のテストハーネスから元のモデルへはモデルの左隅を選択する事で移動できます。

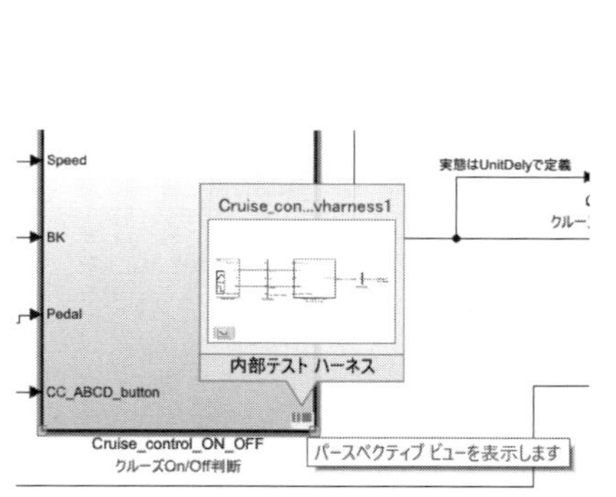

図 8.13　元モデルから
テストハーネスへ

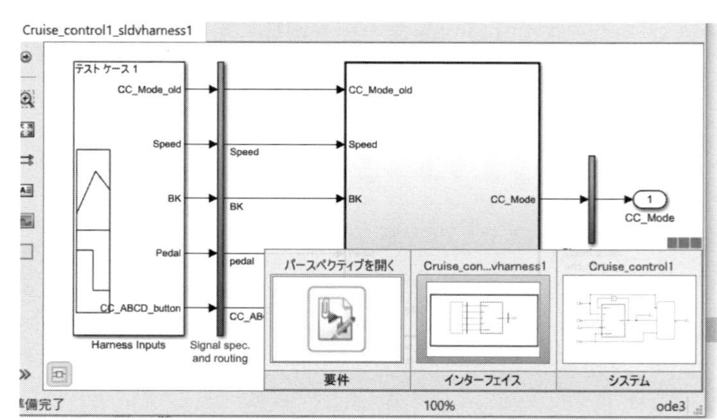

図 8.14　テストハーネスから元のモデルへ

これは、SimulinkTest が提供する機能の 1 つであり、SimulinkTest 自体は別の GUI を持つテスト自動実行ツールです。GUI には、モデルの内部や外部に作られたテストケースを管理する機能がありますので、これらの機能を活用し、テストケースの管理を行ってください。

著者からの一言

企業内の研修などでグループで本書にトライしている方は、できる限り最後に報告書の作成しましょう。最後に作成する報告書は、以下の観点を入れて作成し、最後に必ず発表しましょう。

- どんなモデルを作ったか？（構造、機能の説明）
- 要求を理解するために、どの様な図や表を作ったか？
- どんなテストケースを考えたか？　なぜそのテストを行ったのか？
- 難しいところはどこだったか？　自分なりに工夫した点はどこか？
- 何ができるようになったか？（知識ではなく、スキルとして表現する　＊＊ができる。）
- 今後、モデルを作るとき、どうしたいか？

第9章　高度なレベルを目指して

9.1　モデルベース開発プロセス全体像

本書の最初でモデルベース開発のプロセスについて簡単な紹介をしましたが、Simulink を使って、実際にモデルを作り、PC 上での MILS の検査を体験たことで、モデルベース開発の姿が少し見えてきたと思います。モデルベース開発の V プロセス全体に、皆様が今回体験した工程を当てはめてみると下図のようになります。左上の点線の枠で囲んだ部分が皆さんが本書で体験した部分です。製品を完成させるまでの全体工程はもっともっと広く長い工程です。

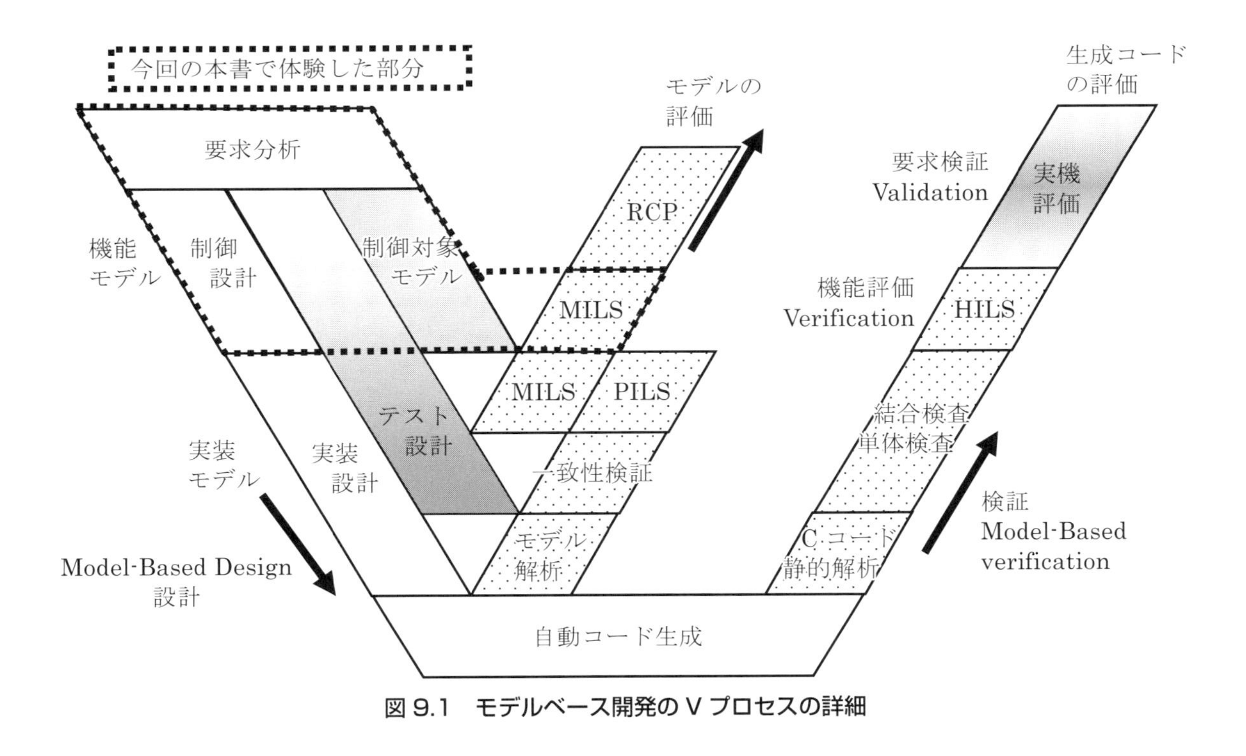

図 9.1　モデルベース開発の V プロセスの詳細

図 9.1 の点線エリアだけで、将来を目指せといわれても、将来のエンジニア像を描くことが難しいでしょう。また、将来像が描けなければ成長は見込めません。この章で書かれている事柄を理解すること

は現段階では難しいと思われますが、上級者に向けた項目である構造化、固定小数点化は、これから先の「自身の課題」を認識し、将来像を描く手助けになればと思っています。

本章は演習問題は有りません。全体的に読んで知識として残し、将来的に役立ててください。

9.2 Simulinkの命名規則

C言語に日本語の名称が使えません。5.4にてパラメーター名に日本語が使えないことを説明しましたが、用意されたサンプルモデルは、日本語で記述されています。日本語でモデルを作った方が、理解度が高くなり、初心者がSimulinkを触る段階では特にハードルを下げる効果があると考え、本書は日本語でモデルを設計するように書かれていたはずです。

しかし、自動コード生成するには日本語は使えません。実はSimulinkのサブシステム名に日本語を入れてシミュレーションができるようになったのは、つい最近のことです。

表9.1 R2010bからR2012bでの文字別対応表

	シミュレーション	コード生成
サブシステム名	日本語OK	日本語NG
ポート名	日本語OK	日本語NG
信号名	日本語OK	日本語NG
ワークスペース変数	日本語NG	日本語NG

シミュレーションを行うだけなら、日本語を使うことができないのはワークスペースの変数名だけです。しかし、表9.1のとおり、コード生成を行うには、すべてのネーミングを半角英数字で定義する必要があります。

ルール詳細については、日本の自動車業界におけるMATLABユーザーの団体であるMAABでSimulinkの記述方法について、各種のガイドラインを発行しています。MAABのガイドラインは、MATLABのヘルプ内に記載がありますので、ヘルプ内で"MAAB"と検索してください。

ネーミング方法のルールは、MAABのガイドラインのar_0001,ar_0002,jc_201,jc_211,jc_221,jc_0231に記載されています。

9.3 Simulinkモデルの構造化

モデルの構造化に関するルールは、JMAABのガイドラインVer5の9.2に記載されています。

それによるとモデルの階層構造は、上位階層と下位階層の二つに分かれます。上位階層は組み込むべきコード生成単位の一番上のレイヤです。そこでは機能もしくはサンプリングによって構造を分ける選択をします。それ以下の下位階層はサブ機能レイヤ、制御フローレイヤ、選択レイヤ、最後の末端でブロックが登場するデータフローレイヤとなります。

これらの階層すべてで使えるブロックは、表9.2のように利用できるブロックに制限があり、決められたブロック以外は階層を超えて利用が出来ないことになっています。db_0143

表9.2　db_0143 各階層で使用できるブロックリスト

Inport	Outport	Enable Port	Trigger Port	Selector
Mux	Demux	Bus Selector	Bus Creator	Unit Delay
Ground	Terminator	From	Goto	
Switch	Multiport Switch	Merge	If Block	
SwitchCase Block	Data Store Memory	DataType Conversion	Rate Transition	

表9.2以外のブロックは、サブシステムで囲まれたデータフローレイヤでしか使用できません。サブシステムとGainブロック、Sumブロックが混在したモデルを作ってはいけません。しかし、実際のモデル開発です。階層が深くなると構造レイヤとデータフローレイヤが混在するケースはいくらでもあります。機能別のサブシステムで、1個だけしかないSumブロックやAbsブロックをわざわざサブシステムで囲むことは必要ありません。コード効率やモデルのわかりやすさを考えると守るべきではないケースもあります。

ここでは、JMAABガイドラインの構造の枠組みを用いて、下位階層の下を区分けする方法を説明します。ここで提案する構造化分類方法は、そのまま利用せず考え方を参考にして自社のルールを定義してください。(本書出版後にJMAABガイドラインVer4以降で、ほぼ同じ内容が構造化の補足説明として追加されました。こちらがオリジナル文書なので、説明が少し異なります。ですが、大筋同じ内容になっていますので、ご安心ください)

構造レイヤを更に3つ追加し、全体として以下5つのレイヤとします。

1. トップレイヤ
   - コード生成する単位
2. 機能レイヤ
   - それぞれのサブシステムが機能を表現する。
   - レイヤ内のすべてのサブシステムがサブシステム単位で入れ替えができる。
   - 階層によって機能の規模（レベル）が異なるため、上位、下位など使用者がレベルに応じて切り分ける。
3. 制御フローレイヤ
   - 機能レイヤ、状態切り替えレイヤの下に存在し、入力処理、中間処理、出力処理の順に配置されて、すべてで一つの機能を表現する。
   - このレイヤは、データフローとサブシステムが混在しても良い。理由はバーチャルオブジェクト

が存在するためである。（後で詳細な説明有り）

4. 状態レイヤ
   - Merge ブロックや、Switch ブロックなどを使って出力を切り替える。
5. データフローレイヤ
   - 制御ロジック（データフロー）を直に表現する。

機能レイヤは上位と下位で異なり、機能レイヤと制御フローレイヤは、オブジェクトの意味が変わります。また、上記の機能、制御フロー、状態の3つのレイヤをまとめて表現する場合は、それらを構造レイヤと呼びます。

■ 9.3.1　トップレイヤと機能レイヤ

外部の組み込みソフトウェアと入出力ポートを用いて、信号のやり取りを行う階層です。トップ階層はサブシステムが1個だけとは限りません。

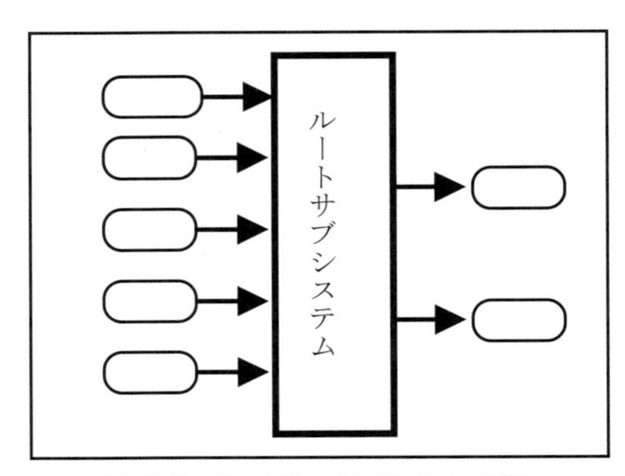

図 9.2　トップレイヤのイメージ図

■ 9.3.2　機能レイヤ上位とは

トップレイヤの下の階層を上位機能レイヤと呼びます。上位機能レイヤ、機能としてひとまとめにできるものが複数個あり、それらは、バーチャルバスを用いて結合します。上位機能レイヤの下の階層に、制御フローまたは、下位の機能レイヤが並びます。

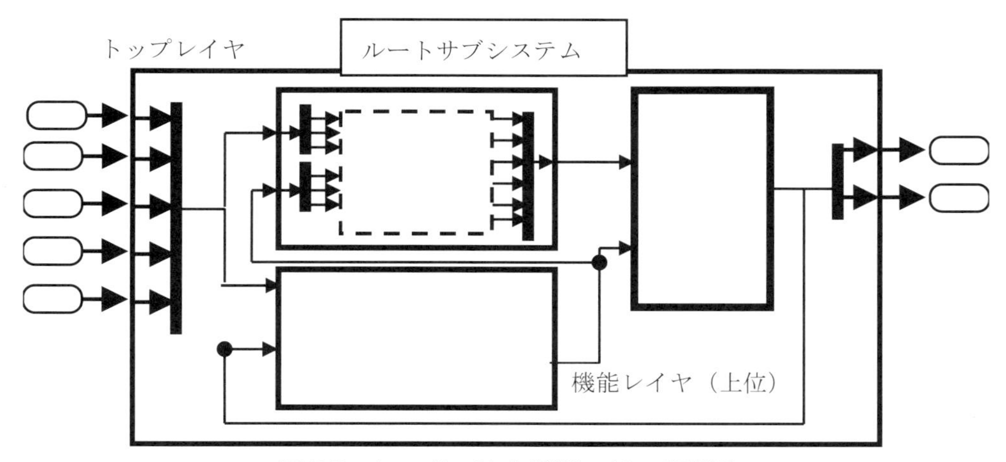

図 9.3　トップレイヤと機能レイヤの関係図

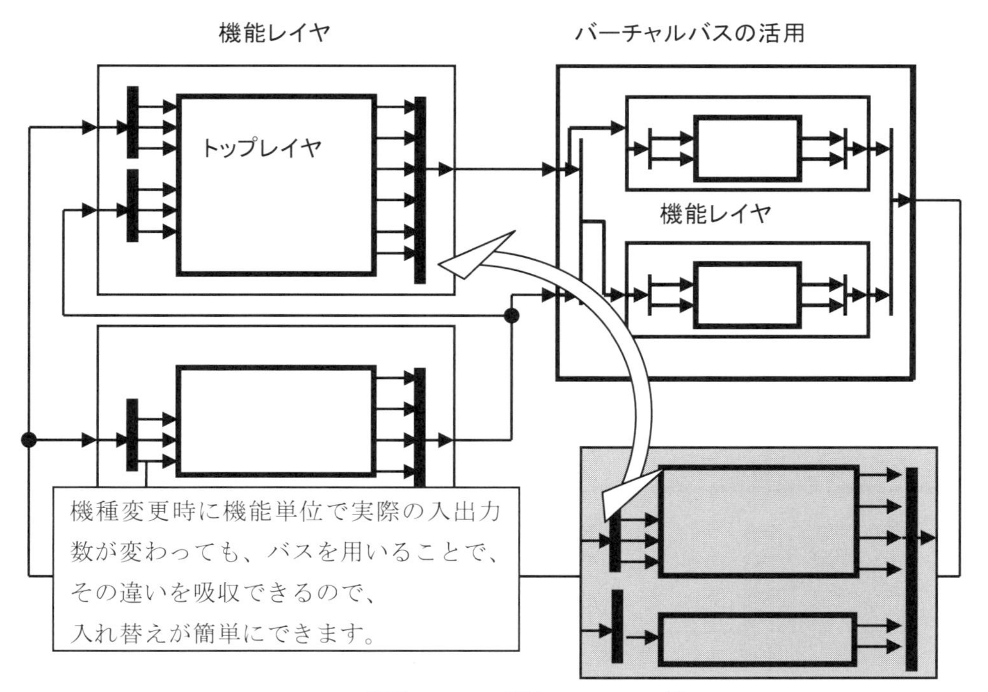

図 9.4　機能レイヤと機能レイヤの関係図

■9.3.3　制御フローレイヤとは

全体で一つの機能を示し、個別のサブシステムは単体で動作させても一つで機能として意味合いは持たないものです。例えば数式の一部分だけが細切れに並んでいたりします。制御フローレイヤは、個別のサブシステムが個別のオブジェクトに対応付けできません。このレイヤ一つで機能を表しますので、全体がオブジェクトです。

このレイヤは入力信号処理、中間処理、出力処理というオブジェクトに切り分けることができます。それぞれのグループは、信号処理として意味を持ちますので、オブジェクトとして割り当てができます。これらのオブジェクトはバーチャルオブジェクト、あるいは複合オブジェクトに分類されます。このバーチャルオブジェクトには、下記のルールを適応します。

- 制御フローレイヤはデータフローとサブシステムが混在するケースがありえる。
- 上位の入力信号を直接出力処理へ結線しません。なるべく入力信号処理、あるいは中間信号処理で処理を行ってください。必要な加工は入力信号処理へグルーピングしましょう。

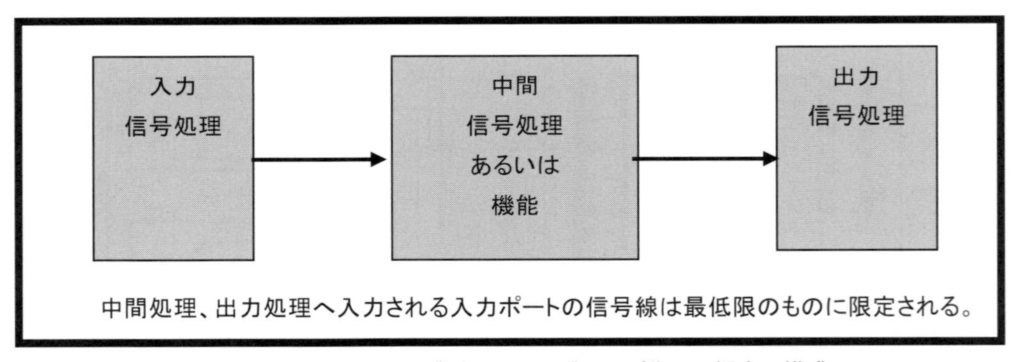

図 9.5　推奨されるオブジェクトでグループ化した場合の構成

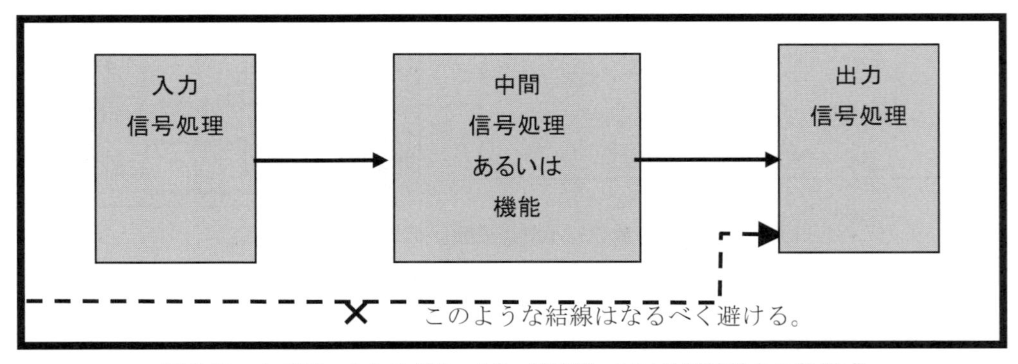

図 9.6　オブジェクトのグルーピングが誤っている可能性のある構成

実際のSimulinkモデルを例により具体的に説明しましょう。MATLAB Centralには、無料で公開されているモデルファイルやmファイルがあります。(http://www.mathworks.co.jp/matlabcentral/index.html) その中の、nxtway_gs_controller_fixptというモデルを例に説明します。

nxtway_gs_controller_fixpt/nxtway_app_fixpt/task_ts1/Balance & Drive Control/Controller

このモデルは、制御フローレイヤに近いように見えますが信号線の独立性がなく、サブシステム間の依存度が内部だけで閉じず、上位の情報と内部情報の両方を使っています。

図9.7は、外のサブシステムからの影響（太線）と内部の他サブシステムからの計算結果（点線）、これら両方から影響を受けています。点線枠 ⬚ のサブシステム内部を調べると、太線の先は、Switchブロック後に加算ブロックに入力されています。加算ブロックということは、単位が同一と考えられます。単位が同一である部分は機能の切り出しに向いている場所です。

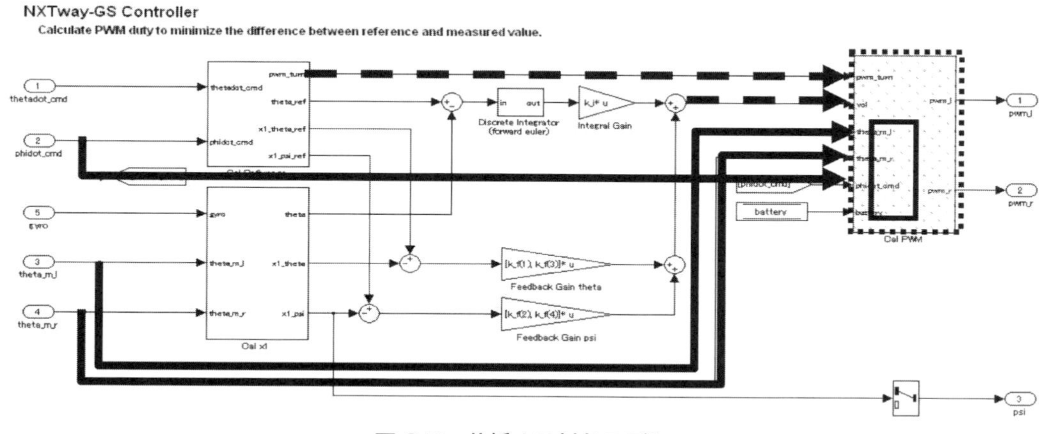

図 9.7　分析する対象モデル

加算ブロックの手前で機能を外に出しましょう。これで上位システムからの入力信号を入力信号処理グループとして配置できます。

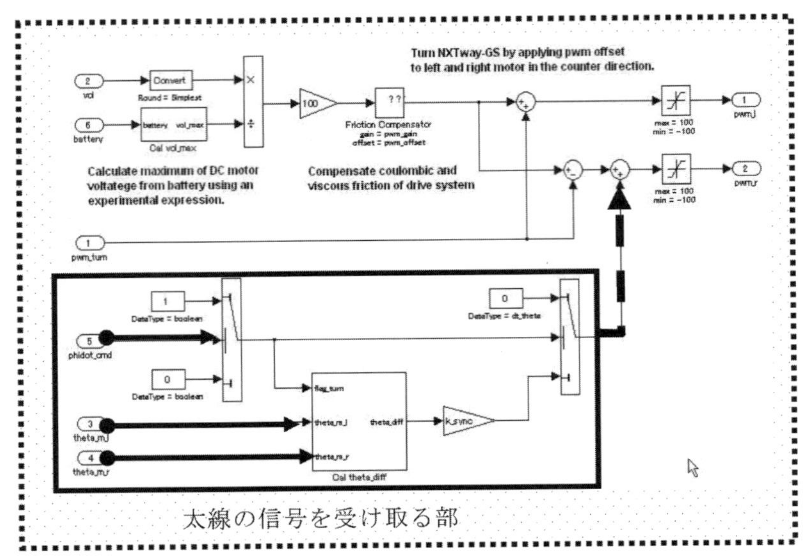

図 9.8　変更すべきサブシステム内部

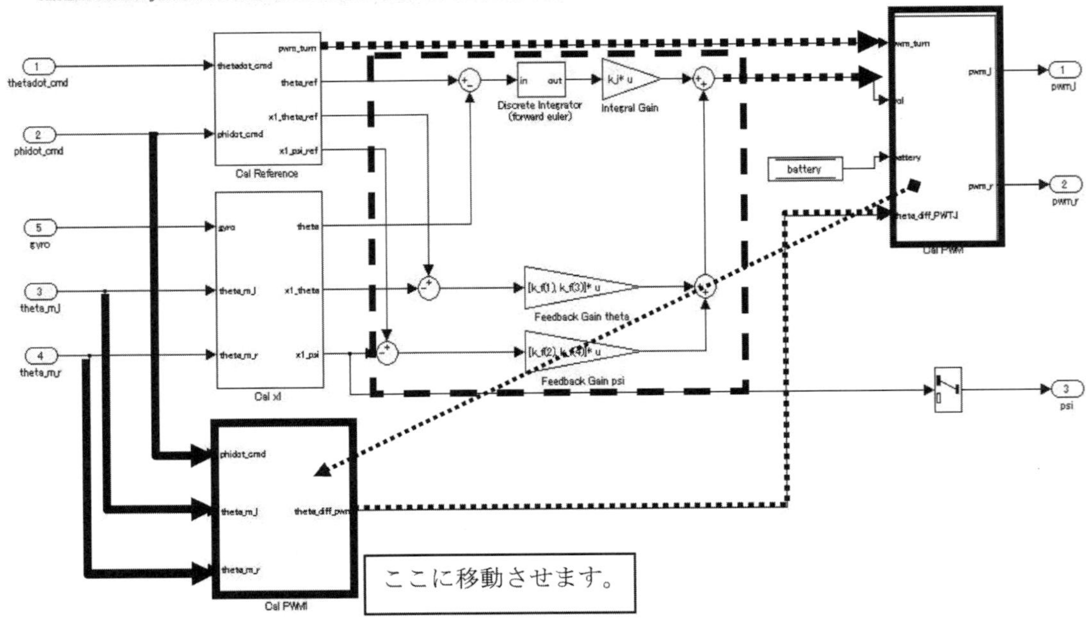

図 9.9　内部サブシステムをオブジェクトして取り出した図

更に図 9.9 はデータフローレイヤと構造レイヤが混在しています。制御フローレイヤは中間処理部分にバーチャルオブジェクトの意味を持たせているので、このままデータフローと構造レイヤの混在でも良いのですが、6 ～ 9 ブロック以上でサブシステム化した方が良い規模なので、この部分を一つのサブシステムにしましょう。点線部分をサブシステム化してください。

この例では、入力信号処理、中間信号処理、出力信号処理を縦に並んだグループで表現します。それぞれ縦に並んだグループで、入力信号処理オブジェクト、中間信号処理オブジェクト、出力信号処理オブジェクトとします。

入力信号処理部分は、複数個のサブシステムから成り立っています。点線の部分をバーチャルオブジェクトと呼ぶ理由は、実際は関数としての実体がないからです。ここをサブシステムとして分離しても、検査する関数は下に存在するサブシステム単位になります。

関数化されないバーチャルサブシステムで囲むことができますが、サブシステム化しても特に意味を成しません。あまり階層化が深くなるとモデルの理解度が下がってしまいます。

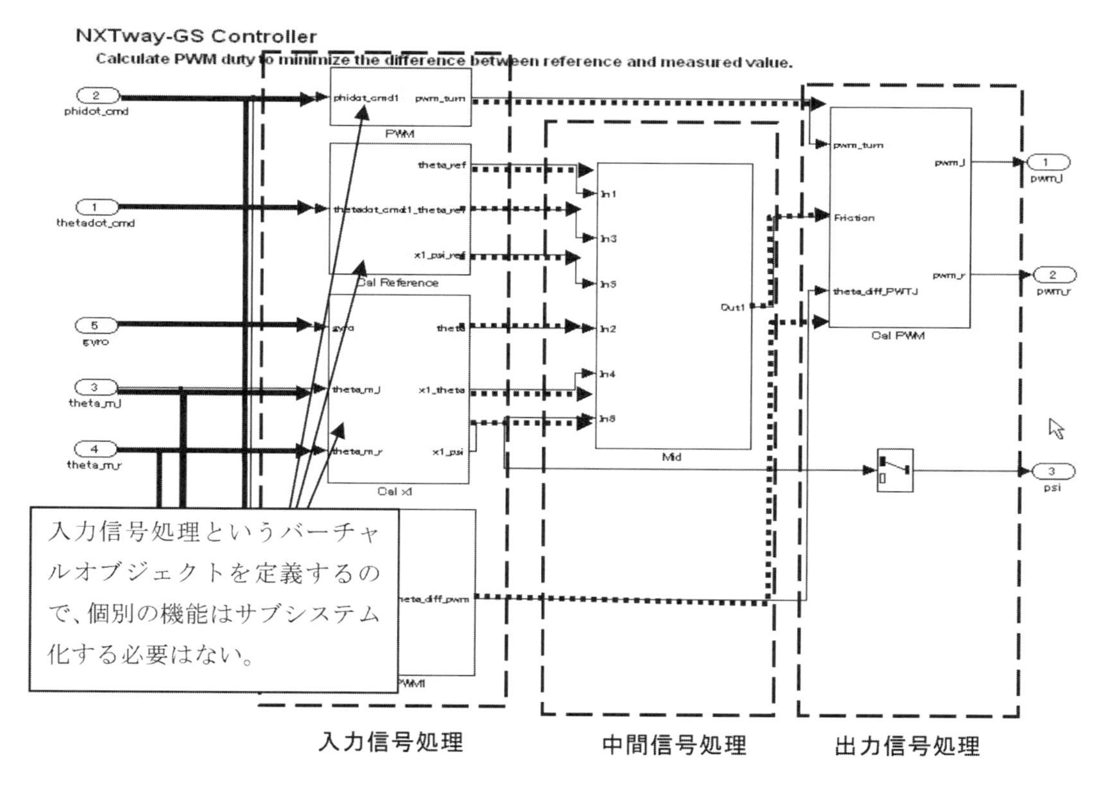

3つの役割に分割可能できる

図 9.10　変更後のモデル

ここでは、オブジェクトとしては、入力信号処理等のまとめた単位で取り扱います。これによって、ブロックの位置関係を整理する理由がつけられ、意味のある配置が成立し、特定のルールで並べられたモデルは、見栄えが格段に良くなり、理解度も高まります。

オブジェクトは、人がある意味を持たせた「集まり」です。集合体として一つの役割を持っています。

元々数式は分割が可能です。しかし、一番大元の関数が元の意味を持ったオブジェクトです。分割した個々の関数は、大元のオブジェクトの一部に過ぎません。こういった個々の関数が存在する階層では、オブジェクトの捉え方がまちまちです。ルールが違えば呼び方や扱いが異なります。

本書で説明したオブジェクトの取り扱い方は、その一例であり、決まったルールがあるわけではありません。著者の考えでは、このような階層からサブシステム1個＝オブジェクトではなくなります。数個の塊がオブジェクトとなり、オブジェクト群で綺麗に配置した方が後で理解がしやすくなります。

ここではルールとして、オブジェクトに入力・中間・出力という意味を与えると綺麗に並べることができるというアドバイスに過ぎません。独自のルールを設けることができるなら、そのモデル、その層では、そのルールに従ってください。そしてオブジェクト（配置した群）ごとにその意味を記載しましょう。

そういった意味では、制御フローレイヤは、筆者の推奨のまとめ方です。バーチャルオブジェクトと呼んだグループ分けをもっと簡単に説明するとレイアウトに意味を持たせています。制御フローレイヤでは、初め、真ん中、終わりの構成でレイアウトしたグループ毎にオブジェクトの意味を持たせました。機能レイヤの機能は、個別の独立した関数であり、レイアウトは計算順序として意味を持つかもしれませんが、順序に意味がない独立したケースもあります。機能レイヤの下に登場する制御フローレイヤは、データフローとして意味を持ってきますが、途中でデータフローとサブシステムという構造が混在してきます。この階層では順序どおりに計算する必要があり、レイヤの並び方、つまりレイアウトに意味があります。ここではレイアウトにバーチャルオブジェクトとしての意味を与えることで、データフローとサブシステムの混在を許可しています。

読者の皆さんが今後モデルを作成するとレイアウトに独自の意味を持たせることがあると思います。その場合は、自分独自のレイアウトルールを記載してください。他者に説明するためにも必要ですが、後日、モデルを再編集する場合に自分でもレイアウトのルールを忘れることがあります。独自のルールによるレイアウトは必ず標記する必要があります。

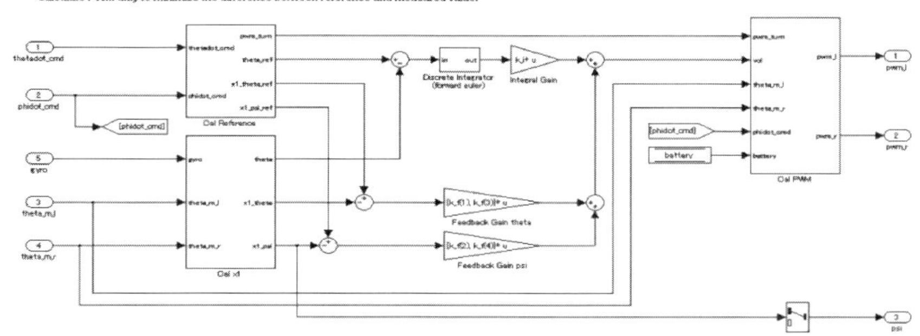

図 9.11　変更前のモデル

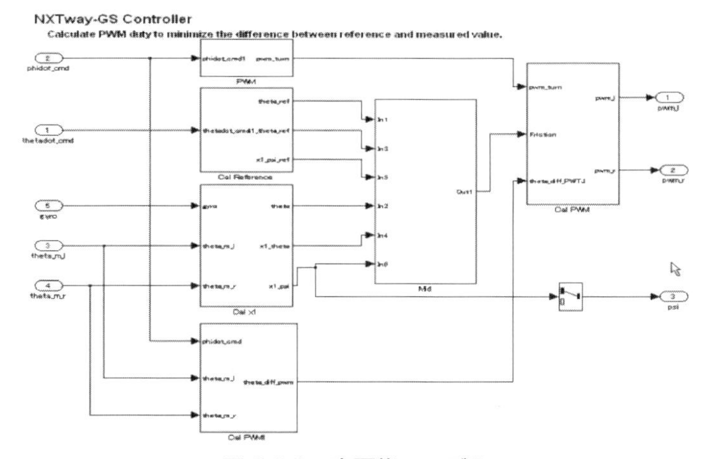

図 9.12　変更後のモデル

変更前のモデル図 9.7（図 9.11）は、それぞれのサブシステムが機能なのか、複合して動作するのか、良くわからず、構造レイヤとデータフローレイヤの区別もありません。テストも困難です。変更後図 9.10（図 9.12）は、制御フローレイヤとして、綺麗に分かれています。

■ 9.3.4　状態レイヤとは

状態レイヤは、状態の切り替えによって出力値の計算方法を切り替えるシステムが存在するレイヤです。Marge や、Multiport Switch など、実行される機能の切り替えが必要な場合は、直列に並べてレイアウトします。

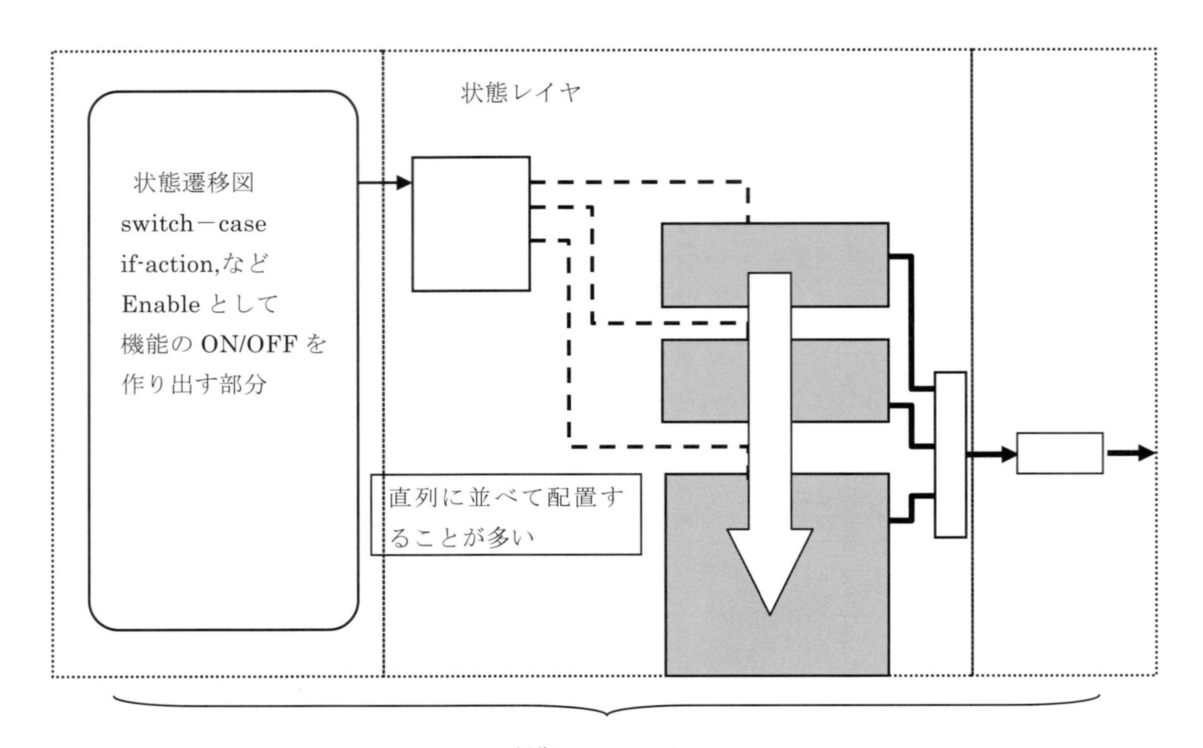

図 9.13　状態レイヤと制御フローレイヤ

状態レイヤは、制御フローレイヤと混在できます。横に並ぶのが、制御フローレイヤで、その一部分（通常中間処理）が縦に並んでいる部分を状態レイヤと呼びます。

今回の例題では、クルーズコントロールで、ON 制御、OFF 制御を並べたレイヤや実際の目標車両速度を計算する部分で、1 サイクル目、2 サイクル目以降、それ以外の 3 つの状態を並べたレイヤがこれに対応します。

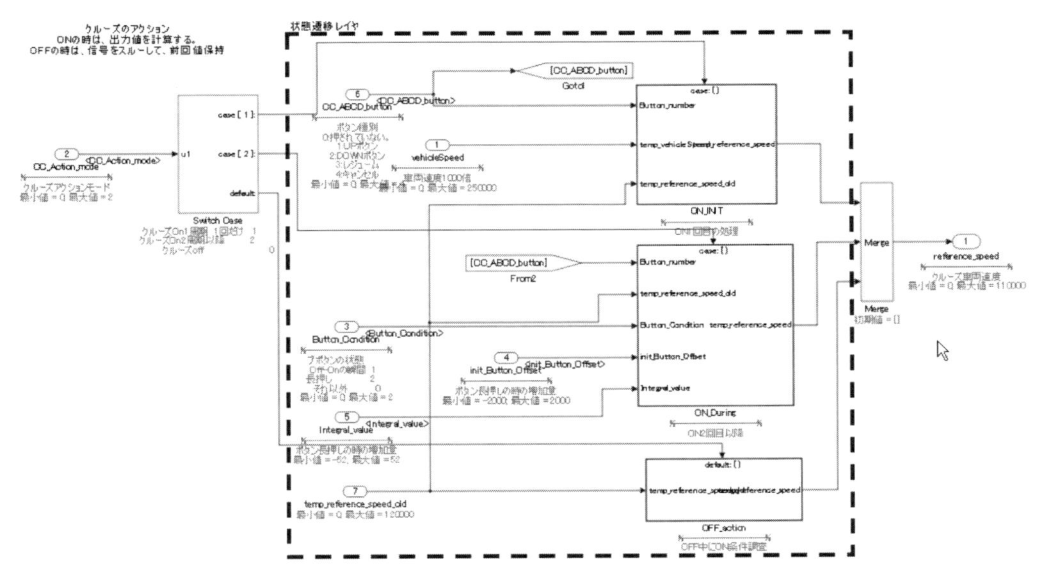

図 9.14　クルーズコントロールの状態遷移レイヤ

このシステムの上位が制御フローレイヤになっています。

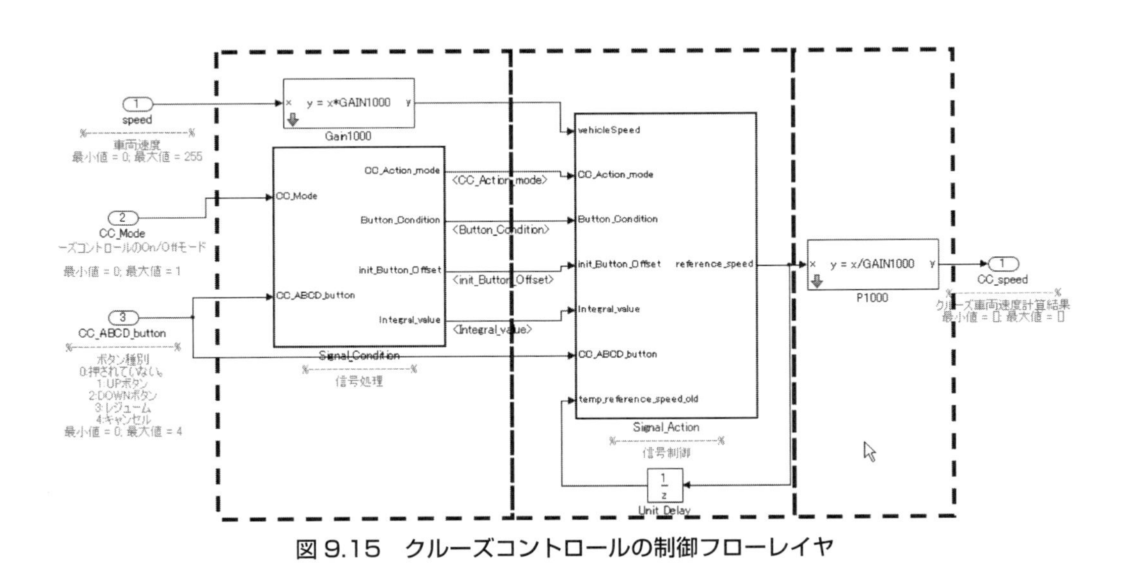

図 9.15　クルーズコントロールの制御フローレイヤ

SignalCondition は、SignalAction とセットでしか使えないので、独立した機能ではないと考えられます。前段の部分は入力信号処理があり、中間処理で信号を決定し、出力信号処理で単位を変換します。

状態レイヤと制御フローレイヤは混在できます。あまり階層を落とすと全体の機能が見にくくなる可能性があります。全体のサブシステム数が 6 個前後なら、一つにまとめた方が良いです。実際に縦のレイヤと横のレイヤは、意味の違いとして捕らえ、状態レイヤは通常制御フローレイヤと混在させます。

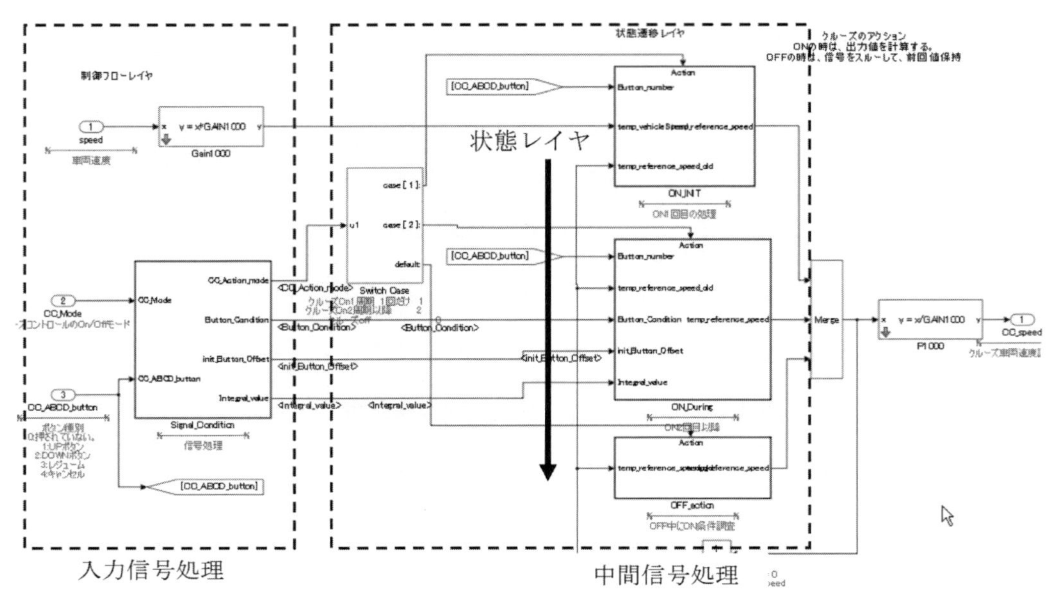

図 9.16　状態レイヤと制御フローレイヤの混在

9.4　固定小数点化

制御モデルは、実数ではなく、整数を使うケースが多いです。数年前まで、ほとんどのマイコンは、整数しか使えませんでした。現在は、実数を扱う場合、32bit を使用する Single 型の実数を使った計算を行えるマイコンが増えてきました。しかし、それでも、整数で計算した方が、実行時間が早く、RAM の削減もできるため、整数化のニーズは消えていません。

この整数化の技法として代表的なものは、2 進数によるビットシフトを活用した Q 表記（Q フォーマット）が一般的です。小数点部分が 12bit ある場合には、Q12 表記と呼ばれ 1.5 を Q1 で表記すると、(1*2^0) + (1*2^-1) = 1.5 となり、2 進のビットで 11 となります。

例えば、ある計算を行いたい場合、π を 3.14 と下二桁まで採用すれば十分な精度が得られると判断しました。しかし、2 進数で整数化する場合は、3.14159263 と細かい数値を書き込んでおく必要があります。なぜなら、2 進数は下記の数値の組み合わせで表現される数字だからです。

表 9.3　小数点以下の 2 進数

2^-1	0.5	2^-5	0.0313
2^-2	0.25	2^-6	0.0156
2^-3	0.125	2^-7	0.0078
2^-4	0.0625	2^-8	0.0039

この計算を行うのに、MATLAB には、自動スケーリングツールとして、Fixed-Point Toolbox があります。Fixed-Point Toolbox を使った $\pi = 3.14$ の表現例を示します。

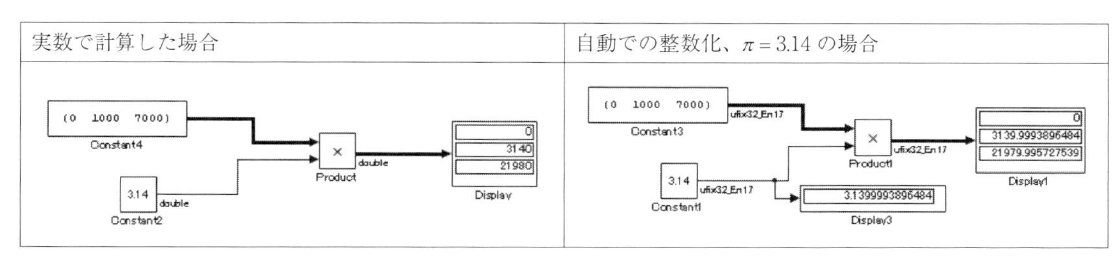

図 9.17　実数と、16bit 固定小数点の計算結果

計算結果は非常に近い数字が得られていますが、3.140 ではなく、3.13999 が使われています。次に、$\pi = 3.14159263$ と細かい数値を入れた場合を示します。

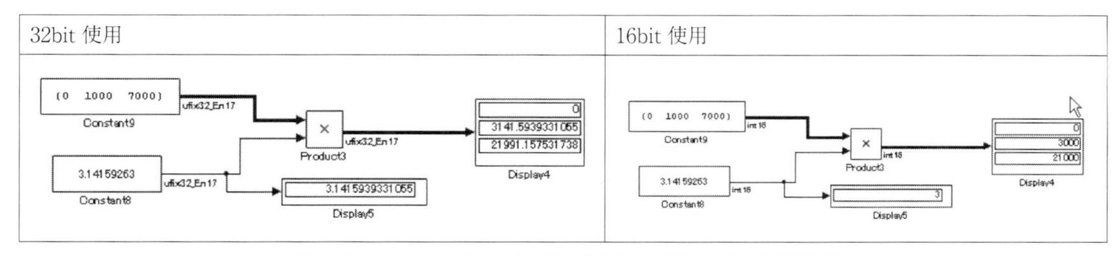

図 9.18　π は、3.14159263 と細かい数値を設定

この場合、両者とも 16bit では表現できず、計算結果が 32bit で表現されます。結果は 21980 から 21991 と少しオーバーする結果となりましたが、実際に非常に近い答えになっています。

つまり、3.14 で十分と考えていても、思った答えにはなりません。なるべく細かい単位まで設定した方がよいでしょう。

次に固定小数点のもう一つの方法として、対数スケール法を紹介します。対数スケール法は、小学校のときから習い始めている親しみのある計算方法です。例えば 0.1m は 10cm あるいは、100mm として計算します。つまり、単位をずらして整数にしてから計算する方法です。

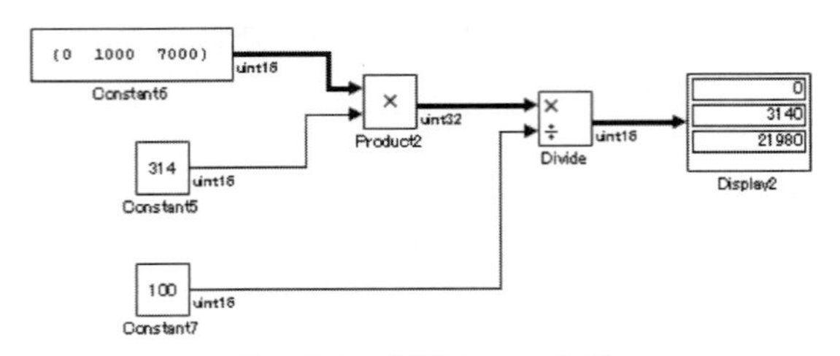

図 9.19　対数スケール法

3.14 をあらかじめ 314 と 100 倍し、計算後に 100 で除算しています。途中 32bit の整数型を使いますが、計算結果は 16bit 整数型で、実数と同じ結果を得ることができます。対数スケール法は、ビットシフトを使わないので、計算負荷としては多くなりますが、人が考えたとおりの結果を得ることができるので、実数から変換しても計算誤差が少なくなり、大学を卒業したC 言語を知らないエンジニアも簡単にわかり、もっとも効果的な理解度向上の手法です。

「固定小数点の特性を理解して使いこなせているか？」実際には、人が意図せず誤差を作り、更に機械が誤差を加算します。2 進法は、意図通りになっていないことがあります。Q 表記を用いた固定小数点化は、狙いとは異なる結果になってしまうことがあるので、整数化には注意してください。また、対数スケール法も検討して欲しいと思います。

固定小数点ツールを使って、対数スケールを行うこともできます。固定小数点の勾配に 0.1 あるいは 0.01 とすれば、対数スケールで実施されます。ただし、厳密な答えは、上記の手法とは異なり若干の桁落ちが発生する可能性がありますので注意してください。

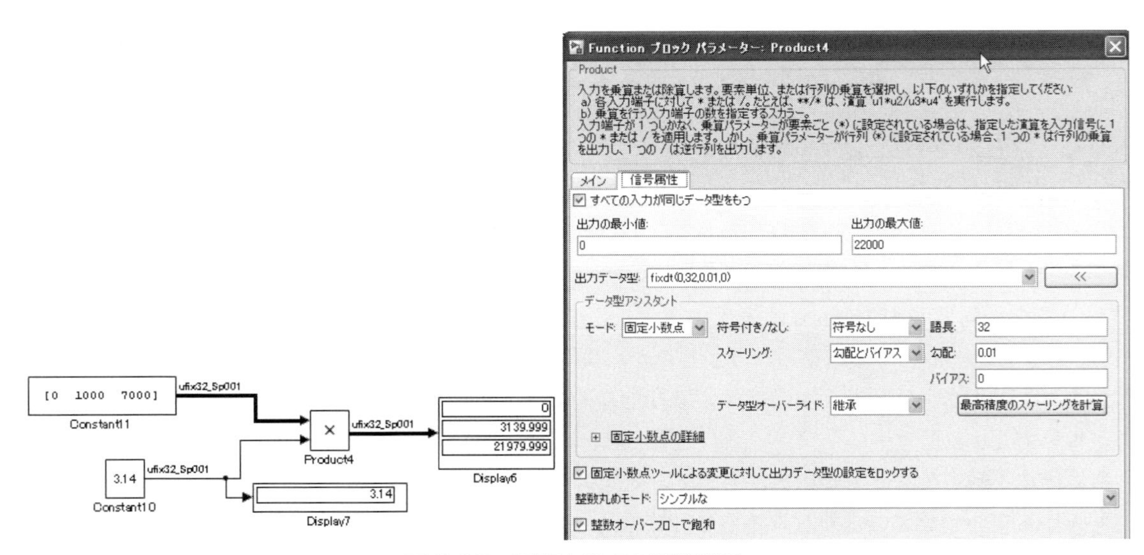

図 9.20　固定小数点の演算結果

9.5　更なるスキルアップへ

最終章で、レベル2の後半とレベル3前半部分の一部分を説明しました。しかし、ハンドコード相当のコードが生成可能なモデルを作成する技術は、この先のレベルになります。

例えば、Simulink、Stateflow、Simulink Coderという3つのツールボックスに関するドキュメント総ページ数は、2017年版で総ページ数11,455です。それに対して、本書は300ページ弱です。本書で紹介した内容は、Simulinkが持つ機能のほんの僅かな一部分だけとわかって頂けたでしょうか。

もちろんその他に、ドメイン（制御対象の領域）に関する知識も重要です。ドメインの知識がなければ実際の設計は何もできません。自ら考え、設計し、検査し、要求を検証します。知識を増やし、経験を増やします。知識だけ、あるいは経験だけが増えても、キャリアアップはできません。エンジニアのスキルレベルは、知識と、経験の両方が向上しなければキャリアアップしません。片側だけが大きくなってもキャリアアップという目標に到達できません。知識を、経験の両輪を上手に育て、早く一人前のエンジニアを目指して努力してください。

表9.4　ツールボックス毎のドキュメント　ページ数

製品（ツールボックス）	対応バージョン	ページ数	対応バージョン	ページ数
Simulink	R2011b	2050	R2017a	5文書総6821
Stateflow	R2011b	1473	R2017a	4文書総2828
Simulink Coder	R2011b	1494	R2017a	4文書総1806

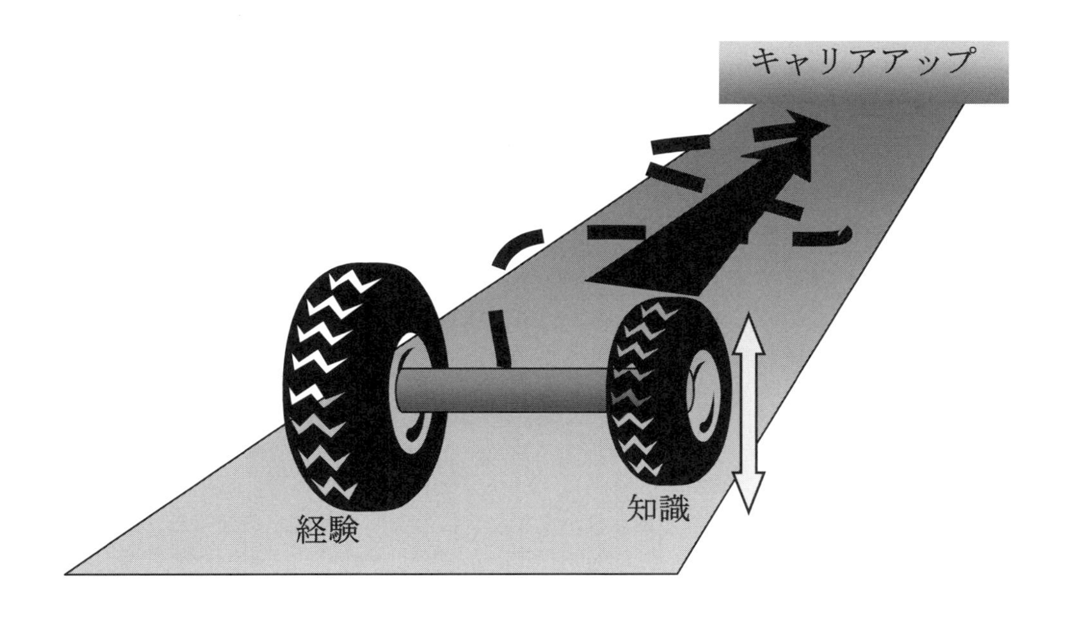

さいごに―設計に魂をこめろ！―

デザイナーや芸術家以外の職人が作った仏像や器、橋や建物など、大変美しい物が多数あります。それらは、職人が魂をこめたものです。

ソフトウェアを設計する時も、魂をこめれば美しくなります。それを目指し設計したコードを美しく仕上げることに命をかけることがしばしばあります。しかし、魂をこめるとは、見栄えを美しくすることとは異なります。コーディング規約や、ガイドラインと言ったものがありますが、それを守ったから、綺麗だ、守らないから汚い、そういった上辺だけ議論しても魂がこめられた美しさがでるわけではありません。ソフトウェアやSimulinkモデルに過剰に綺麗さを求めるのは間違っています。

「魂をこめる」ということは、どういうことか？

それは言われた仕様を100％完璧な状態で完成させることではありません。言われた仕様を完全に実現したとしても、要求範囲外で動作しません。まず仕様が意図する「そもそも何がやりたかったのか？」の聞き込みが必要です。設計の流れは、目的を理解する、何を作るのか決める、最後にどうやって作るのかを考えます。スタートの目的を理解するには、要求の真の理由を聞く必要があります。真の理由がわからなければ、本当に必要なものは作れません。プロフェッショナルになればなるほど、要求を聞けば次のステップで「何を作るのか、どこを改善すれば良いか」が直ぐにわかってしまい、直ぐにその部分に手をつけ始めてしまいたくなります。しかし、要求の真意「なぜそれが必要なのか」を良く聞けば、真にやりたかったことは、要求されたことを解決してもそれは最善の手ではなく、もっと別の実現手段があるということは、よくあることです。

魂をこめるとは、よく調べ、良く考え、そして正確に丁寧に作るということです。「よく調べ、よく考える」の注意点は、要求を出す人、あるいはその先のお客様の立場になって考えることを忘れないでください。書かれた言葉だけでは必要なことはそろっていません。

まだ設計という仕事に慣れていない学生の方でも解るよう、日常のケースで説明しましょう。彼女から掃除機が欲しいと言われた場合です。貴方は、休みの日までに、部屋の広さ、使う時間帯、予算、そして製品カタログや口コミを綿密に調べ上げます。そうして休みの日に彼女と買い物に行き、店員と交渉し最安での買い物が僅か5分で終了しました。

本人は「完璧」な買い物ができて満足です。もちろん彼女も大喜びで大満足したと思いました。しかし彼女の機嫌がなんとなく悪い。なぜでしょうか。答えは、彼女の真の目的が、彼氏との買い物を楽しみたかったからです。一緒にいろいろ見て回りたかったのに、それが僅か5分で買い物が終わり、結果は要求に対して100点だとしても、彼女にとっては100点ではなかったわけです。これは何が悪いのでしょうか？

確かに一生懸命調べています。しかし、調べたり考えたりするベクトルが、プロフェッショナルのそれと同じです。言われたことだけで考えてしまいました。このような日常の行動でも、要求の真意を読み取る必要があります。習熟度の高い方が見ると、今の話は少しずれていますが、要点は一緒です。

要求の真意を読み取るには、一旦、考えるベクトルを少し上流に戻してから広い範囲で「調べる、考える」という方法が必要です。 ユーザー視点、設計者視点、管理者視点など、鷹の目で全体を見渡し、「なぜそれが必要なのか？」、「もっと良い方法はないのか？」、「そもそもそれを使わない場合はどうなるのか？」を真剣に考え、バーチャルとリアルの実験を繰り返し、提案型の開発で設計に魂を入れてください。

そして、モデルを作る時にはシンプルに作ってください。モデルとは物事の必要な部分だけを集めて抽象化したものです。必要のない無駄なものをゴテゴテと追加していくものではありません。コード量を減らす、実行効率を上げる、保守をしやすくする、拡張性を上げるなど様々な要素を考える必要がありますが、これらのためには、シンプルであることが最も望ましいです。魂をこめて設計し、モデルはシンプルに作る。これで美しいモデルが完成するでしょう。しかし、実際のプロジェクトで満足のいく完璧なモデルを作ることはなかなかできません。プロジェクトは常に納期に追われ、結果を求められます。根本から作り変えることができるのは稀です。できないからと言って「考えない」ということではいけません。今改善ができなくても頭の片隅に入れることで、次への成長が期待できます。ソフトウェアに魂をこめる努力をする意思があれば、そういった習慣が身に付いてくるでしょう。常に考えながら自主的に仕事をするエンジニアになってください。

最後になりましたが、本書の出版にあたり、多大なご協力いただきました関係者各位に、深く感謝の意を表します。

2012年10月

著者　　久保孝行

参考文献

WEBから

[1] JMAAB CONTROL ALGORITHM MODELING GUIDELINES USING MATLAB®, Simulink® and Stateflow® Version 2.0（和訳）
http://jmaab.mathworks.jp/

[2] ドキュメンテーション
https://jp.mathworks.com/help/index.html
[2-1] MATLAB
https://jp.mathworks.com/help/matlab/index.html
[2-2] Simulink
https://jp.mathworks.com/help/simulink/index.html
[2-3] MAAB制御アルゴリズム
https://jp.mathworks.com/help/simulink/maab-control-algorithm-modeling.html?searchHighlight=Control%20Algorithm%20Modeling%20Guidelines&s_tid=doc_srchtitle
[2-4] モデリングガイドライン　コード生成
https://jp.mathworks.com/help/simulink/code-generation.html?s_tid=CRUX_lftnav
[2-5] モデリングガイドライン　高信頼性システムのモデリング
https://jp.mathworks.com/help/simulink/high-integrity-systems.html?s_tid=CRUX_lftnav

書籍

[3] JMAAB MBDエンジニアスキル基準 / キャリア基準 Version 1.1.1
[4] 新版 組み込みスキル標準ETSS概説書、翔泳社
[5] 大川進：自動車のモーションコントロール技術入門、山海堂
[6] 玉井哲雄：ソフトウェア工学の基礎、岩波書店
[7] 中所武司：ソフトウェア工学、朝倉書店
[8] 荒井玲子：ソフトウェア開発で伸びる人 伸びない人、技術評論社
[9] 山本修一郎：要求定義・要求仕様書の作り方、ソフトウェアリサーチセンター
[10] 神沼靖子：問題形成と問題解決、共立出版
[11] 宇治則孝、大森久美子、岡崎義勝、西原琢夫：ずっと受けたかったソフトウェアエンジニアリング

の新人研修、躍泳社
[12] 宇治則孝、大森久美子、岡崎義勝：ずっと受けたかった要求分析の基礎研修、躍泳社
[13] ブルース・ダグラス著 鈴木尚志訳：リアルタイム UML ワークショップ、翔泳社
[14] 畑村洋太郎：失敗学のすすめ、講談社
[15] 濱口哲也：失敗学と創造学、日科技連出版社
[16] 中尾政之、濱口哲也、草加浩平：創造設計の技法、日科技連出版社

索 引

■N■

■P■

■R■

■S■

■T■

■U■

■あ・ア行■

■か・カ行■

■さ・サ行■

■た・タ行■

■な・ナ行■

■は・ハ行■

■ま・マ行■

■や・ヤ行■

■ら・ラ行■

■ 著 者 略 歴 ■

久保　孝行（くぼ　たかゆき）

1994年九州工業大学情報工学部制御システム工学卒業後、アイシン・エィ・ダブリュへ入社。1995年からオートマチックトランスミッション（A/T）の制御開発を担当。新たな状態遷移表を企画し、制御開発に応用（1999年世界初のFF5速製品化)。2002年よりHILS装置の開発、MATLAB/Simulinkを使った制御開発の開発環境整備を担当。2004年より自動車業界のMATLABユーザ団体のJMAABに参加。2006年よりボードメンバーとして活躍。MAABガイドラインVer2制定をはじめ様々なワーキンググループ活動で業界の標準化に貢献。2009年にIPAよりSECジャーナル最優秀論文書受賞。

●本書のサポートサイト
本書に関連するダウンロード及び関連情報は、https://books.techshare.co.jp に掲載されています。

自動車業界ＭＢＤエンジニアのためのSimulink入門　第2版

2019年 6 月20日　改訂第2版第1刷発行
2024年 4 月15日　改訂第2版第4刷発行

©著　者　　久 保 孝 行
発行人　　重 光 貴 明
発行所　　TechShareエデュケーション株式会社
〒135-0016 東京都江東区東陽5-28-6 TSビル6F
TEL 03-5683-7293
URL　http://techshare.co.jp/publishing
Email　info@techshare.co.jp
印刷及びDTP　三美印刷株式会社

ISBN 978-4-9910887-0-4　　Printed in Japan